Waldemar Stühler (Hrsg.)

# FAHRZEUG DYNAMIK

## Aus dem Veranstaltungsprogramm Fahrzeugbau

**Leichtbau im Kraftfahrzeug**
Leitung: Prof. Dr.-Ing. B. Klein

**Rußminderung bei Dieselfahrzeugen**
Leitung: Prof. Dr.-Ing. G. Hohenberg

**Nebenaggregate im Fahrzeug**
Leitung: Dr. H.-J. Oberg

**Geräuschminderung bei Kraftfahrzeugen**
Leitung: Dipl.-Ing. W. Geib

**Moderne PKW-Dieselmotoren**
Leitung: Dipl.-Ing. R. van Basshuysen

**Fahrzeugdynamik Fachtagung '88**
Leitung: Prof. Dr.-Ing. W. Stühler

**Keramikbauteile in Verbrennungsmotoren**
Leitung: Prof. Dr.-Ing. F. Eisfeld

**Haus der Technik**
**Essen**

Fortschritte der Kraftfahrzeugtechnik 1

Waldemar Stühler (Hrsg.)

# FAHRZEUG DYNAMIK

Reifenmodelle
Antriebsstrang
Gesamtfahrzeug
Schwingungseinwirkung

Referate der 2. Fahrzeugdynamik-Fachtagung

Springer Fachmedien Wiesbaden GmbH

**Fortschritte der Kraftfahrzeugtechnik**

Exposés oder Manuskripte zu dieser Reihe werden zur Beratung erbeten unter der Adresse:
Verlag Vieweg, Postfach 5829, D-6200 Wiesbaden

Dieser Band enthält die Referate der 2. Fahrzeugdynamik Fachtagung 1988 vom 21./22. März 1988 im Haus der Technik, Essen.

Herausgeber:
Prof. Dr.-Ing. *Waldemar Stühler*
Institut für Mechanik, Fachgebiet Mechanische Schwingungslehre und Maschinendynamik,
Technische Universität Berlin


Ursprünglich erschienen bei Friedr. Vieweg & Sohn Verlagsgesellschaft mbH, Braunschweig in 1988



Umschlaggestaltung: Wolfgang Nieger, Wiesbaden

ISBN 978-3-528-06328-3 ISBN 978-3-663-14126-6 (eBook)
DOI 10.1007/978-3-663-14126-6

# Vorwort

Die 1. Fahrzeugdynamik-Fachtagung ist mit Erfolg im Frühjahr 1987 beim Haus der Technik in Essen durchgeführt worden. Die Themenbereiche lagen schwerpunktmäßig bei der Beschreibung der durch stochastische Straßenunebenheiten angeregten Schwingungen von Fahrzeugen und deren Komponenten. Darüber hinaus wurden unwuchterregte Schwingungen im Antriebsstrang, Fragen der Optimierung von Gummidrehschwingungstilgern und -Dämpfern sowie die Ermittlung dynamischer Kennwerte für Motorlagerungen und deren Einfluß auf den Schwingungskomfort im PKW behandelt.

Es ist vorgesehen, die Fahrzeugdynamik-Fachtagung als bleibende Einrichtung fortzuführen, wobei neben der Lösung praktischer Problemstellungen mittels experimenteller Methoden auch rechnerische Lösungsverfahren zum Einsatz kommen.

Letztere bieten die Möglichkeit, relativ einfach Parametervariationen und schließlich Parameter- oder Systemoptimierungen vorzunehmen.

Somit soll auch diese 2. Fahrzeugdynamik-Fachtagung ein Forum für forschende Ingenieure und für anwendungsbezogene Ingenieure in der Praxis, aber auch für Mitarbeiter in Universitäten und Hochschulen sein.

Die Anwendungsbereiche sollen sich sowohl auf Kraftfahrzeuge mit den Gruppen PKW, Nutz- und Baufahrzeuge, als auch auf Schienenfahrzeuge beziehen.

Themenschwerpunkte der 2. Fahrzeugdynamik-Fachtagung 1988 sind Reifenmodelle in verschiedener Strukturierung in Abhängigkeit von der spezifischen Aufgabenstellung für Fahrzeugschwingungsberechnungen. Ferner werden Vorträge aus dem Bereich Antriebsstrang von Fahrzeugen angeboten. Einem heute besonders aktuellem Problem widmet sich der Themenschwerpunkt Einwirkung von Schwingungen auf den Menschen im Fahrzeug, bei dem neben der Möglichkeit der Quantisierung und Beurteilung derartiger Schwingungen auch Fragen zur Reduzierung der Schwingungseinwirkung auf den Menschen behandelt werden.

*W. Stühler*

Berlin, Januar 1988

# Referentenverzeichnis

Prof. Dr.-Ing. *G. Bobbert*, Lehraufträge zur Schwingungstechnik an der Technischen Universität Braunschweig und der Bundeswehrhochschule in Hamburg

Univ.-Prof. Dr. *F. Böhm*, 1. Institut für Mechanik, Technische Universität Berlin

Dipl.-Ing. *H.-J. Bress*, Fa. Brüel und Kjaer, Quickborn

Prof. Dr. *H. Dupuis*, Arbeigsgruppe Ergonomie, Universität Mainz

Dipl.-Ing. *M. Eichler*, 1. Institut für Mechanik, Technische Universität Berlin

Dr.-Ing. *W. Halbmann*, Arbeitsgebiet Simulationsrechnungen zur Fahrzeugdynamik, Porsche AG Stuttgart

Prof. Dr.-Ing. *W. Herbst*, Institut für Verkehrsplanung und Verkehrswegebau, Technische Universität Berlin

Dipl.-Ing. *M. Hölscher*, Arbeitsgebiet Schwingungstechnik, Porsche AG Stuttgart

Dipl.-Ing. *U. Kaulbars*, Arbeitsgebiet Vibrationsschutz, Berufsgenossenschaftliches Institut für Arbeitssicherheit, Sankt Augustin

Dr.-Ing. *G. Köhne*, Rheinbraun Köln

Dipl.-Ing. *K. Kmoch*, 1. Institut für Mechanik, Technische Universität Berlin

Dipl.-Ing. *M. Kollatz*, Arbeitsgebiet Hochfrequente Dynamik rollender Räder, Technische Universität Berlin

Prof. Dr.-Ing. *O. Krettek*, Analytische Verfahren in Fahrzeug- und Transporttechnik, RWTH Aachen

Dr.-Ing. *M. Nader*, z.Z. RWTH Aachen, Technische Universität Warschau

Dipl.-Ing. *C. Oertel*, Arbeitsgebiet Hochfrequente Dynamik rollender Räder, Technische Universität Berlin

Dipl.-Ing. *G. Reiß*, Technische Entwicklung, DUEWAG Krefeld

Prof. Dr.-Ing. *G. Rill*, Technische Mechanik und Datenverarbeitung, Fachhochschule Regensburg

Dipl.-Ing. *C.-G. Schoof*, Technische Entwicklung, DUEWAG Krefeld

Dr.-Ing. *R. Schraut*, Technische Entwicklung, DUEWAG Krefeld

Dr.-Ing. *D. Schulze*, Daimler-Benz AG Stuttgart

Dipl.-Ing. *Ch. Studnicka*, Simmering Graz Panker AG Wien

Ing. (grad.) *U. Tabbert*, Festigkeitsanalyse IEDV, AUDI AG Ingolstadt

Dipl.-Ing. *Ch. Teubert*, Institut für Fahrzeugtechnik, Technische Universität Berlin

Dr.-Ing. *M. Wahle*, Technische Entwicklung, DUEWAG Krefeld

Prof. Dr.-Ing. *H.P. Willumeit*, Institut für Fahrzeugtechnik, Technische Universität Berlin

Dipl.-Ing. *L. Zademack*, Technische Aufsicht, Berufsgenossenschaft für Fahrzeughaltungen Hamburg

# Inhaltsverzeichnis

# Reifenmodelle
# für
# Fahrzeugschwingungsberechnung

# Grundlagen der Rolldynamik von Luftreifen

*von F. Böhm, M. Eichler und K. Kmoch*


## Zusammenfassung

Einleitend wird die Entwicklung der Rolltheorie seit Heinrich Hertz beschrieben. Die Unterschiede zwischen analytischer und numerischer Behandlung werden aufgezeigt. Wegen der Nichtlinearität der Reibung, der Nichtlinearität des Abhebevorganges und wegen hochfrequenter Rollzustandsänderungen wird für die praktische Anwendung der numerischen Methode der Vorzug gegeben. Diese inkrementelle Darstellung wird der Integralgleichungsmethode und der Methode mittels partieller Differentialgleichungen (Transportgleichungen) gegenübergestellt. Dabei treten Fragen der numerischen und physikalischen Stabilisierung auf. Durch Einführung von Trägheitsgliedern lassen sich bei geeigneter Wahl vom Dämpfungsparameter der Reifenstruktur und Reibungsparameter der Lauffläche auch höherfrequente dynamische Rollvorgänge stabilisieren. Anschließend werden Übergangszustände und hochinstationäre Zustände des rollenden oder gleitenden Gürtelreifens behandelt. Abschließend werden zur Bestimmung der Parameter des Gürtelreifenmodells einige Hinweise gegeben.


## 1. Einleitung: Entwicklung der Rolltheorie

Obwohl seit Newton's epochalem Werk /1/ 300 Jahre vergangen sind, wurde in der Mechanik die Theorie des Rollkontaktes erst durch Heinrich Hertz 1894 /2/ in analytischer Form behandelt. Hertz nimmt an, daß der Berührpunkt zwischen Rad und Boden nur in Richtung der Spur der Radmittelebene am Boden weiterrollt und verwendet zur analytischen Beschreibung die Rollbedingung:

$$\vec{v} \cdot \vec{n} = 0$$

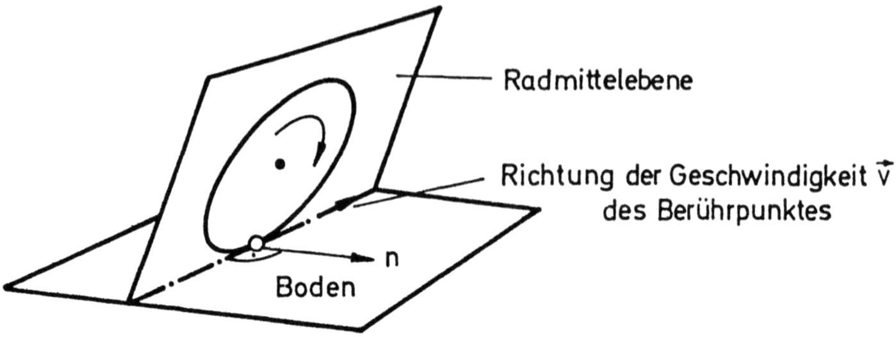


Bild 1

Diese geometrische Bedingung, dargestellt in Bild 1, läßt sich jedoch auch auf andere Vorgänge in gleicher Form anwenden. Zum Beispiel kann das Verhalten von Schlittenkufen im Schnee oder von Eislaufkufen auf Eis durch dieselbe kinematische Bedingung, dargestellt in Verbindung mit der Newton'schen Mechanik, verwendet werden. Von Appell /3/ wurde 1899 bewiesen, daß die kinematische Bedingung verträglich ist und so haben Čaplygin 1911 /4/ und viele andere, siehe z. B. das Buch von Neimark und Fufaev "Dynamics of Nonholonomic Systems" /5/, lösbare Sonderfälle der Bewegungsgleichungen nichtholonomer Systeme beschrieben. Es wurden Bahnkurven von Schlitten, von Eisläufern berechnet, sowie Stabilitätsuntersuchungen an Fahrzeugachsen und Fahrzeugen durchgeführt. Die entstehenden Bahnkurven sind Kurven mit Spitzen, ähnliche erzeugt man beim Einparken eines Fahrzeugs auf schneebedeckter Parkfläche, siehe Bild 2.

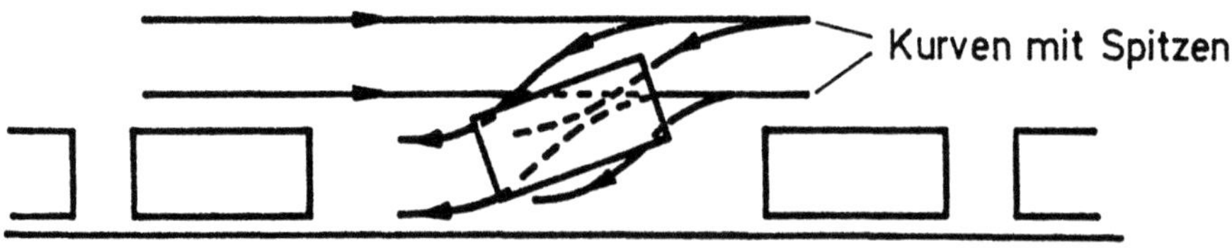


Bild 2

Diese mathematisch orientierten und analytisch lösbaren Sonderfälle konnten technisch nicht befriedigen, da das Rad selbst als starr angenommen war und offensichtlich die Konstruktion, Steifigkeit und Masse des Radkörpers wesentlichen Einfluß auf die für die Praxis interessanten Bewegungsvorgänge haben muß. So wurde das Konzept der nichtholonomen Rollbedingungen von Hertz durch Fromm /6/ modifiziert und eine endliche Länge der Berührung zwischen Rad und Boden eingeführt. Von Becker, Fromm und Marhun /7/ wurde erstmalig die kinematische Rollbedingung des ideellen Aufstandspunktes eines elastischen Rades benutzt, um die dynamische Stabilität der Automobillenkung zu untersuchen. Eine detaillierte Betrachtung der Vorgänge entlang der Kontaktlänge ergab sich dann als nächste Stufe der theoretischen Entwicklung. Für den vordersten Berührpunkt, den Einlaufpunkt, in die Kontaktfläche nahmen B. von Schlippe und R. Dietrich /8/ weiterhin die nichtholonome Rollbedingung von Hertz in Gestalt eines ideellen Führungsrädchens an, siehe Bild 3. Der Bahnverlauf der Kontaktpunkte wurde von den genannten Autoren durch Reihenentwicklung berechnet und erzeugt die seitlichen elastischen Verformungen des Rades im Berührgebiet. Die daraus resultierenden Seitenkräfte dienten dann zur Berechnung der lateralen Bewegungsvorgänge des Gesamtfahrzeuges und für Stabilitätsuntersuchungen der Rolldynamik von Rädern und Achsen. Mit diesen Erkenntnissen konnte das lästige Flatterproblem an Lenkachsen gelöst werden, eine Aufgabe, die insbesondere für die Rollstabilität der Fahrgestelle von Flugzeugen von Bedeutung war.

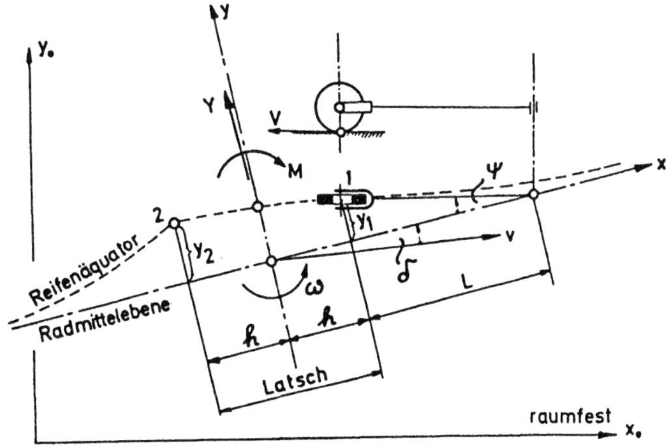


Bild 3

Entwickelt man die Bahnkurven in der Kontaktfläche nur bis zu linearen Gliedern, so ergibt sich die Theorie erster Ordnung für instationäre Rollzustände. Da die Verformungen mit zunehmender Laufstrecke im Kontaktgebiet linear anwachsen, kann für jeden Kontaktpunkt der Übergang von haftendem zu gleitendem Kontakt in der Nähe des Austrittes aus der Kontaktzone bestimmt werden. Diese hat also zunächst ein Haft- und anschließend ein Gleitgebiet. Der Übergang in den Gleitzustand ist für praktische Belange besonders wichtig, für Kurvenfahrt und Schleuderzustände. Berücksichtigt man die Deformationsgeschwindigkeit im ideellen Aufstandspunkt nach /7/, so kann die Entwicklung der Tangentialkraft aus einer nichtlinearen impliziten Differentialgleichung erster Ordnung bestimmt werden, die erstmals von Böhm /9/ aufgestellt wurde. Dabei wird rechnerisch das Gleichgewicht zwischen elastischen Kräften und Reibungskräften bestimmt auf der kinematischen Basis der Rollbedingungen nach Hertz im Führungspunkt des Kontaktgebietes, siehe Bild 4. Die Industrie verwendet heute noch in umfangreichem Maße diese implizite Differentialgleichung, die allerdings einen singulären Punkt besitzt, was numerische Probleme aufwirft. Hinreichend weit weg von der Haftgrenze kann jedoch dieses Prinzip sehr vorteilhaft eingesetzt werden und ermöglicht kurze Rechenzeiten.

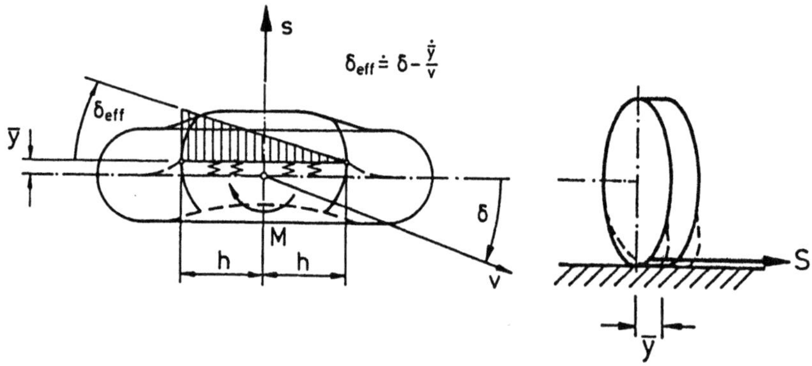


$$S = c_S \bar{y} = S_{(\delta - \frac{\dot{y}}{v})}$$

Bild 4

Die Nachteile der Methode der Berechnung mittels einer impliziten Differentialgleichung sind aber mehrfach. Erstens können dynamische Vorgänge an der Haftgrenze nicht dargestellt werden. Zweitens sind hochfrequente Vorgänge mit Wellenlängen vergleichbar zur Kontaktlänge ebenfalls nicht berechenbar. Drittens können numerische Berechnungen bei verschwindender Fahrgeschwindigkeit nicht durchgeführt werden. Viertens enthält die zugrundeliegende Differntialgleichung viel zu wenig Parameter, um den Einfluß der strukturellen Variationen des Reifens zu untersuchen.

## 2. Kinematik des Rollkontaktes bei kurzwelligen Vorgängen (Euler'sche Darstellung)

Wir betrachten die Kontaktfläche, siehe Bild 5, in einem mit der Mittelebene des Rades mitbewegten Koordinatensystem x y, die Drehung um die Radachse sei $\Omega$, die Drehung um die Hochachse $\omega$. Der ideellle Aufstandspunkt iA bewegt sich mit der Geschwindigkeit v unter dem Winkel (Schräglaufwinkel) $\delta$ entlang der Bodenebene, die raumfest angenommen wird.

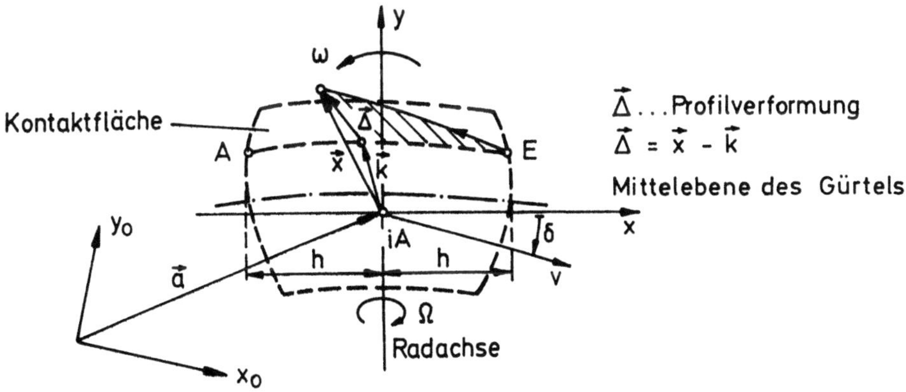


Bild 5

Aus der Euler'schen Gleichung für den Ortsvektor $\vec{x}$ im mitbewegten Koordinatensystem $\vec{v} + \dot{\vec{x}} + \vec{\omega} \times \vec{x} = 0$

folgt die Differentialgleichung für die Relativbewegung eines beliebigen Kontaktpunktes zu:

$$\boxed{\dot{\vec{x}} = \mathbb{A}\vec{x} + \vec{f}} \qquad (1)$$

wobei die Vektoren und die Matrix darin die folgende Bedeutung haben:

$$\vec{x} = \begin{pmatrix} x \\ y \end{pmatrix}, \quad \vec{f} = \begin{pmatrix} -v\cos\delta \\ v\sin\delta \end{pmatrix}, \quad \mathbb{A} = \begin{pmatrix} 0 & \omega \\ -\omega & 0 \end{pmatrix}.$$

Gleichung (1) wurde in /10/ zur Berechnung von Bahnkurven verwendet, auch das Flatterproblem wurde damit behandelt, jedoch nur langwellige Bewegungsvorgänge. Da wir uns hier wegen der Nichtlinearität der Reibung in Verbindung mit selbsterregten kurzwelligen Schwingungen des Rades auf numerische Ermittlung der Bahnkurven der Kontaktpunkte beschränken, genügt es, für ein inkrementelles Rechenverfahren im sehr kurzen Zeitabschnitt $\Delta t$ jeweils konstante Vektor- bzw. Matrix-Elemente (Index 0) vorzugeben. In diesem Fall ist die Lösung eine Kreisbahn um den Momentanpol M und hat die Form:

$$\vec{x} = \mathbb{D}_0(\vec{x}_0 - \vec{x}_\varrho) + \vec{x}_\varrho \qquad (2)$$

Dabei ist $\mathbb{D}_0$ die Drehmatrix, $\varphi_0$ der Drehwinkel und die Lage des Drehmittelpunktes M ist gegeben durch:

$$\mathbb{D}_0 = \begin{pmatrix} \cos\varphi_0 & \sin\varphi_0 \\ -\sin\varphi_0 & \cos\varphi_0 \end{pmatrix}, \quad \varphi_0 = \omega_0 t, \quad \vec{x}_\varrho = -\mathbb{A}_0^{-1}\vec{f}_0 .$$

Analog zur Bedingung nach Hertz kann für ein Element der Bahnkurve geschrieben werden:

$$(\vec{x}_0 - \vec{x}_\varrho)\cdot d\vec{x} = 0$$

und man erhält ausgeschrieben eine Pfaff'sche Differentialform:

$$\left(x_0 - \frac{v}{\omega}\sin\delta\right)dx + \left(y_0 - \frac{v}{\omega}\cos\delta\right)dy = 0 .$$

Nach der Theorie der Charakteristiken ergibt sich der zugehörige Operator zu:

$$U = (v\cos\delta - \omega y_0)\frac{\partial}{\partial x} + (\omega x_0 - v\sin\delta)\frac{\partial}{\partial y} + \frac{\partial}{\partial t}$$

Die Reihenentwicklung der Bahnkurve mit Hilfe des Operators ist

$$\vec{x}_1 = \vec{x}_0 + tU\vec{x}_0 + \frac{t^2}{2}U^2\vec{x}_0 \; .... \qquad t \to 0$$

und damit ergibt sich schließlich die Transportgleichung

$$(v\cos\delta - \omega y_0)\frac{\partial \vec{x}_0}{\partial x} + (\omega x_0 - v\sin\delta)\frac{\partial \vec{x}_0}{\partial y} + \frac{\partial \vec{x}_0}{\partial t} \qquad (3)$$

$$= A\vec{x}_0 + \vec{f}$$

Diese Transportgleichung ist wegen der Terme $\omega x_0$, $\omega y_0$ nicht identisch mit den Gleichungen von Johnson /11/, Kalker /12/, Pacejka /13/.

Der Übergang auf ein System von Transportgleichungen, wie es die genannten Autoren verwenden, läßt sich zum Beispiel mit Hilfe der Picard-Iteration des ursprünglichen Gleichungssystems (1) beschreiben. Ausgehend von der Umformung der Differentialgleichung in eine Integralgleichung

$$\vec{x} = \vec{x}_0 + \int_0^t (A\vec{x} + \vec{f})\, dt \qquad (4)$$

erhält man die iterierte Picard'sche Lösung zu:

$$\vec{x}_{\nu+1} = \vec{x}_0 + \int_{\tau=0}^{\tau=t} \left[A(\tau)\,\vec{x}_\nu(\tau) + \vec{f}(\tau)\right] d\tau$$

Dabei wird z. B. mit dem geradlinigen Durchlauf durch die Kontaktfläche als Startlösung begonnen: $\vec{x}_1 = \vec{x}_0 - \vec{e}_x R\Omega\tau$

Hierbei ist R der Radradius und $\tau$ die Laufzeit der Kontaktpunkte. Der Nachteil dieser Berechnungsmethode besteht in der Annahme einer Startlösung für den Durchlaufzustand, die dann nur interativ verbessert werden kann (Störungsrechnung). Anfahren aus dem Stand oder Drehen des Rades um die Hochachse im Stand lassen sich mit dieser Methode nicht darstellen, während die erstgenannte (inkrementelle) Methode der Drehmatrix immer anwendbar ist.

Mittels der Picard'schen Methode soll hier der Übergang auf die analytische Methode von Schlippe/Dietrich gezeigt werden. Unter der Annahme $\delta \ll 1$, $h\omega/v \ll 1$ und $v \neq 0$, siehe Bild 3, ergibt sich für die Querauslenkung y aus der Radebene die Integralgleichung

$$y(x,t) = y_E(t-\tau) + \int_0^{\tau} (v\delta - \omega x)\, d\tau$$

Darin ist:

$$\tau = \frac{h-x}{v_x}, \quad d\tau = -\frac{dx}{v_x}, \qquad v_x \doteq v = R\Omega .$$

Integriert man, statt über die gesamte Laufzeit $\tau$ nur über ein Element $d\tau$, so erhält man:

$$y(x+dx, t) = y(x, t-d\tau) + (v\delta - \omega x)\, d\tau .$$

Durch Taylor-Entwicklung ergibt sich:

$$y(x,t) + \frac{\partial y}{\partial x} dx = y(x,t) - \frac{\partial y}{\partial t} d\tau + (v\delta - \omega x)\, d\tau$$

und schließlich die Transportgleichung für die y-Komponente zu:

$$\boxed{\frac{\partial y}{\partial t} - v_x \frac{\partial y}{\partial x} = v\delta - \omega x} \qquad (5)$$

In der Form der Integralgleichung wurde die Methode beim Radflattern von Smiley durch Entwicklung bis $\tau^3$ /14/ und von Böhm für ein Dreistreifenmodell der Kontaktfläche mit Reihenentwicklung bis $\tau^2$ einschließlich der Berücksichtigung des Überganges vom Haften zum Gleiten verwendet /15/. Die obige Transportgleichung ohne Berücksichtigung von Gleitvorgängen wurde von Pacejka /16/ mit Hilfe der Laplace-Transformation gelöst, während Sperling /17/ eine Kolokationsmethode für die Berechnung der tangentialen dynamischen Kontaktkräfte verwendet, die auch geeignet wäre, Gleitvorgänge zu berechnen. Beide Autoren verwenden für den Einlaufpunkt nach wie vor die auch von Schlippe/Dietrich benutzte nichtholonome Rollbedingung. Sperling weist daraufhin, daß diese Bedingung die numerische Stabilität des Verfahrens entscheidend verbessert.

Die Methoden der numerischen Behandlung können in der Arbeit von Böhm /18/ nachgelesen werden. Nach dem Shannon Theorem muß der Zeitschritt so kurz gewählt werden, daß die höchste auftretende Frequenz noch gut erfaßt wird. Meistens handelt es sich dabei um eine Eigenfrequenz zufolge des Kontaktes zwischen Reifen und Boden unter Voraussetzung reinen Haftens.

## 3. Dynamische Reifenmodelle

Die meisten Autoren verwenden Reifenmodelle unter Vernachlässigung der Trägheitskräfte des Reifens und müssen daher das Gleichgewicht zwischen elastischen Kräften der Reifenkarkasse und den Kontaktkräften zufolge der Rollbewegung bestimmen. Obwohl die Abplattung ein unilaterales Kontaktproblem, also nichtlinear, ist, zeigt sich, daß die tangentialen Verformungen bei konstanter Last durch lineare Ansätze darstellbar sind. Die zugehörigen Einflußfunktionen sind näherungsweise berechenbar und unterscheiden sich bei Diagonalreifen und Radialgürtelreifen gravierend. Dem Protektor wird eine eigene örtliche Schubverformung zugeschrieben neben der örtlichen Kompression durch die verteilte Radlast, so daß die Greensche Funktion qualitativ das Aussehen wie in Bild 4 besitzt. Im Extremfall kann man daher annehmen, daß die Karkassen-Verformung in Querrichtung eine Parallelverschiebung der Karkasse plus einer örtlichen Stollendeformation beschreibt, in Umfangsrichtung gilt für den Gürtelreifen dasselbe, jedoch für den Diagonalreifen auf Grund seiner in Umfangsrichtung schubsteifen Seitenwände verbleibt nur die örtliche Protektorverformung. Solche Modelle werden in der Literatur als "Borsten-Modelle" bezeichnet. Modelle dieser Art sind numerisch immer stabil, solange keine Gleitreibungsfunktionen mit fallender Kennlinie in Abhängigkeit von der Gleitgeschwindigkeit verwendet werden. Numerische Instabilität kann jedoch auftreten zufolge des Einflusses der Biegenachgiebigkeit der Karkasse. Betrachten wir den einfachen Fall, daß der Reifen stationär rollt und die Greensche Funktion für die Querdeformation eine Biegelinie zusätzlich zur Protektorverformung enthält. Mit c als Protektorsteifigkeit und $\gamma_B$ als Biegenachgiebigkeit, z. B. eines Reifengürtels bei Querbelastung, ergibt sich für die resultierende Seitenführungskraft:

$$S = c\left(\tan\delta \cdot 2h^2 + \frac{4}{3}h^3\left(-\frac{1}{2\rho_B}\right)\right)$$

eine Gleichung, die durch Integration der Spannungsverteilung entlang der Kontaktlinie gewonnen werden kann. Bei einer iterativen Vorgehensweise, die natürlich hier nicht notwendig ist, ergibt sich für die Verbesserung $\Delta S_{\nu+1}$ die folgende Beziehung:

$$\Delta S_\nu = -\frac{4}{3}ch^3\gamma_B\,\Delta S_{\nu-1}$$

Alternierende Konvergenz liegt nur vor, wenn die Bedingung:

$$\boxed{\frac{4}{3}ch^3\gamma_B < 1}$$

erfüllt ist. Verallgemeinert kann gesagt werden, daß bei Verwendung Greenscher Funktionen und Übergang auf Integralgleichungen zur Beschreibung des Kräftegleichgewichtes in der Kontaktfläche durchaus Parameterkombinationen denkbar sind, so daß die verwendeten Integralgleichungen keine Lösung besitzen. Wechselt man dagegen mit den Verfahren in den Zeitbereich und berücksichtigt die Massenkräfte sowie die Reibungskräfte, dann existieren immer Lösungen. Schlechtestenfalls sind sie dynamisch instabil und es kommt zu oszillatorischer Divergenz. Die Ursache für dieses Verhalten können falsche Strukturparameter sein, aber auch ungünstige Reibungseigenschaften. Man besitzt somit eine Methode, die Rollstabilität, das Ansprechverhalten und das Verhalten an der Haftgrenze eines beliebig konstruierten Rades theoretisch zu überprüfen, wenn man Vorgaben macht bezüglich der höchsten im System auftretenden Frequenz und Angaben dazu über die Massenverteilung, die Steifigkeit und Dämpfungsverteilung.

Das gegenwärtig von uns verwendete dynamische Reifenmodell gilt für den Gürtelreifen, siehe Bild 6, und besitzt 6 Freiheitsgrade: $y_r$, $\psi$, $\gamma$, $\varphi_G$, $\varphi_F$, $z_r$

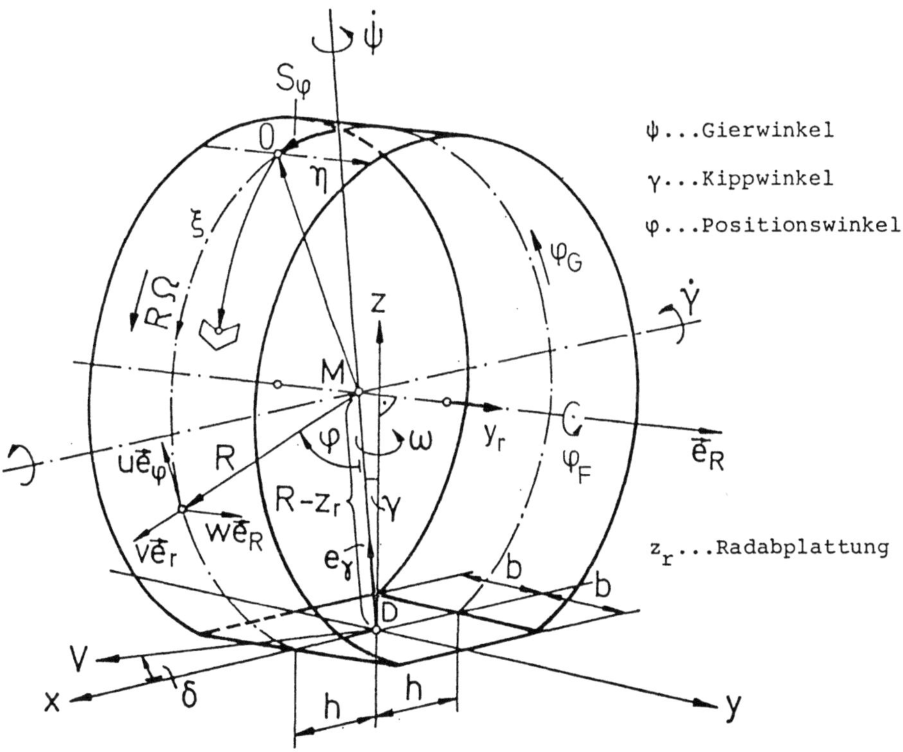


x, y, z mit Kontaktfläche bewegt

Bild 6

Seine Parameter werden aus den modalen Schwingungsformen des freien Reifens bestimmt. Da die Massenverteilung des Reifens gegeben ist, kann aus den gemessenen Eigenfrequenzen bei geringer Dämpfung die Federzahl für die zugehörige Modalform aus der Messung berechnet werden. Interessanterweise ist jedoch die Dämpfung stark temperaturabhängig. Die angenommene modale Dämpfung wird dann ebenfalls aus der Messung berechnet und in den Bewegungsgleichungen so verwendet, siehe Bild 7.

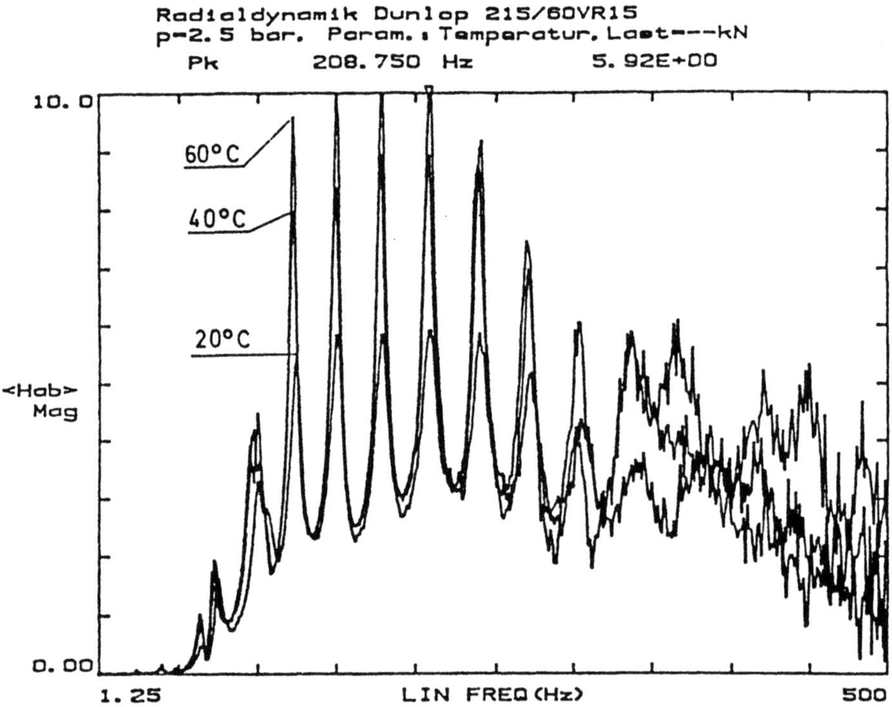


Bild 7

Im Kontaktbereich wird auf Grund der gemessenen vertikalen Federkennlinie des Reifens die Kontaktflächengröße sowie die Druckverteilung in der Kontaktfläche entsprechend den gemessenen Druckverteilungen, siehe Bild 8, in Form von Polynomen bis zu achter Ordnung vorgegeben. Die Krümmung des Gürtels zufolge Seitenkraft wird durch Messung der seitlichen Verlagerung des Gürtels unter Abzug der Verlagerung durch die Abplattung bestimmt. Dieses Verfahren wurde von Meier-Dörnberg entwickelt und in der Studienarbeit von Preiser, TH Darmstadt /19/ meßtechnisch realisiert.

Die örtliche Verformung des Gürtels oder Cordverbandes in der Kontaktzone wurde in der Arbeit /20/ untersucht. Die daraus folgenden tangentialen Kräfte werden in der Literatur als "chaotische Kräfte" bezeichnet und können durch Messung bestimmt werden. Durch Welligkeit des Bodens oder durch Einebnung auf einzelnen Bodenunebenheiten können weitere tangentiale Schlupfbewegungen entstehen. Durch Vorgabe solcher Schlupffelder, die dann durch die Kontaktfläche durchlaufen, können die entstehenden Tangentialkräfte berechnet werden.

Bild 8

Druckgebirge über dem Latsch

**Rechnung**

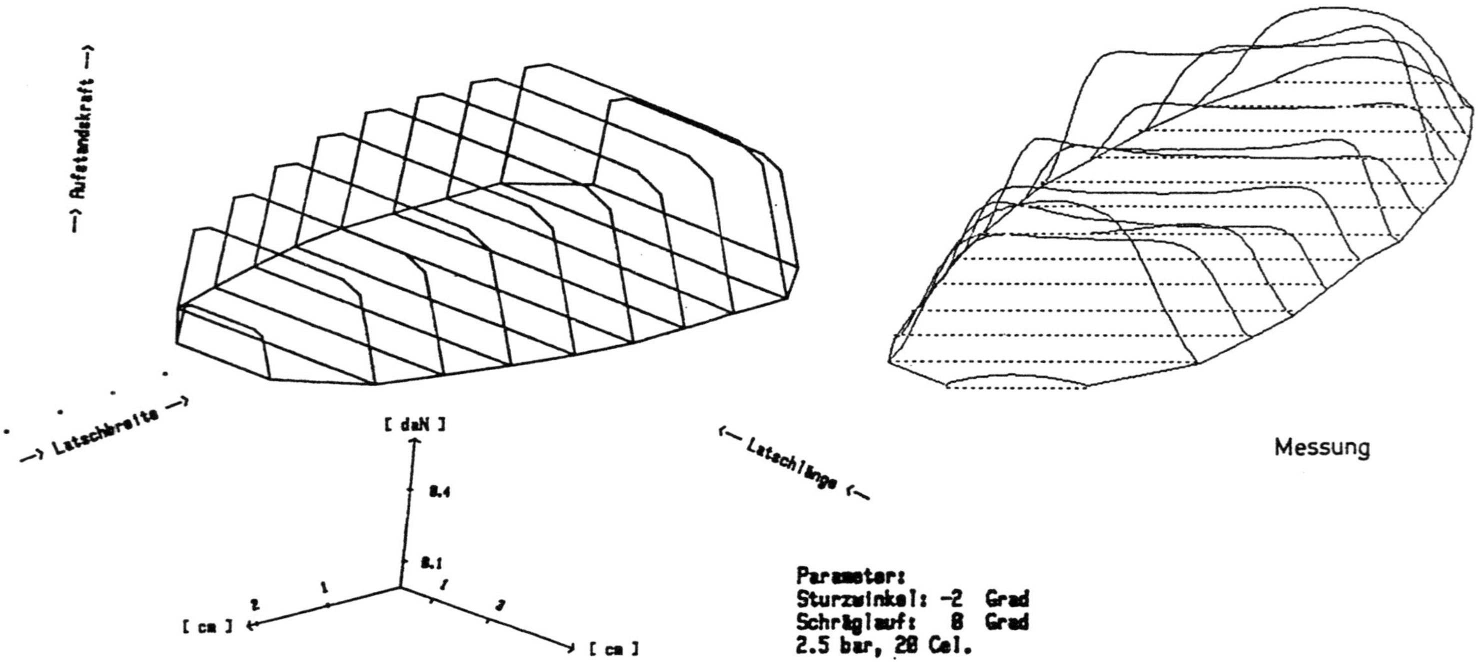

## 4. Haft- und Gleitzustände der Profilstollen

Die Scherverformungen der Stollen sind nach Erreichung der Haftgrenze sehr schnell veränderlich. Die Stolleneigenfrequenz liegt bei etwa 1000 Hz und es kommt dann zu selbsterregten Reibschwingungszyklen des Stollens. Will man diese Stollenbewegung rechnerisch verfolgen, so muß man mit einer Schrittweite entsprechend 0,1 ms rechnen. Da wir jedoch in dieser Arbeit im Simulationsmodell für die Eigenformen des Reifens so hohe Frequenzen nicht berücksichtigen, sondern nur solche bis maximal 100 Hz, soll der Übergang in den Gleitzustand nur entsprechend der vorgegebenen stationären Reibungskennlinie erfolgen. Dies bedeutet, daß wir in der Phasenebene des Reibschwingers einen mittleren Gleichgewichtspunkt suchen, der dem Abstand der Sprunglinie von 0 entspricht und daß die zugehörige Verformung aus der Reibungskraft bei gegebener Gleitreibungsgeschwindigkeit folgt. Ist der Gleichgewichtspunkt instabil, so wird er in Wirklichkeit vom Grenzzykel umrundet. Bezüglich der Richtung dieser Auslenkung wird für isotropes elastisches Verhalten der Stollen die Annahme gemacht, daß sie parallel ist zur Deformationsrichtung des Stollens, wenn er haften würde (im Falle der Anisotropie der Stollenelastizität kann so eine Annahme nicht getroffen werden). Die relative Lage dieses Gleichgewichtspunktes gegenüber dem unverspannten Zustand kann nun direkt ermittelt werden:

$$\frac{\vec{\tau}_g}{c} = \vec{\Delta}^* = \frac{\mu_g p_z}{c} \cdot \frac{\vec{\Delta}}{|\vec{\Delta}|} \quad .$$

Es zeigt sich, daß mit diesem Ansatz numerische Instabilitäten vermieden werden können, die dann auftreten, wenn das Gesetz in der folgenden Form angesetzt wird:

$$\frac{\vec{\tau}_g}{c} = \vec{\Delta}^* = \frac{\mu_g p_z}{c} \cdot \frac{\vec{v}_g}{|\vec{v}_g|} \quad .$$

Dieser Ansatz bewirkt, daß die rechnerisch auftretenden Scherkräfte schon bei geringen Änderungen des Gleitgeschwindigkeitsfeldes pro Zeitschritt ihr Vorzeichen wechseln. Es kann dann zu alternierenden numerischen Divergenzen in seltenen

Fällen kommen. Um dieses ganz auszuschließen, wurde der obere Ansatz verwendet. Dieser Ansatz ist in jedem Fall numerisch stabil.

Betrachten wir den Fall, daß ein Stollen zu gleiten beginnt, d. h., daß die Auslenkung $\Delta$ den Grenzwert $\frac{\mu_h p_z}{c}$ überschreitet. Nach dieser Berechnungsweise gleitet dann der Stollen monoton. Dies tut er auch in Wirklichkeit, solange das Reibungsgesetz im ansteigenden Teil der Reibungskennlinie angesprochen wird. Im abfallenden Teil der Reibungskennlinie wird jedoch hier nur der zeitliche Mittelwert der hochfrequenten Verformung berücksichtigt. Wenn nun die Scherverformung zu irgendeinem späteren Rechenzeitschritt wieder kleiner wird, dann bedeutet dies, daß sich die Sprunglinie für den Reibschwinger in der Phasenebene gegen Null bewegt und somit Haften wieder möglich ist. Beachtet muß werden, daß hier der Übergang von der Euler'schen Darstellung in die Lagrange'sche Darstellung für einen materiellen Kontaktpunkt zu erfolgen hat. Man vergleicht also die Scherdeformation im Gleitbereich mit der Scherdeformation desselben Punktes einen Zeitschritt vorher. Der Wiederhaftpunkt bestimmt sich damit aus der Lage des Ortsvektors der Karkasse an dieser Stelle plus der Scherverformung bei Gleitbewegung dieses Punktes aus dem letzten Zeitschritt. Damit hat man einen wieder haftenden Punkt x gefunden. Dieser Vorgang ist in Bild 9 dargestellt.

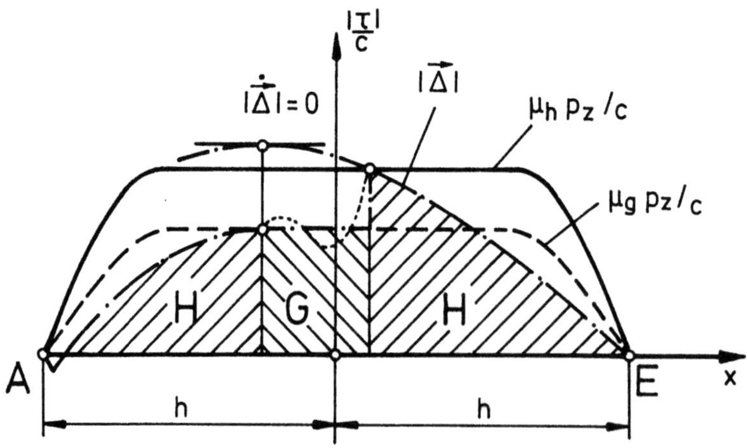


Bild 9

Mit der beschriebenen Abfrage im Programm ist es möglich, mehrfache Haft- und Gleitgebiete zu berücksichtigen. Eine höherfrequente Rechnung kann natürlich den echten Wiederhaftpunkt bestimmen und ist damit auch genauer, siehe hierzu den Tagungsbeitrag von C. Oertel /21/.

## 5. Beispiele der Anwendung der Rolltheorie: Übergangszustände, intermittierende Rollbewegung, selbsterregte Rollzustände sowie Lenken im Stand

Da sich hochfrequente Übergangszustände nicht mit einer Theorie erster Ordnung berechnen lassen, wird dazu die in Kapitel 2 beschriebene inkrementelle Methode verwendet. Das zugrundeliegende dynamische Reifenmodell ist das in Kapitel 3 beschriebene System mit 6 Freiheitsgraden. Bezüglich der Integrationstechnik der Kontaktkräfte wird auf die Arbeit /18/ verwiesen.

Mit einem Dreispur-Reifenmodell, wie es auch in den Arbeiten /23-26/ verwendet wurde, erfolgte als erstes Beispiel eine Berechnung der hochfrequenten Seitenkraft und Rückstellmomentenantwort zufolge stochastischer hochfrequenter Lenkwinkelanregung, siehe Bild 10.

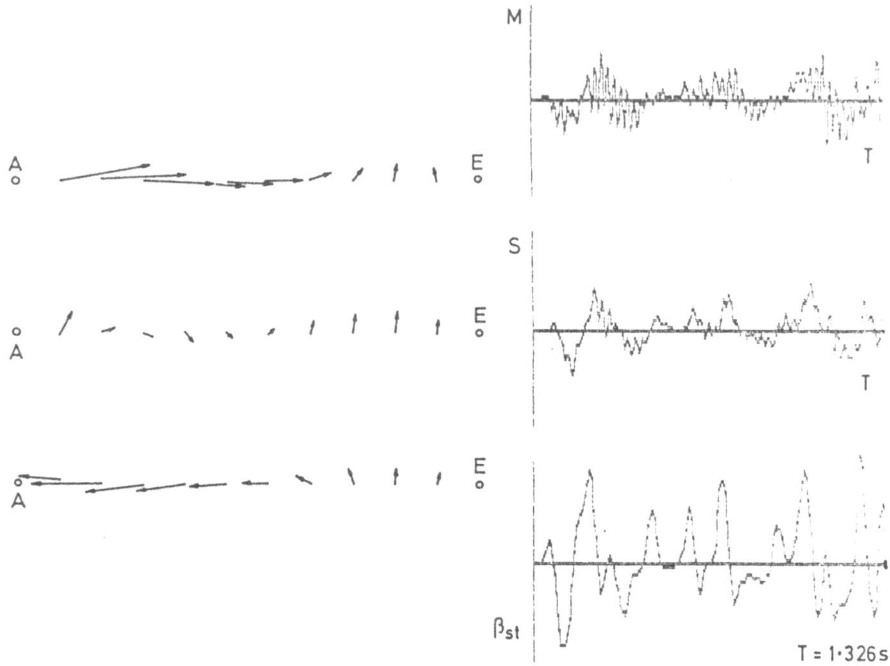


Bild 10

Links ist die Verteilung der Latschkräfte, rechts Rückstellmoment, Seitenkraft und Lenkwinkelanregung über der Zeit aufgetragen. Die Rollgeschwindigkeit beträgt 8,33 m/s.

Für stationäre Zustände wurde als zweites Beispiel die Messung der Kontaktkraftverteilung mit Kistler-Quarzkraftmeßdosen als Reihe von Vergleichen zwischen Messung und Rechnung durchgeführt. Stellvertretend wird hier nur der Vergleich bei 2° Schräglaufwinkel und 4000 N Radlast gezeigt. Gute Übereinstimmung der Kurvenform, der Verteilung der Seitenkraft und der Maximalwerte sind festzustellen, siehe Bild 11.

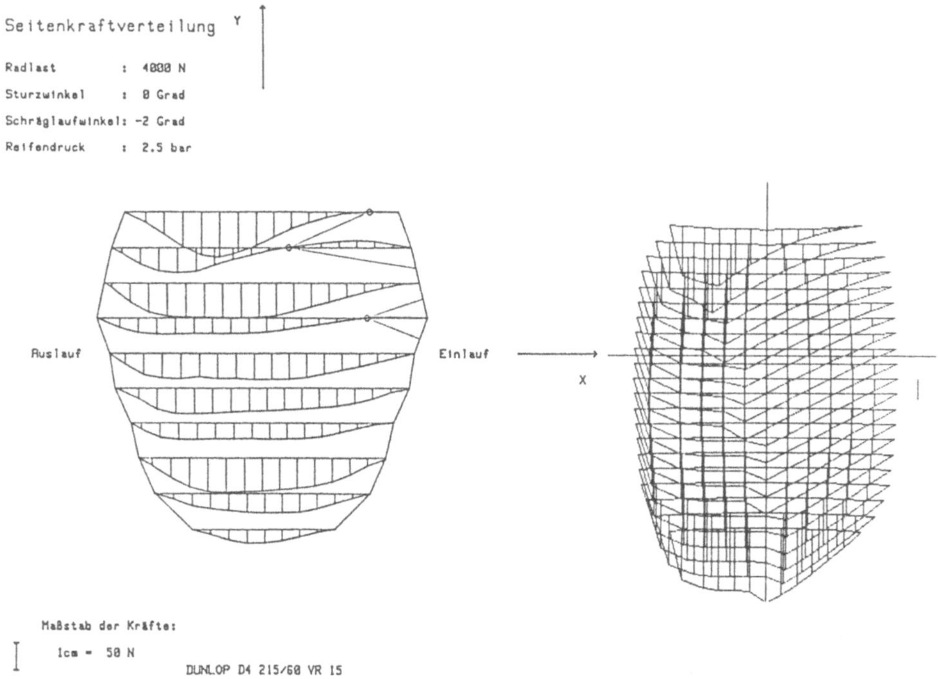


Bild 11

Langsam veränderliche Einrollzustände sind als drittes Beispiel gezeigt. Zweck der Berechnung ist, einen Vergleich mit Messungen und Video-Aufzeichnungen herbeizuführen und dazu wird auch ein Video-Film des Einrollvorganges auf einer Glasplatte gezeigt. Übergangszustände können ebenfalls mit den aufgezeichneten Video-Bildern verglichen werden. Über einen Rollweg von 50 cm ist die Entwicklung der Kontaktkräfte in Bild 12 gezeigt.

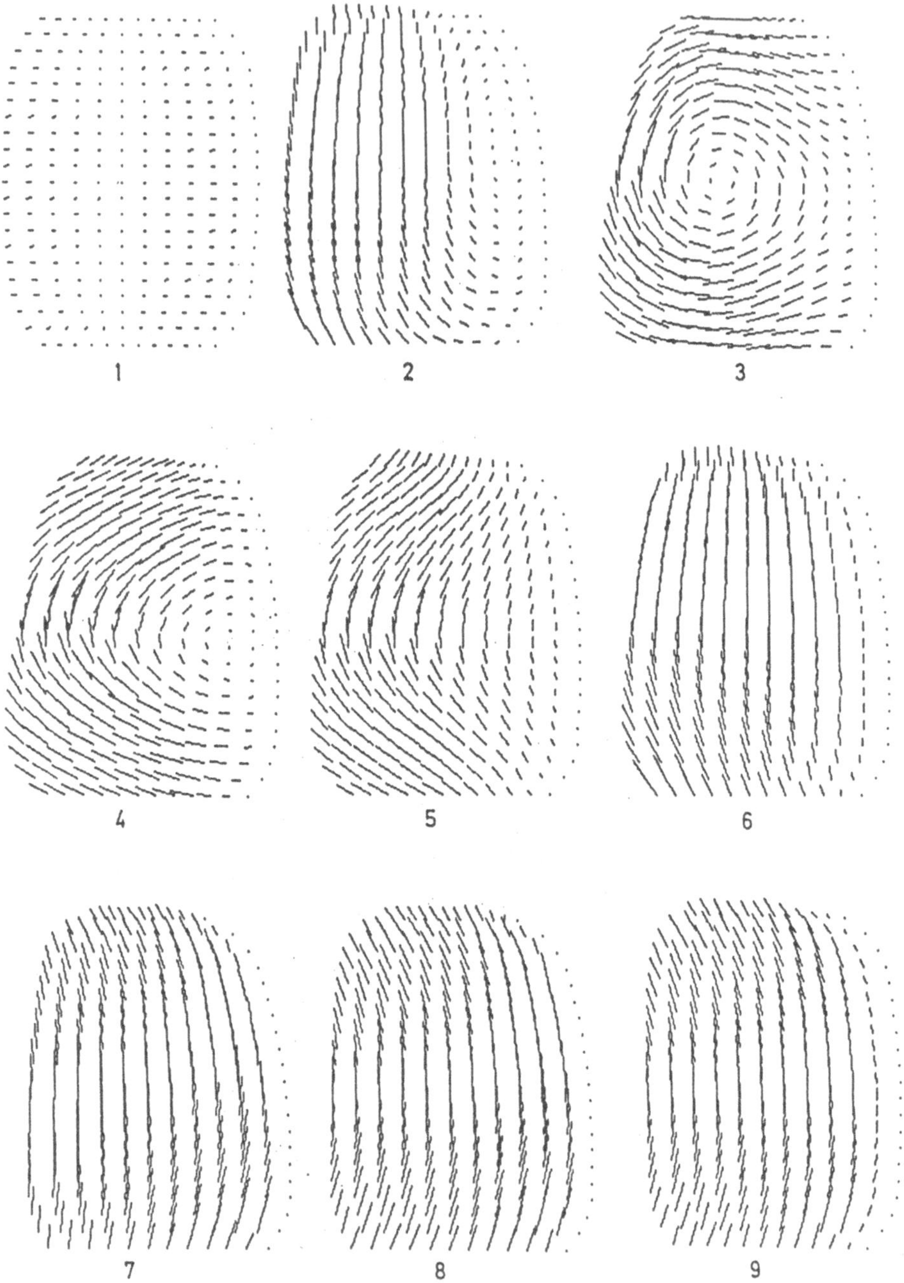


Bild 12

Von Position 1 bis 9 wurde eine Wegstrecke von 50 cm durchlaufen. An der Entwicklung der Kraftrichtungen erkennt man deutlich, daß der Reifen bedeutende Winkelgeschwindigkeiten um die

Hochachse aufbaut und wieder verliert. Die entsprechende Verschiebung des Stollenfeldes kann daraus berechnet werden, siehe Bild 13. Es sind dazu ausführliche Vergleiche in der Diplom-Arbeit Eichler /22/ durchgeführt worden. Über diese Ergebnisse und über instabile Rollvorgänge zufolge der Reibungseigenschaften der Lauffläche wurde in /23/ berichtet.

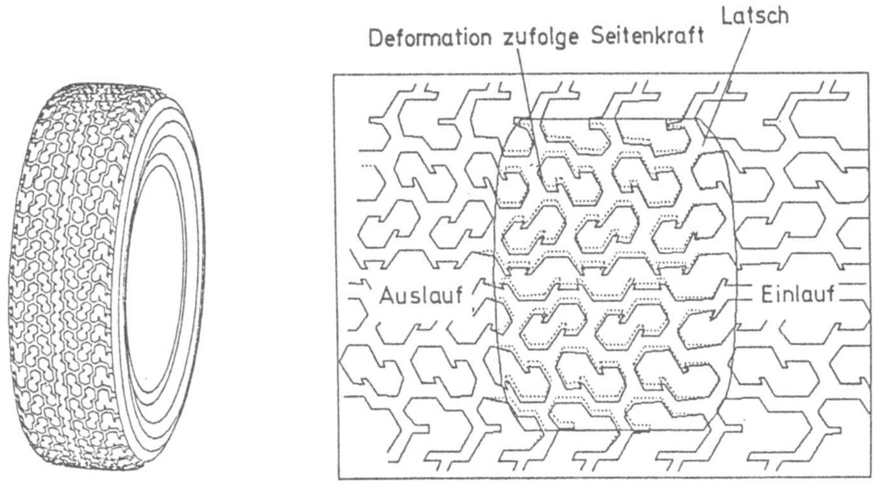


Bild 13

An dieser Stelle ist auch über ein neues Verfahren zu berichten, daß es gestattet, die Bahnkurven einzelner Kontaktpunkte während des Einrollzustandes zu ermitteln.

Die Rollgeschwindigkeit beträgt dabei maximal 20 cm/s. Die Video-Bilder werden mit Hilfe einer Bildauswertungsanlage umgeformt, so daß schließlich nur noch die Latschgrenzen und die Profilgeometrie im verformten Zustand vom Rechner ausgedruckt werden. Wertet man nun hintereinander eine Bildfolge des Einlaufvorganges aus und verbindet charakteristische Punkte des Profils, z. B. Eckpunkte der Profilpolygone, so können Bahnkurven der Kontaktpunkte gezeichnet werden, siehe Bild 14.

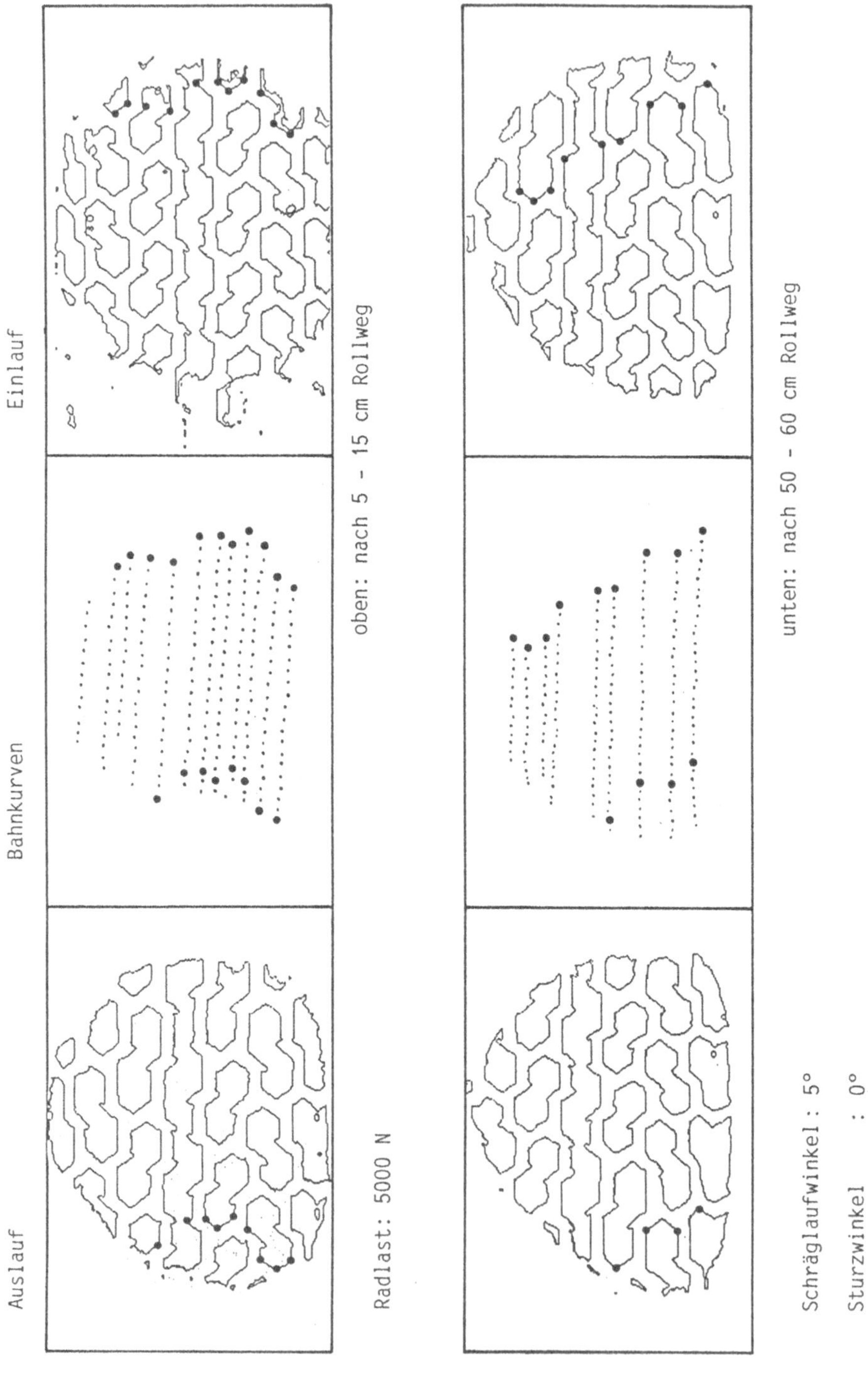
Einlauf
Bahnkurven
Auslauf
oben: nach 5 - 15 cm Rollweg
Radlast: 5000 N
unten: nach 50 - 60 cm Rollweg
Schräglaufwinkel : 5°
Sturzwinkel : 0°

Bild 14

Im nächsten Beispiel, siehe Bild 15, wird eine intermittierende Rollbewegung berechnet, d. h. eine Bewegung, bei der die Radlast sinus-förmig von 0 bis 6000 N mit einer Frequenz von 40 Hz schwankt. Der Schräglaufwinkel ist zu 5° eingestellt und der Sturzwinkel zu 0°. Die Rollgeschwindigkeit $v$ beträgt 1000 cm/s. Das Ergebnis ist in Bild 15 dargestellt.

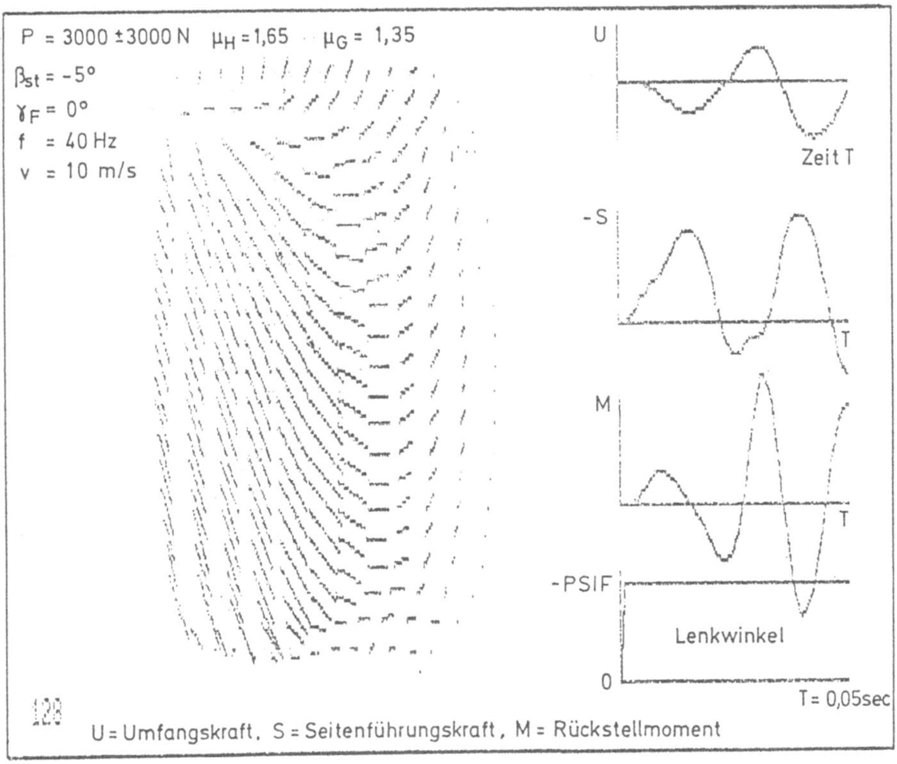


Bild 15

Es müssen bei der Berechnung Latschgrößenschwankungen von 100 % verarbeitet werden. Die Wellenlänge des Vorganges beträgt 25 cm. Da die Anregungsfrequenz in der Nähe der 1. Eigenfrequenz des Systems liegt, zeigen die Schwingungsantworten von Umfangskraft, Seitenkraft und Rückstellmoment deutlich ansteigende Tendenz. Die Umfangskraft insbesondere kann positiv werden (Antriebskraft), bleibt aber im Mittel zufolge des Rollwiderstandes negativ.

Die beiden nächsten Beispiele, Bilder 16 und 17, zeigen die Selbsterregung des Rückstellmomentes zufolge konstanten Lenkwinkels bei einer Radlast von 3000 N und einem Reibungssprung $\mu$-Haft zu $\mu$-Gleit = 1,65 zu 1,35, bei Rollgeschwindigkeiten von 1000 bzw. 100 cm/s. Das Rückstellmoment beschreibt selbsterregte Schwingungen mit etwa 55 Hz. Diese sind auf den Reibungssprung zurückzuführen.

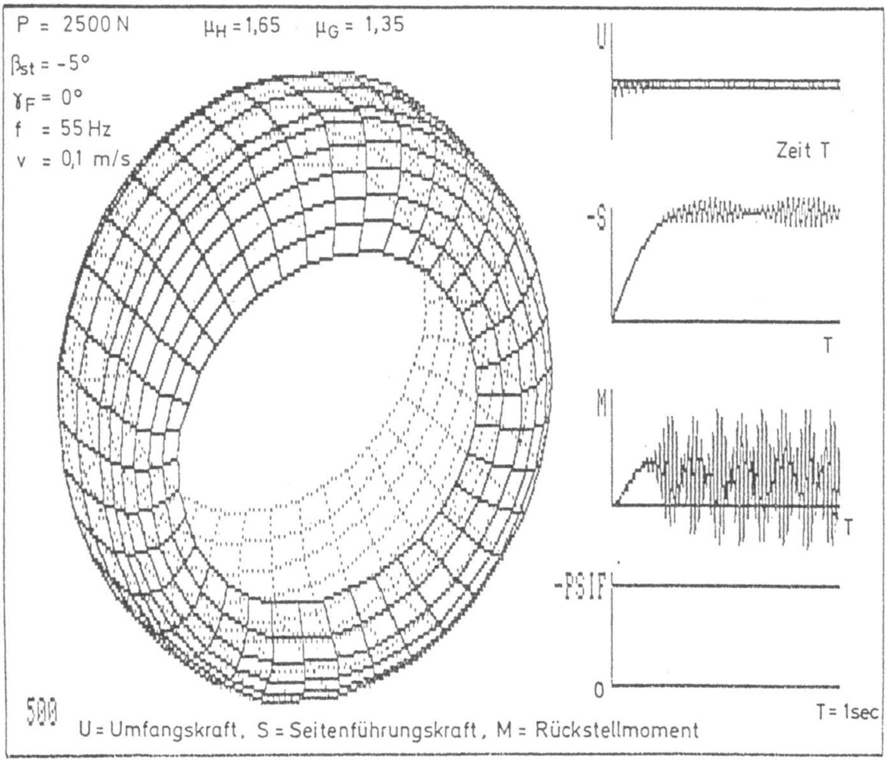


Bild 16

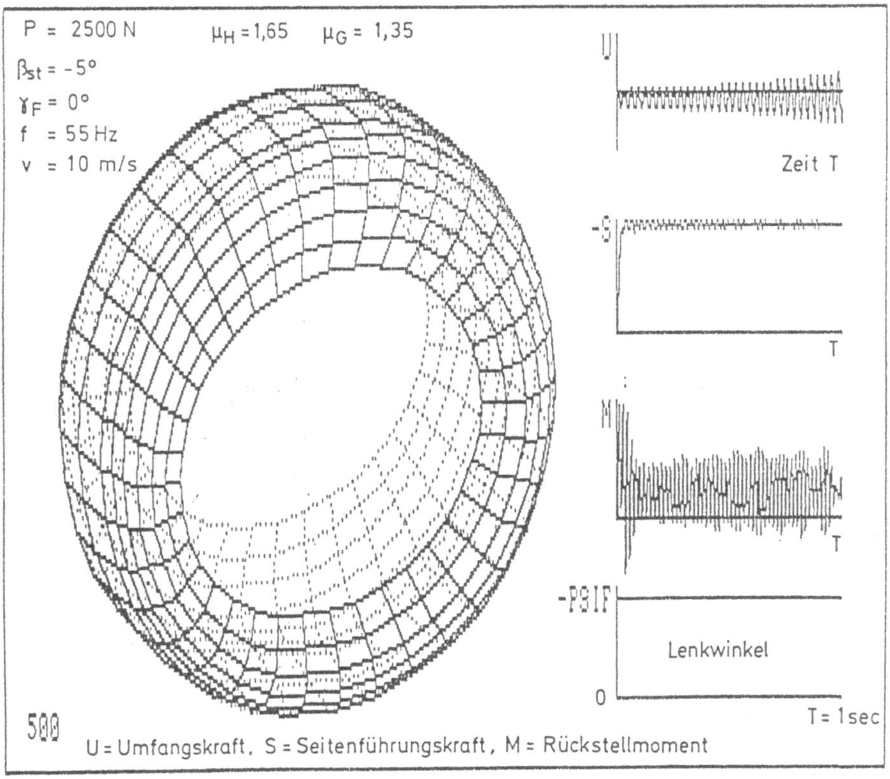


Bild 17

In den letzten beiden Beispielen, Bilder 18 und 19, wird Drehen im Stand berechnet. Die Radlast ist 3000 N, der Sturzwinkel $\gamma$ ist gleich Null. Als Lenkbewegung wird ein sinus-förmiges Lenkgesetz:

$$\beta_{st} = \psi_F = -0{,}34 \sin 10t$$

verwendet. Im ersten derartigen Beispiel wird ein Reibungssprung $\mu h$ zu $\mu g$ = 1,65 zu 1,35 angenommen. Es kommt zu selbsterregten Reibschwingungen des Rückstellmomentes, welches gleich nach Vorzeichenwechsel der Lenkwinkelgeschwindigkeit ebenfalls einen Vorzeichenwechsel zeigt. Es handelt sich um selbsterregte Drehschwingungen des Latsches um die Hochachse. Im letzten Beispiel wird nur der Reibungssprung geändert, $\mu h$

zu $\mu g$ = 1,50 zu 0,80. Wie zu erwarten war, erhöht sich die Selbsterregung des Systems entsprechend. Die Frequenz der Drehschwingung liegt in beiden Fällen bei 55 Hz, eine Frequenz, die der Drehschwingung um einen Durchmesser des Gürtels zugeordnet werden kann.

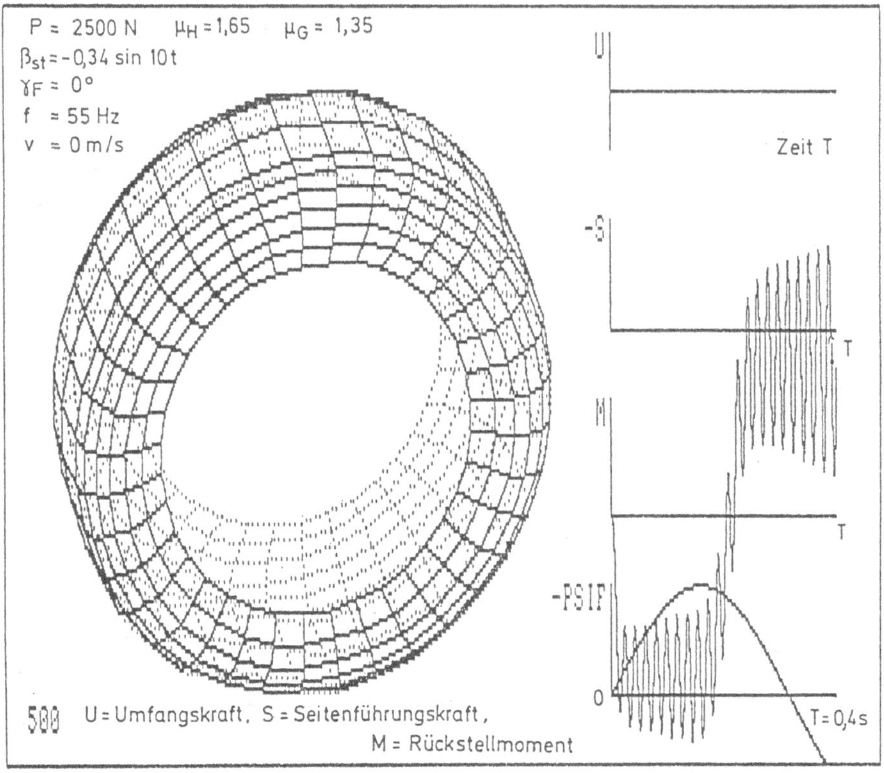


Bild 18

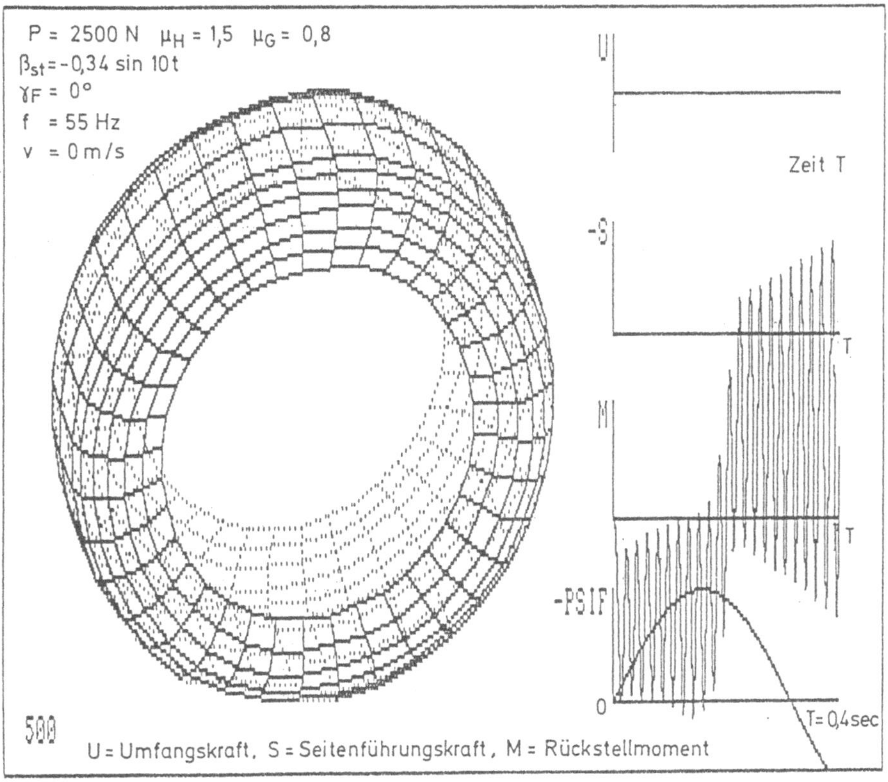


Bild 19

## 6. Parameterbestimmung für das Gürtelreifenmodell

Die wichtigsten Parameter beziehen sich auf die Lauffläche. Die Laufflächenelastizität hat einen Schermodul, der bei 20 °C eine Größe von G = 10 bis 20 dN/cm² besitzt. Ein ideales Gumminetzwerk, entsprechend der kinetischen Theorie von Mark und Kuhn, verhält sich proportional zur absoluten Temperatur T und auch proportional der Kompression (1 - $\varepsilon$d):

$$\tau = 2NkT\,(1-\varepsilon_d)\,\gamma = G_0\,(1-\varepsilon_d)\,\gamma\,.$$

Darin bedeutet N die Zahl der Monomere pro Volumeneinheit, k die Bolzmann-Konstante und T die absolute Temperatur. Messungen an rußgefüllten Laufflächenmischungen zeigen dagegen, daß der Schubmodul mit der Temperatur schwach abnimmt. Das weist darauf, daß die Van der Waals-Bindung der Kautschukmatrix an den Rußteilchen mit der absoluten Temperatur T abnimmt, siehe Böhm /23/. Die Reibwerte der Laufflächenmischung nehmen üblicherweise mit steigender Kompressionsspannung $p_z$ umgekehrt proportinal ab. Die Gleitreibungsfunktion kann je nach Mischung ein einzelnes Maximum bei etwa 10 cm/s haben oder ein ausgedehntes Plateau bis höchstens 100 cm/s. Die Kompressionsempfindlichkeit der Mischung geht gravierend in das Verhalten des Reifens bei hohen Radlasten ein. Dabei ist zu beachten, daß durch Stollenkippen ein rein mechanischer Effekt zweiter Ordnung hinzukommt. Die Bestimmung der wahren Schersteifigkeiten können aber auch aus der Messung von Stationärkennlinien durch Zurückrechnung erfolgen, siehe Böhm /15/.

Die Parameter für das Gürtelmodell werden aus Frequenzmessungen der Grundschwingungsformen des freien Reifens bei festgehaltener Felge bestimmt. Dabei wird der Reifen an einer Stelle geeignet radial oder tangential stochastisch angeregt und die Beschleunigung mit einem FFT-Analysator in Abhängigkeit der Frequenz gemessen, siehe Bild 7. Bei bekannter Gürtelmasse und bekanntem Radius kann daraus die zugehörige Federsteifigkeit ermittelt werden, siehe Bild 20.

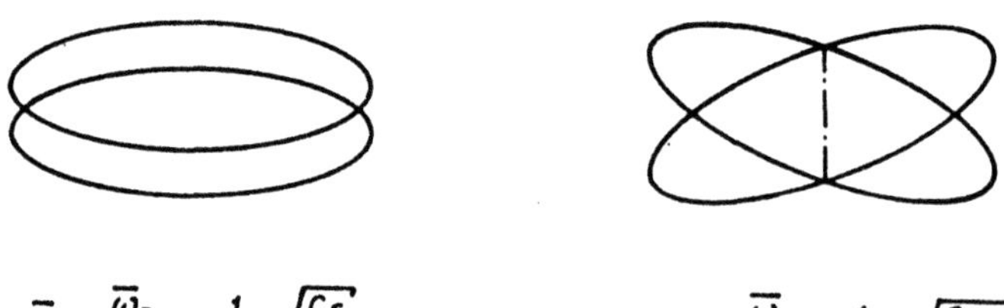

$$\bar{f}_0 = \frac{\bar{\omega}_0}{2\pi} = \frac{1}{2\pi}\sqrt{\frac{c_S}{m_g}} \qquad \bar{f}_1 = \frac{\bar{\omega}_1}{2\pi} = \frac{1}{2\pi}\sqrt{\frac{2c_T}{m_g R^2}}$$

Bild 20

Diese Werte sind dann natürlich Funktionen des Innendruckes und der Temperatur. Nach der Wurzel-2-Methode kann auch die Lehr'sche Dämpfung bestimmt werden als modale Dämpfung und wird dann für die Bewegungsgleichungen umgerechnet in die Dämpfungsbeiwerte:

$$K_{d,s} = 2\,\bar{D}_0 \sqrt{m_g \cdot c_s} \quad \text{und} \quad K_{d,T} = 2\,\bar{D}_1 \sqrt{m_g \cdot \frac{R^2}{2}\,c_T}\ .$$

Es zeigt sich dann häufig, daß diese Dämpfung nicht ausreicht, wenn der Abfall in der Reibungsfunktion zu groß gewählt wurde. Die sich daraus ergebenden materialtheoretischen Fragen müssen noch weiter untersucht werden.

Auch weitere Struktureinflußgrößen, die das Deformationsverhalten im Latschbereich beschreiben, sind noch zu untersuchen und insbesondere ihre Ankopplung an das Reifenmodell. Schwingungen von Teilen der Reifenstruktur (z. B. Seitenwandschwingungen oder Stollenschwingungen) gehören in diese Gruppe von Vorgängen, die hochfrequent sind und daher sehr kurze Integrationsschrittweiten erfordern. Ein erster Schritt in dieses Gebiet der Forschung bei 1000 Hz wird in dem Tagungsbeitrag von Oertel /21/ dargestellt. Darüber hinaus ist festzustellen, daß mit der Klärung der kinematischen Beschreibbarkeit der instationären Kontaktvorgänge die dynamischen Struktureigenschaften erst richtig in die Berechnung einbezogen werden können. Weitere umfangreiche Untersuchungen sind dazu notwendig.

## 7. Danksagung

Abschließend danken die Verfasser der Deutschen Forschungsgemeinschaft für die Bereitstellung von Personalmitteln und Sachmitteln für das Teilprojekte A 1 innerhalb des Sonderforschungsbereiches 181.

## Literaturverzeichnis

/ 1/ I. S. Newton: Philosophiae Naturalis Principia Mathematica London 1687

/ 2/ Heinrich Hertz: Prinzipien der Mechanik, Leipzig 1894

/ 3/ P. Appell: Sur une forme nouvelle des equations de la dynamique, C. R. Acad. Sci. Paris 129, 1899, 459-460

/ 4/ S. A. Čaplygin: On the theory of motion of nonholonomic systems, Theorems on the reducing multiplier, Mat. Sb. 28, 1911, 303-314

/ 5/ Neimark und Fufaev: Dynamics of Nonholonomic Systems, 1972 American Mathematical Society, Providence, Rhode Island 1972

/ 6/ H. Fromm: ZAMM 1927, Band 7, Seite 27

/ 7/ G. Becker/H. Fromm/H. Marhun: Schwingungen in Automobil-Lenkungen (M. Krein), Berlin 1931

/ 8/ B. v. Schlippe/R. Dietrich.: Das Flattern eines bepneuten Rades, Ber. 140 Lilienthal-Gesellschaft 1941

/ 9/ F. Böhm: Zur Mechanik des Luftreifens Habilitationsschrift Stuttgart 1966

/10/ F. Böhm: Der Rollvorgang des Automobilrades GAMM-Tagung 1963, GAMM-Sonderheft Bd. 43, 1963, S. 56-60

/11/ K. L. Johnson: Effect of Tangential Contact Force on a Rolling Sphere
Journ. Appl. Mech. Vol. 25, No. 3, 1958, p. 339

/12/ J. J. Kalker: On the rolling contact of two elastic bodies in the presence of dry friction, Thesis, Delft, 1967

/13/ H. Pacejka: The Wheel Shimmy Phenomenon
Doctoral Thesis, Delft, 1966

/14/ R. F. Smiley: Correlation, Evaluation and Extension of Linearized Theory for Tire Motion and Wheel Shimmy, NACA TN 3632,1956

/15/ F. Böhm: Computing and Measurement of the Handling Qualities of the Belted Tire
2nd IUTAM Symposium on Dynamics of Vehicles on Roads and Tracks, Vienna, Sept. 19-23, 1977

/16/ H. B. Pacejka: The Tire as a Vehicle Component
Chap. 7.4 of Mechanics of Pneumatic Tires (Ed. S. K. Clark). Wash. D. C., 1971, N .B. S. Monograph 122

/17/ E. Sperling: Zur Kinematik und Kinetik elastischer Räder aus der Sicht verschiedener Theorien, Dissertation München 1977

/18/ F. Böhm: Theorie schnell veränderlicher Rollzustände für Gürtelreifen
Ing.-Archiv 55, 1985, S. 30-44

/19/ F. W. Preiser: Frequenzgangmessung der Verformungskontur eines Kontinuums, Anwendung: Gürtelverformung eines PKW-Reifens, TU Darmstadt, 1974

/20/ F. Böhm: Örtliche Einebnung eines Cord-Netzes
ZAMM 52, T 35-T 40, 1972

/21/ C. Oertel: Reibschwingungsdynamik von Reifen und Reifenprofilen, 2. Fahrzeugdynamik-Fachtagung Essen, 1988

/22/ M. Eichler: Messungen des Einrollverhaltens von Gürtelreifen am Glasplattenrolltisch und Vergleiche mit theoretischen Ergebnissen, Diplomarbeit 1987, TU Berlin

/23/ F. Böhm: Einfluß der Laufflächeneigenschaften von Gürtelreifen auf den instationären Rollkontakt, DKG-Tagung Wien, 1987

/24/ F. Böhm: Berechnung von schnellveränderlichen Fahrzuständen und Energieverlusten des Automobils
VDI-Berichte 553, 1985, S. 215-234

/25/ F. Böhm: A tire model for all simulated car-driver situations, Roads and traffic safety on two continents, Gothenburg, 1987, Sept. 9-11

/26/ F. Böhm: Nichtlineare Schwingungen beim Rollkontakt von Gürtelreifen, Tagung Dynamische Probleme Hannover, 1987

# Eine systematische Darstellung einfacher Reifenmodelle

*von M. Kollatz und D. H. Schulze*

## *1. Einleitung*

Für viele Anwendungen - auch zeitkritischer Art in Realzeitsimulationen - sind Reifenmodelle, die auf der **Abtastung von Kennlinien** beruhen, gebräuchlich und ausreichend. Die entsprechenden Kennlinien werden gemessen, angepaßt und abgespeichert, sie ermöglichen im Parameterraum eine Darstellung auch nichtlinearer Zusammenhänge. Hierdurch läßt sich der Umfang des Modells auf wenige meßbare Größen beschränken.

Nachteile dieses Verfahrens bestehen in folgenden Punkten

- Beschränkung auf **stationäre Kennlinien**, da instationäre Datensätze praktisch nicht zur Verfügung stehen. Selbst wenn sie meßbar sind, ist ihre Handhabung wegen unterschiedlicher Relaxationszeiten und zusätzlicher Parameter aufwendig

- Beschränkung auf durch **Kennlinien abgedeckte Betriebszustände**, so wird z.B. der Spin nicht berücksichtigt, da Kennlinien i.a. nicht verfügbar sind

- Verzicht auf **mechanische Modellbildung**; diese ist jedoch für Entwicklungs- und Optimierungsstrategien hilfreich. Auch unter theoretischen Aspekten ist eine mechanische Modellbildung zur Herausarbeitung der signifikanten Einflußmechanismen wichtig

- Verzicht auf **lineare Gleichungssysteme** und die daraus resultierenden mathematischen Formalismen zur einfachen Stabilitäts- und Schwingungsanalyse.

Einfache Modelle, die aus 1-3 (gewöhnlichen) Differentialgleichungen bestehen, bieten auch für zeitkritische Einsatzfälle eine Möglichkeit, instationäres Verhalten einzubeziehen. Als Kriterien zur Beurteilung von Reifenmodellen lassen sich neben der Approximationsgüte die Voraussagefähigkeit, der Programmierungs- und Rechenaufwand, sowie die Parameterverfügbarkeit nennen. Bisher übliche einfache Modelle müssen

- in der **Approximationsgüte** gesteigert
- in ihrer **Vorhersage-Fähigkeit** (instationär) ausgebaut
- in der **Parameter-Verfügbarkeit** abgesichert

werden, soweit das möglich ist. Eine hierarchische Stufung der Komplexität bietet sich dafür an. Wegen geringer Simulationszeiten und der wenigen benötigten Parameter haben diese Modelle auch in Zukunft hohe Praxisrelevanz.

Ausgehend von Vorstellungen eines Punkt- und Linienlatsches, die dem HSRI - Modell [1] zugrundeliegen, soll eine möglichst einfache instationäre Modellhierarchie entwickelt werden. Gerade wenn **instationäre** Effekte im Mittelpunkt stehen, wird Aufwärtskompatibilität zum Kreisringmodell angestrebt, das für hochfrequente Effekte die einfachen Modelle ablösen muß [2]. Mit steigender Detailliertheit der Modellierung soll die Modellreihe auch auf diskretisierte Kontaktgebiete anwendbar sein und im Grenzfall in die Transportgleichung nach [3] (zur Modellbildung vgl. auch [8]) übergehen.

Zur Abgrenzung ist festzuhalten, daß in den einfachen horizontaldynamischen Modellen **nicht** analytisch, sondern nur teilweise und nur über empirische Ansätze berücksichtigt sind:

- das Deformationsverhalten der Karkasse beim Abplatten und unter Einfluß der Latsch-Schubspannungen
- der Seitenwandeinfluß auf die Aufstandsdruck-Verteilung
- die Beschaffenheit und die Eigenschaften einzelner Stollen
- das Reibgesetz zwischen Stollen und Fahrbahn-Oberfläche
- die Abhängigkeit der radialen Dämpfung von der Rollgeschwindigkeit
- die Temperaturabhängigkeit aller Reifenparameter
- die Verspannung der Stollen am Einlauf
- die Nichtlinearität der Reifenelastizität.

## 2. Grundlagen der einfachen Reifenmodelle

### 2.1 Zustands- und Anregungsgrößen

Für den Einbau in MKS-Programmpakete oder die modulare Verwendung im Rahmen einer Modell-Hierarchie z.B. für Fahrzeugsimulation ist die Definition einheitlicher Eingangs- und Ausgangsgrößen sowie des Zustandsvektors notwendig.

Dem abgeplatteten Teil des Gürtels mit Bodenkontakt - dem Latsch - lassen sich drei Freiheitsgrade des ebenen Systems als Zustandsvektor zuweisen:

$$\underline{x} = \begin{bmatrix} \tilde{u} \\ \bar{y} \\ \psi \end{bmatrix} \qquad (2.1)$$

$\tilde{u}$ ist die Umfangsverschiebung des Gürtels zufolge einer Drehung in der Radebene (wie sie unter Umfangskraft auftritt), $\bar{y}$ die Querverschiebung des Latsches und $\psi$ seine Drehung um die Hochachse relativ zur Felge. Die Mittellinie wird durch Projektion des Kreisringes auf die Bodenebene (Abb. 2.1). Bei Segmentierung des Latsches tritt für jeden Teillatsch der entsprechende Zustandsvektor $\underline{x}_{Li}$ auf.

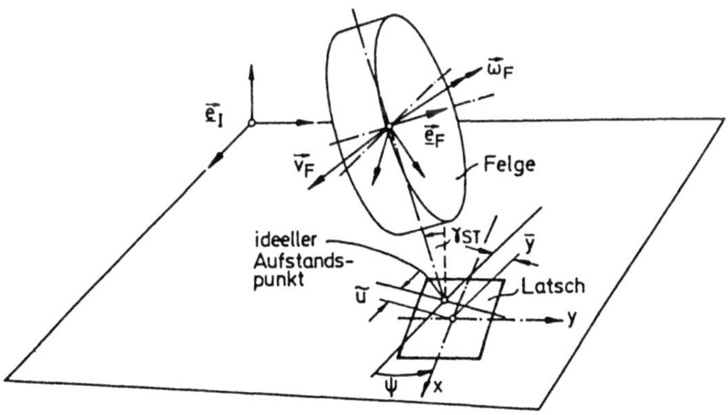


Abb. 2.1 Anregungs- und Zustandsgrößen für kleine Reifenmodelle

Auch bei der Modellierung des Reifens als **masseloses** Bindungselement kann instationäres Verhalten berücksichtigt werden, indem eine kinematische Differentialgleichung formuliert wird. Die Eingangs- bzw. Ausgangsgrößen der Reifenmodelle sind $\mathbf{v}_F$, $\boldsymbol{\omega}_F$ sowie einige Elemente der Stellungsgrößen $\mathbf{A}_F$, $\mathbf{r}_F$. Die Reifenmodelle liefern als Ergebnisse die Werte der Zustandgrößen für jeden Zeitpunkt. Aus ihnen können die **Seitenkräfte und Rückstellmomente**, die vom Boden auf das Fahrzeug wirken, ermittelt werden. Anstelle der bei komplizierteren Modellen üblichen Berechnung der Deformationszustände einzelner Stollen wird hier der momentane Schlupfzustand des gesamten Latsches bestimmt.

## 2.2 Masseloses Modell und starrer Kreisring

Der Gültigkeitsbereich von masselosen Modellen ist sicher verletzt, wenn so hohe Frequenzen betrachtet werden, daß sie in den Bereich von Gürtel- oder gar Stollenschwingungen fallen. Die Starrkörperschwingungen des Gürtels (Grundschwingung) liegen je nach Reifengröße und Bauart bei 40 - 80 Hz, die in die Gürtelvertikalschwingung einkoppelnden Stollenresonanzen bei langsamer Geschwindigkeit (v = 2.78 m/s) zwischen 70 und 100 Hz (mit steigender Geschwindigkeit proportional anwachsend). Treten relevante Anregungen in diesem Frequenzbereich auf - z.B. durch Schlaglöcher oder Lenkimpulse -, so muß

- der Gürtel im Modell als massebehaftetes Element enthalten sein

- der schnellveränderliche Transportvorgang in der Kontaktfläche berücksichtigt werden, solange nicht so hohe Geschwindigkeiten gefahren werden, daß $\lambda/h \gg 1$ wird

Für diese hochfrequenten Untersuchungen ist das massebehaftete Kreisringmodell sinnvoll. Die Latschkräfte sind nicht allein von der momentanen Stellung und Geschwindigkeit der benachbarten Starrkörper abhängig, sondern zufolge des Transportes von Protektor-Deformationen durch das Kontaktgebiet (im Felgensystem) auch von der "Vorgeschichte", die zur Konstruktion des momentanen Stollendeformationsfeldes notwendig ist. Der Gürtel wird nach [2] als einzelner starrer Kreisringbalken modelliert, der anstelle einer Abplattung den Boden durchdringt. Die Latschmittellinie entsteht durch Parallelprojektion der unterhalb der Bodenebene liegenden Kreisring-Teilchen in die Bodenebene (Abb. 2.2).

Das gürtelfeste $\mathbf{e}_G$ - System hat seinen Ursprung im Mittelpunkt des Kreisringes, $\mathbf{e}_{G3}$ und $\mathbf{e}_{G1}$ liegen in der Kreisebene. In ihr befindet sich auch der ideelle Aufstandspunkt (iAP) als Mittelpunkt zwischen Einlauf E und Auslauf A. Im Sinne einer Modellhierarchie erscheint es wenig sinnvoll, beim Einbau in MKS den Gürtel in die Starrkörperkette einzusetzen, vielmehr wird auch hier die Schnittstelle bei der Felge gewählt: so braucht bei einer Variation der Modellkomplexität des Reifens nicht das Gesamtsystem umformuliert zu werden. Der Aufbau einer Modulbibliothek ist leichter möglich.

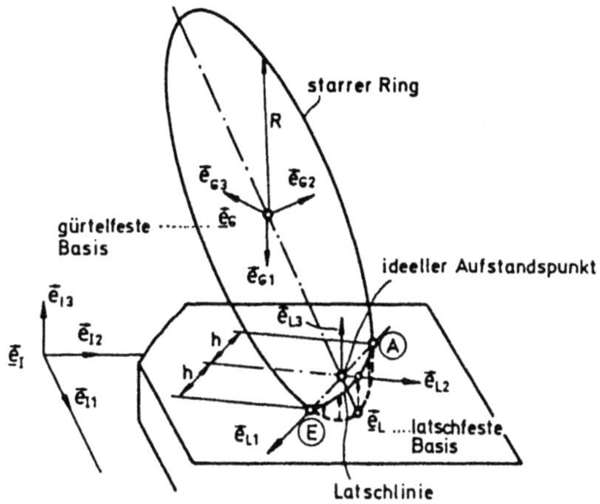


Abb. 2.2 Konstruktion der Kontaktzone beim starren Kreisringmodell

Zusätzlich zur Kinematik der Kontaktzone muß beim massebehafteten Kreisring noch dessen Kinetik (z.B. durch Schwerpunktsatz und Drallsatz) berücksichtigt werden.

## 2.3 Stationäre Transportkinematik im Latsch

Der Weg materieller Punkte durch das Kontaktgebiet kann für einen ausgedehnten Latsch in der Lagrange-Darstellung beschrieben werden. Mit der Untersuchung von **Transporteffekten** wird die Erfassung instationärer Eigenschaften erst systematisch möglich. Geht man von der definierten Schnittstelle am Felgenmittelpunkt aus, so ist am iAP für einen **ebenen** horizontalen Rollvorgang bei kleinen Sturzwinkeln mit $\mathbf{v_{rel}}$ als Relativgeschwindigkeit des Gürtels gegenüber der Felge sowie $\boldsymbol{\omega_G}$ als (absoluter) Gürtel-Winkelgeschwindigkeit:

$$\underline{v}_{iAP} = \underline{v}_F + \underline{\omega}_G \times \begin{bmatrix} 0 \\ \gamma_{St} R \\ -R \end{bmatrix} + \underline{v}_{rel} \tag{2.2}$$

Im Rahmen **stationärer Kinematik** ist $v_{Fx}$ = const und eine ganze Reihe von Vereinfachungen sind möglich. Im Zentrum steht die Stationarität des Schlupf-Geschwindigkeitsfeldes während der Durchlaufzeit eines Teilchens, deshalb kann aus dem Geschwindigkeitsfeld in der Kontaktzone für einen Zeitpunkt das Verformungsfeld über die Zeitintegration gewonnen und durch Integration über die Fläche des Latsches auf Seitenkraft- und Moment geschlossen werden.

$$\underline{v}_{Def}(x,y,t) = \begin{bmatrix} -v + R\Omega_F - \tilde{u} + y\hat{\omega} \\ -v_{Fy} + v\psi - \dot{y} - x\hat{\omega} - R\dot{\gamma}_{St} \end{bmatrix} \tag{2.3}$$

Hierbei ist $\psi$ der Drehwinkel der Latschmittellinie, $\tilde{u}$ die Longitudinalauslenkung sowie $\hat{\omega}$ die Drehgeschwindigkeit der Querschnitte im Latschgebiet:

$$\hat{\omega} = \omega_{Fz} + \dot{\psi} + v\,(\gamma_{St} / R + 2\,\gamma_B\, S_L) \tag{2.4}$$

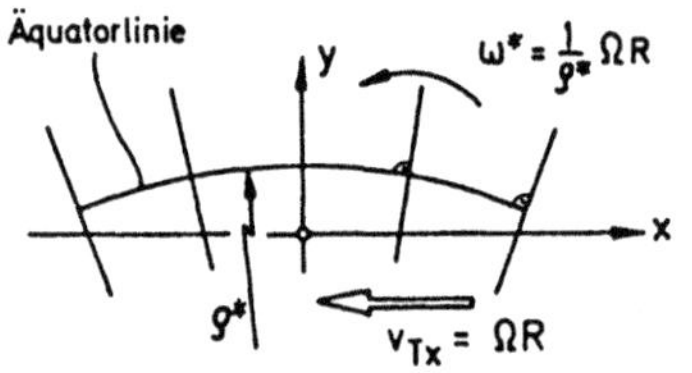


Abb. 2.3 $\omega^*$ eines Latschquerschnittes bei Berücksichtigung der Biegung

Die Laufzeit eines Teilchens von der Einlaufstelle $x_E$ = h bis x ist unter der Annahme stationärer Transportgeschwindigkeit bei konstanter Latschlänge 2h:

$$t_L = t_L(x) = \frac{h - x}{v} \tag{2.5}$$

Integration über die Laufzeiten der Teilchen liefert das Stollendeformationsfeld $\Delta(x,y,t)$ zum Zeitpunkt t an der Stelle x. Unter der Annahme, daß eine ebene Kontaktzone vorliegt und das Karkass-Geschwindigkeitsfeld stationär ist, lautet das Ergebnis:

$$\underline{\Delta}(x,y,t) = \begin{bmatrix} - s_l \, (h - x) + \hat{\omega} / v * y \, (h - x) \\ - s_q \, (h - x) + \hat{\omega} / 2v * (h^2 - x^2) \end{bmatrix}$$

mit:

$$s_l = (\Omega_F R - v - \dot{\tilde{u}}) \frac{1}{v}, \quad \text{(Umfangsschlupf)}$$

$$s_q = (v_{Fy} + \dot{\bar{y}} - \gamma v + R\dot{\gamma}_S) \frac{-1}{v}, \quad \text{(Querschlupf)}$$

$$\frac{\hat{\omega}}{v} = (2\gamma_B S_L + \omega_{Fz}/v + \dot{\gamma}/v + \gamma_S / R), \quad \text{(Bohrschlupf)}$$

(2.6)

## 2.4 Instationäre Transportkinematik im Latsch

Auf Basis der in 2.3 entwickelten stationären Latschkinematik läßt sich **instationäres** Latschverhalten bei relativ niedrigen Frequenzen (bis über den ersten kinematischen Flatterpunkt hinaus) beschreiben. Für höhere Frequenzen muß eine instationäre kinematische Betrachtung zugrundegelegt werden, die sich nach [4] aus dem bisher gesagten herleiten läßt. Aus Platzgründen wird hier nur die Grundgleichung der Rechnung angegeben.

$$\underline{\Delta}(x,y,t) = \int_{\tau=t_E}^{t} \underline{v}_{Def}(\rho, y, \tau) \, d\tau + \underline{\Delta}_0 (x, y, t) \tag{2.7}$$

Mit dieser Gleichung wird das Transportverhalten für den Gesamtlatsch beschrieben, wobei am Einlauf $\Delta_0$ i.a. verschwindet. Im instationären Fall gilt diese Gleichung nur noch für ein Zeitinkrement $\Delta t$, im latschfesten System wandert ein Teilchen um $\Delta x = \Omega R \Delta t$ von der Stelle $x_0$ nach $x_M$. Die Matrix **A** beschreibt die Drehung des gerade betrachteten Koordinatensystems in das Bezugssystem des Gesamtlatschs:

$$\underline{\Delta}\ (x_M, y, t) \quad = \quad \int_{\tau=t_E}^{t} \mathbf{A}\underline{\mathbf{v}}_{Def}(\rho, y, \tau)\ d\tau \ + \ \underline{\Delta}_0\ (x_0, y, t-\Delta t) \tag{2.8}$$

Für den Ort $\rho$ gilt:

$$\text{instationär:} \qquad \rho\ (x_M, \tau, t) \quad = \quad x_M + \ (\Omega R + y\omega^*)\ (t - \tau)$$

$$\text{stationär:} \qquad \rho\ (x\ , \tau, t) \quad = \quad x_E + \ v_T(t - \tau) \qquad \text{mit } v \simeq \Omega R \tag{2.9}$$

Da instationär für jedes $\Delta t$ getrennt berechnet werden muß, liegt für jeden Schritt ein anderes Koordinatensystem zugrunde.

## *3. Konsistente Modelle bei stationärer Transportkinematik*

Das Vorgehen nach Abschnitt 2.3 ermöglicht den Aufbau einer Modellhierarchie, in der die stationären Reifeneigenschaften erfaßt werden und schrittweise die instationären berücksichtigt werden. Die Konsistenz ist bezüglich der verwendeten **Modellparameter** und der beschriebenen Effekte ebenso wie bezüglich der berücksichtigten **Anregungsgrößen** der Felge und der **Parametergewinnung** aus den Kennlinien sicherzustellen.

### *3.1 Kinematische Reifengleichungen 0., 1., und 2. Ordnung*

Da der Latsch masselos angenommen ist, können unmittelbar Kraft- und Momentengleichgewichte formuliert werden:

$$\begin{aligned} \underline{\mathbf{F}}_L \ + \ \underline{\mathbf{F}}_{FL} &= \underline{0} \\ \underline{\mathbf{M}}_L \ + \ \underline{\mathbf{M}}_{FL} &= \underline{0} \end{aligned} \tag{3.1}$$

Wegen des ebenen Latschsystems werden nur drei skalare Gleichungen betrachtet:

$$U_{FL} \ = \ -U_L \ = \ -c_u\ \tilde{u}$$

$$S_{FL} = -S_L = -c_s \bar{y}$$

$$M_{FL} = -M_L = -c_\psi \psi \qquad (3.2)$$

wobei sich die Kraftkomponenten $U_L$, $S_L$ und $M_L$ zu

$$\underline{F}_L(t) = \int_{-h}^{h} \int_{-b}^{b} \underline{c}_p \, \underline{\Delta} \; dy \; dx$$

$$\underline{M}_L(t) = \int_{-h}^{h} \int_{-b}^{b} r_k \times \underline{c}_p \, \underline{\Delta} \; dy \; dx$$

$$\underline{c}_p = [\, c_{px} \,,\, c_{py} \,]^T_{(L)} \qquad (3.3)$$

ergeben. Hieraus folgen die verallgemeinerten Kraftbeziehungen:

$$U_L = c_{PU} \frac{1}{v} \left( \Omega_F R - v - \dot{\tilde{u}} \right)$$

$$S_L = -c_{PS} \left\{ \frac{v_{Fy}}{v} + \frac{\dot{y}}{v} - \psi + \frac{R}{v} \dot{\gamma}_S + \frac{h}{3} \left[ 2\gamma_B c_s y + \frac{\omega_{Fz}}{v} + \frac{\dot{\psi}}{v} + \frac{\gamma_S}{v} \right] \right\}$$

$$M_L = c_{PS} \frac{b}{3} \left( \frac{v_{Fy}}{v} + \frac{\dot{y}}{v} - \psi + \frac{R}{v} \dot{\gamma}_S \right) - c_{PU} \frac{b^2}{3} \left( 2\gamma_B c_s y + \frac{\omega_{Fz}}{v} + \frac{\dot{\psi}}{v} + \frac{\gamma_S}{v} \right)$$

mit:

$$c_{PU} = 4 \, b \, h^2 \, c_{Px}$$

$$c_{PS} = 4 \, b \, h^2 \, c_{Py} \qquad (3.4)$$

Tabelle 3.1 $\varkappa$ - Parameter der kleinen Modelle

| Term | tritt auf im Zusammenhang mit |
|---|---|
| $\varkappa_{KS} = \frac{2}{3} c_{PS} \gamma_B h$ | Latschkrümmung durch Seitenkraft |
| $\varkappa_{ST} = \frac{1}{3} \frac{h}{R}$ | Radsturz |
| $\varkappa_{DR} = \frac{c_{PS}}{c_\psi} \frac{h}{3}$ | Latschdrehung durch Rückstellmoment |
| $\varkappa_{BS} = \frac{2}{3} \frac{c_{PU}}{c_\psi} c_{PS} b^2 \gamma_B$ | Bohrmoment durch Latschkrümmung |

Es ergeben sich zwei gekoppelte lineare Dgl's für $\psi$ und $\bar{y}$ sowie eine davon entkoppelte für den Umfangsschlupf $\tilde{u}$.

Betrachtet man nur die **Querkinematik**, so läßt sich aus den beiden Dgl's für Latschquerauslenkung und -drehung eine Dgl 2. Ordnung für $\bar{y}$ formulieren. Für einen stationären Drehwinkel $\psi$ = const. ergibt sich eine Dgl 1. Ordnung und für stationäre Querauslenkung eine algebraische.

2. Ordnung $$\ddot{\bar{y}}\left(\frac{1}{v^2}\left[\frac{h}{3}\varkappa_{DR}+\lambda_1\right]\right)+\dot{\bar{y}}\,\frac{1}{v}\left[1+\frac{c_S}{c_{PS}}\tilde{\lambda}_1\right]+\bar{y}\,\frac{c_S}{c_{PS}}\left[1+\hat{\varkappa}\right]=-\delta_F-\dot{\beta}\,\frac{1}{v}\,\hat{\lambda}-\gamma_{ST}\,\frac{1}{R}\,\hat{\lambda}$$

1. Ordnung $$\dot{\bar{y}}\,\frac{1}{v}+\bar{y}\,\frac{c_S}{c_{PS}}\left[1+\hat{\varkappa}\right]=-\delta_F-\dot{\beta}\,\frac{1}{v}\,\hat{\lambda}-\gamma_{ST}\,\frac{1}{R}\,\hat{\lambda}$$

0. Ordnung $$\bar{y}\,\frac{c_S}{c_{PS}}\left[1+\hat{\varkappa}\right]=-\delta_F-\dot{\beta}\,\frac{1}{v}\,\hat{\lambda}-\gamma_{ST}\,\frac{1}{R}\,\hat{\lambda}$$

mit $$\hat{\varkappa}=\varkappa_{BS}+\varkappa_{DR}+\varkappa_{KS}+\varkappa_{KS}\cdot\varkappa_{DR} \qquad \tilde{\lambda}_1=\lambda_1(1+\varkappa_{KS})-\frac{h}{3}\varkappa_{BS} \qquad \hat{\lambda}=\lambda_1+\frac{h}{3}(1+\varkappa_{DR})$$

$$\delta_F=\frac{1}{v}(v\alpha+\dot{\gamma}_{ST}R) \qquad \lambda_1=\frac{1}{3}\frac{c_{DU}}{c_\psi}b^2 \qquad (3.5)$$

In den dimensionslosen Termen $\varkappa_i$ sind nach Tabelle 3.1 [4] Einflüsse der Modellierungsannahmen zusammengefaßt.

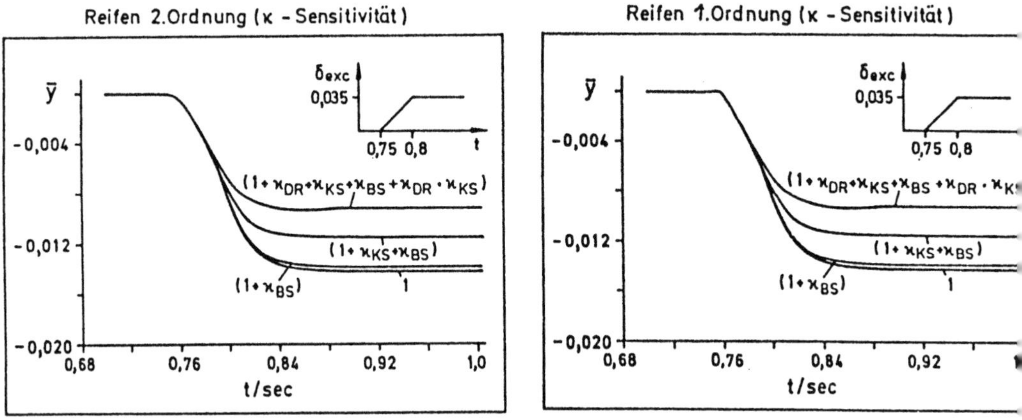


Abb. 3.1 Übergangsverhalten bei Anregung mit Rampe für Rad ohne Fahrzeug

### *3.3 Sensitivitätsanalyse der Zusatzterme*

An einem Simulationsbeispiel für ein Rad ohne Fahrzeug werden die Einflüsse auf den Stationärzustand von $\bar{y}$ und damit die resultierende Seitenkraft S sichtbar. Schaltet man die $\kappa_i$- Terme schrittweise zu (Abb. 3.1), so treten Abweichungen am Stationärwert von 50.84% auf (135 SR 13). Die Annahme der Drehbarkeit des Latsches und die Einflüsse der Latschausdehnung bewirken einen **weicheren** Reifen, da die aufgebaute Seitenkraft abnimmt. An der Gegenüberstellung von Reifengleichungen 1. und 2. Ordnung läßt sich ein geringfügig schnelleres Ansprechverhalten bei erster Ordnung feststellen, der Reifen 0. Ordnung folgt dem Verlauf des Anregungssignals direkt.

In diesen Sensitivitätsanalysen lassen sich auch einige konstruktive Änderungen der Reifenbauweise erfassen. Verringert man mit der Gürtelsteife die Drehsteifigkeit des Latsches (die in $\kappa_{DR}$ erfaßt ist), so zeigt sich eine Abnahme der Querauslenkung $\bar{y}$. Allmählich nimmt sogar die Lenkbarkeit ab (Abb. 3.2), für sehr weiche Reifen entsteht ein oszillatorisches Polpaar.

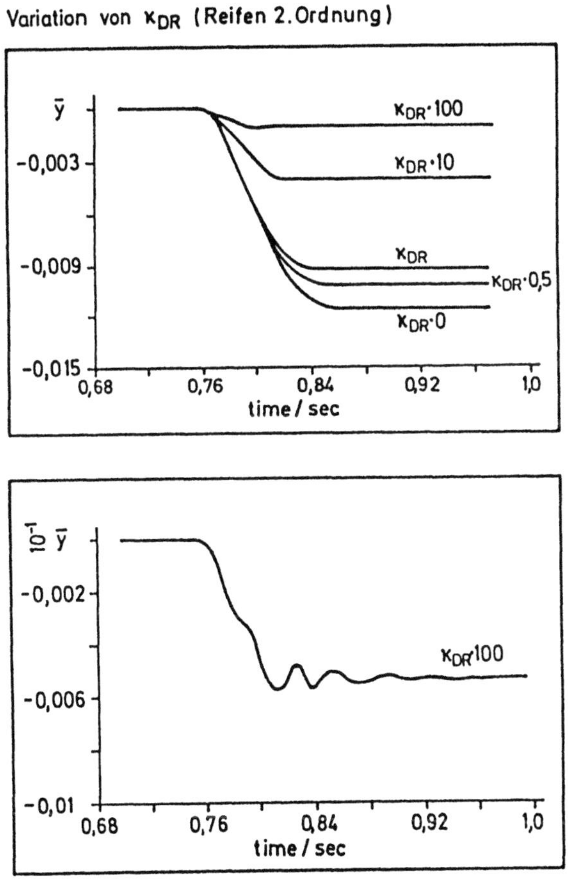


Abb. 3.2 Rad/Reifenmodell 2.O., Variation der Latschdrehsteifigkeit

Bringt man in der Simulation isoliert eine Lenkanregung um die z-Achse auf, so ergibt sich für die Geschwindigkeit der Querauslenkung die Systemantwort nach Abb. 3.3. Der Lenkimpuls entspricht grob dem eines Spurwechsels. Neben der Differenz der Maximalamplituden wird das unterschiedliche Ansprechverhalten in Abhängigkeit von der gewählten Modellierung deutlich.

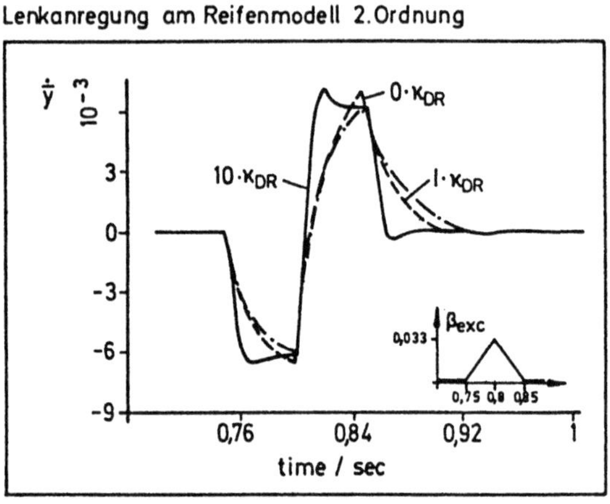


Abb. 3.3 Rad/Reifenmodell 2.O., Lenkanregung für Spurwechsel

Weitere Untersuchungen [5] zeigen, daß auch eine zweite Quelle der Inkonsistenz, die unterschiedliche Herleitung der Reifenparamter aus den Kennlinien, im Rahmen dieser Modellfamilie systematisiert werden kann. Die Eigenwertanalyse ergibt für das Modell 1.Ordnung einen überkritischen Wert $\delta$ = -27., nach Einbau in ein Riekert-Schunck-Fahrzeugmodell verändern sie sich auf $\delta$ = -57. bzw -67. für Vorder- und Hinterachse. Bei zweiter Ordnung tritt als zusätzlicher Eigenwert $\delta$ = -3000. auf, im Fahrzeug aufgefächert zu $\delta$ = -2200. bzw -3300.. Insgesamt ist das ein für den Anwender möglichst vereinfachter Reifenmodelle beruhigendes Ergebnis: die 2.Ordnung beeinflußt - wenn keine weiteren Kopplungen vorliegen - das Lenk- und Fahrverhalten im Bereich von 300 - 600 Hz, selbst dort ist wegen Dämpfung keine Instabilität zu erwarten. Unter welchen Voraussetzungen die Annahme, daß sich der Latsch im Prinzip wie ein starrer Körper verhält, fallenzulassen ist, wird im folgenden gezeigt.

## 4. Einfluß der Felgenanregung

In [6] wird davon ausgegangen, daß Modelle erster Ordnung nicht geeignet sind, Anregungsfrequenzen um oder oberhalb des kinematischen Flatterpunktes

$$\frac{2\,h}{\lambda} = 0.25 \qquad (4.1)$$

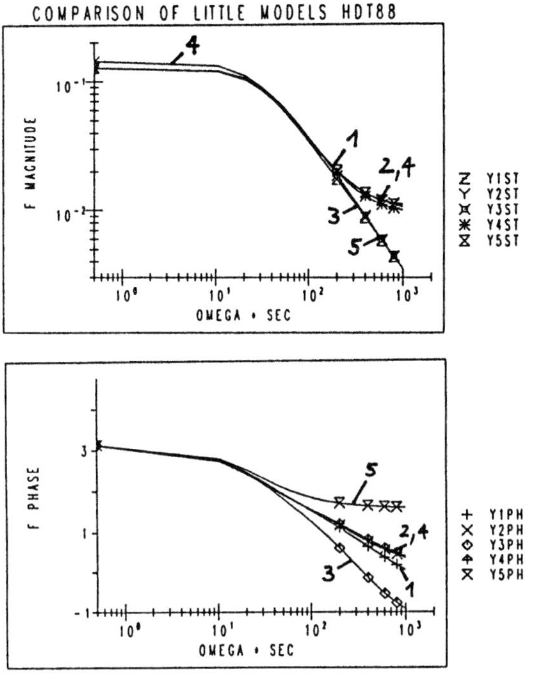


Abb. 4.1 Bode-Diagramm für $\overline{y}$ und damit der Seitenkraft.
Kurve 1: Modell nach (3.5) 2.Ordnung
Kurve 2: Modell nach (3.5) 1.Ordnung
Kurve 3: Modell 2.Ordnung mit Querbeschleunigung [4]
Kurve 4: Modell 1. Ordnung nach (3.5) ohne $\varkappa_{DR}$
Kurve 5: Modell 1. Ordnung nach (3.5) ohne $\dot{\delta}_F$

$\varkappa_{DR}$ ist im übertragungsverhalten nicht sensitiv, man erhält lediglich für 4 den höheren Stationärwert.

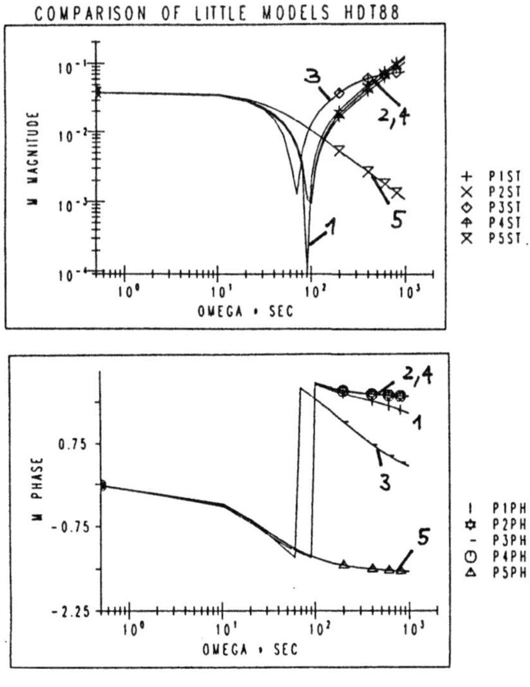


Bode-Diagramm für $\psi$ und damit das Moment.
Kurve 5 zeigt, daß die vollständige Berücksichtigung der Anregung Voraussetzung für die Nachbildung des kinematischen Flatterpunktes ist.

abzubilden, da das Phasenverhalten auf Verzögerung von maximal 90° beschränkt sei. Es zeigt sich aber, daß kleine Modelle 1.Ordnung bei **vollständiger** Berücksichtigung der Anregung $\beta = -\delta_F$ **und** $\dot{\beta} = \omega_{Fx}$ den Phasensprung am kinematischen Flatterpunkt nachbilden können. Im Bode-Diagramm des Moments sieht man im Phasensprung eine signifikante Antiresonanz (Abb. 4.1). An der Vergleichskurve wird deutlich, daß das zumeist in der Literatur verwendete Modell 1. Ordnung (nur Querbewegung) den Phasensprung am Flatterpunkt **nicht** nachbildet.

Festzuhalten ist, daß die Parameter mit hoher Sensitivität gegenüber den Stationärwerten von $\vec{y}$ (wie z.B. $\varkappa_{DR}$) nur sehr geringen Einfluß auf den Frequenzgang haben, wie der Vergleich von Kurve 2 zu 4 in Abb. 4.1 zeigt. Dementgegen haben die oben nicht stark ins Gewicht fallenden Kopplungsparameter zwischen den Freiheitsgraden $\psi$ und $\vec{y}$ großen Einfluß auf die Lage und die Amplituden des Momentes am Phasensprung. Es ergibt sich eine gute Annäherung der Modellverläufe an die Kurven der exakten analytischen Rechnung.

Weitere Untersuchungen [5] zeigen, daß Betrag und Phase des Momentes abhängig von den Einflüssen des Reifen-Layouts sind. Wird der Latsch segmentiert, so ergeben sich stark differierende Bode-Diagramme in Abhängigkeit vom gewählten Übertragungsmechanismus des Momentes, der jeweils verschiedenen Bauweisen zugeordnet werden kann. Neben der Herstellung von Konsistenz ist das der zweite Bereich, in dem kleine Modelle deutlich gewinnen können: durch eine genauere und realistischere Nachbildung der **Momentenkennlinie** - insbesondere ihres Frequenzganges.

## *5. Gleiten und zeitlich veränderliche Latschlänge*

Um den Anwendungsbereich kleiner Modelle zu erweitern, ist zu prüfen, unter welchen Erweiterungen die Annahme konstanter Latschlänge 2h sowie des vollständigen Haftens fallengelassen werden können. Hierdurch können beliebige Schlupfzustände erfaßt und damit stationäre und instationäre Kennlinien auch über den linearisierten Bereich simuliert werden (Abb. 5.1). Die Kopplung von Längs- und Querdynamik, sowie von Vertikal- und Horizontaldynamik braucht dann nicht länger vernachlässigt werden. Der Ansatz eines Haft- ( $F_{LH}$ ) sowie eines Gleitanteils ( $F_{LG}$ ) der Seitenkraft führt auf folgende Horizontalgleichung:

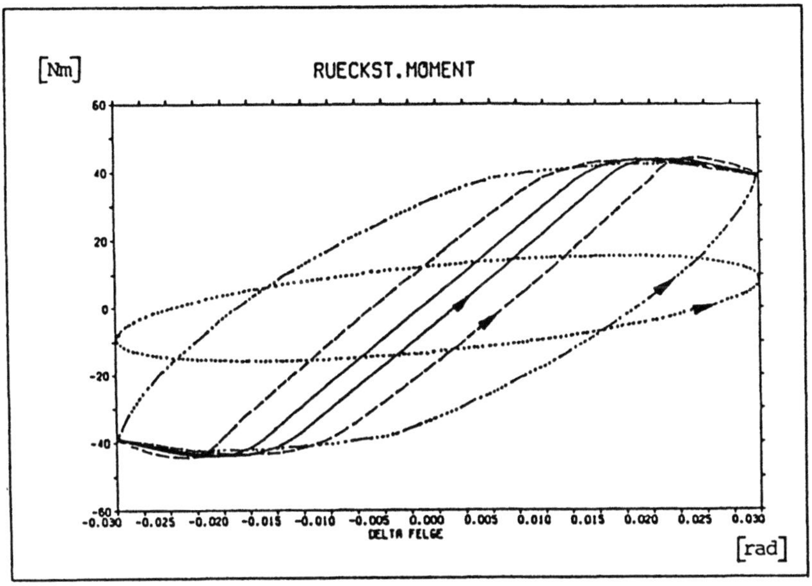


Rückstellmoment über Schräglaufwinkel der Felge
(harmonische Schwenkbewegung um Hochachse)

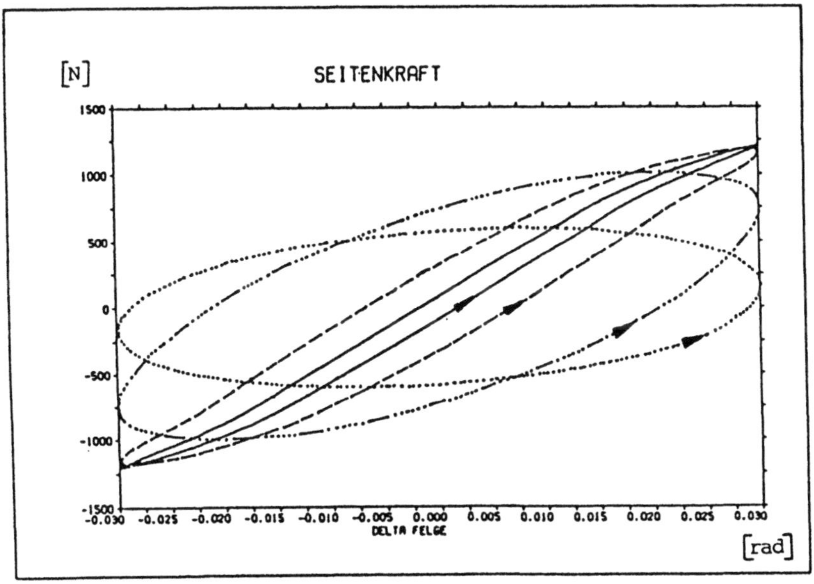


Seitenkraft über Schräglaufwinkel der Felge

Frequenz des Felgenschräglaufs: ——— 0.5 Hz
– – – – 2 Hz
···—··· 8 Hz
·········· 20 Hz

Abb. 5.1 Instationäre Kennlinien eines Reifenmodells mit Gleiten und h aus [4]

$$\underline{F}_L = \underline{F}_{LH} + \underline{F}_{LG}$$

$$= 2b \int_{x_{GL}}^{h} \left| \begin{array}{c|c} \bar{c}_{Px} & 0 \\ \hline 0 & \bar{c}_{Py} \end{array} \right| \underline{\Delta}\, dx \; +$$

$$2b \int_{-h}^{x_{GL}} \mu_{GL}\, p(x)\, dx \quad \underline{e}_{GL} \tag{5.1}$$

Analoges Vorgehen zu Abschnitt 3 führt auf 2 **gekoppelte nichtlineare** Dgl'en 1.Ordnung für $\tilde{u}$ und $\bar{y}$. In die Laufzeit des betrachteten Teilchens geht die Latschlängenänderungsgeschwindigkeit ein, $R\Omega$ kann jetzt stark von v differieren. In einer solchen Modellformulierung können allerdings an zwei Stellen **Singularitäten** auftreten [4]:

- bei sehr großen Schlupfgrößen - wenn die Gleitgrenze praktisch zum Einlaufpunkt rutscht

- bei Abheben des Latsches - wenn die Latschlänge gegen null geht

Dies Problem kann nicht ohne eine weitere Komplizierung des Modells aufgefangen werden. Am einfachsten scheint eine Begrenzung der über alle Grenzen wachsenden Systemgröße und damit eine Beschränkung der Eigenwerte des linearisierten Systems. Im kritischen Fall wird deshalb ein angepaßtes stationäres Modell mit dem instationären verknüpft ([4]). Hierdurch auftretende Fehler können insgesamt geringer als die Vernachlässigungen des Modells gehalten werden.

## *6. Einbau in Fahrzeug - Gesamtmodelle*

Simulationen des Rollverhaltens eines Rad-Reifen-Systems, bei dem die Bewegung des als starr angenommenen Rades - der Felge also - geführt wird wie bei einem Prüfstandsversuch, stellen eher eine Ausnahme dar, in der Regel wird die Untersuchung des Verhaltens eines Gesamt-Fahrzeugmodells von Interesse sein.

Die beschriebenen linearen und nichtlinearen Reifenmodelle stellen im Rahmen einer Gesamtmodellierung des Fahrzeugs als Mehrkörpersystem **Bindungselemente** dar, die folgende Eigenschaften besitzen:

- Der Reifen schränkt die freie Bewegbarkeit der Felge und damit die Anzahl der Freiheitsgrade des Fahrzeugs gegenüber dem Boden nicht ein, er gehört damit zu den nichtkinematischen Bindungselementen

- Die Bindungen "Reifen" enthalten - im Gegensatz zum gewöhnlichen Feder - Dämpfer-Element eigene Zustandsgrößen, die in den Zustandsvektor des Gesamtsystems auf geeignete Weise integriert werden müssen.

## 6.1 Lineare Systeme

Bewegt sich das Fahrzeug-Modell auf ebenem Boden und wird die Latschlänge 2h an sämtlichen Rädern als konstant angenommen, so sind alle Reifenparameter einschließlich der Schlupfsteifigkeiten $c_{PS}$ und $c_{PU}$ Konstanten und die Zustandsgleichungen des Gesamtsystems lassen sich in folgender Weise darstellen:

$$\begin{bmatrix} \underline{\underline{M}} & \underline{\underline{0}} & \underline{\underline{A}}^* \\ \underline{\underline{0}} & \underline{\underline{E}} & \underline{\underline{0}} \\ \underline{\underline{0}} & \underline{\underline{0}} & \underline{\underline{A}}_1 \end{bmatrix} \begin{bmatrix} \dot{\underline{x}}_{Fz} \\ \dot{\underline{x}}_R \end{bmatrix} + \begin{bmatrix} \underline{\underline{D}}+\underline{\underline{B}}^* & \underline{\underline{C}} & \underline{\underline{H}} \\ -\underline{\underline{E}} & \underline{\underline{0}} & \underline{\underline{0}} \\ \underline{\underline{B}}_{11} & \underline{\underline{B}}_{12} & \underline{\underline{B}}_2 \end{bmatrix} \begin{bmatrix} \underline{x}_{Fz} \\ \underline{x}_R \end{bmatrix} = \begin{bmatrix} \underline{r} \\ \underline{0} \\ \underline{0} \end{bmatrix}$$

$$\text{mit:} \quad \underline{x}_{Fz} = [\ \underline{q}_{Fz}^T\ ,\ \dot{\underline{q}}_{Fz}^T\ ]^T \tag{6.1}$$

Damit entspricht (6.1) einem Differentialgleichungssystem erster Ordnung. Der Fahrzeug-Zustandsvektor enthält die Fahrzeug-Freiheitsgrade und deren zeitliche Ableitungen. **M**, D und C sind Trägheits-, Dämpfungs- und Steifigkeitsmatrix der Fahrzeug-Bewegungsgleichungen. Somit stehen in der ersten Blockzeile von (6.1) die Bewegungsgleichungen des Fahrzeuges, die von den Reifen ins Fahrzeug eingeleiteten Seiten- und Umfangskräfte sind in der Form $\mathbf{H}\mathbf{x}_R$ dargestellt, $\mathbf{x}_R$ enthält die Zustandsgrößen sämtlicher im System vorhandenen Reifen. Werden Reifenmodelle verwendet, die den Verdrehwinkel $\gamma$ des Latsches gegenüber der Felge nicht als eigene Zustandsgröße enthalten (in ihnen tritt $\dot{\gamma}$ nicht auf), ist das Rückstellmoment mit Hilfe des effektiven Schräglaufwinkels, also mit

$\dot{x}_R$ zu formulieren. In diesem Fall ist $A^* \neq 0$ und die Koeffizientenmatrix von $\dot{x}$ keine Diagonalmatrix, zudem ist $B^* \neq 0$.

Die zweite Blockzeile von (6.1) gibt die Transformationsgleichungen von Dgl'en 2.Ordnung auf die doppelte Anzahl 1.Ordnung wieder. Das Umschreiben der n Fahrzeug Dgl'en ist deshalb sinnvoll, da durch die Reifengleichungen in der 3.Blockzeile Dgl'en 1.Ordnung Bestandteile des Systems sind und so unnötige Nullpole vermieden werden können.

Da das Aufstellen der Systemmatrizen schon für mittelgroße Systeme sehr schwierig und fehleranfällig ist, wurden Verfahren zu Herleitung der Kinematik und dem Aufstellen der Gleichungen entwickelt, die vom Benutzer lediglich eine detaillierte Beschreibung des Systems bzw. eine Eingabe der Gleichungen in Textform verlangen [7]. Alle weiteren Schritte, wie die Behandlung - auch räumlicher kinematischer Ketten mit vielen Stufen, Linearisierungen und Sortierarbeiten - werden dem Benutzer abgenommen.

## *6.2 Nichtlineare Systeme*

Die nichtlinearen Bewegungsgleichungen für ein MKS mit kinematischer Baumstruktur sollen in der Form

$$\underline{M}\,\ddot{\underline{q}} = \underline{f}\,(\,\underline{q}\,,\,\dot{\underline{q}}\,) \tag{6.2}$$

als System gekoppelter Dgl'en 2.Ordnung vorliegen, dazu kommen zur Beschreibung räumlicher Drehungen kinematische Dgl'en 1.Ordnung [4]. Das System soll eine beliebige Anzahl von Reifen als Bindungselemente enthalten, deren Verhalten jeweils durch ein System aus 2 bzw. 3 Dgl'en 1.Ordnung beschrieben wird. Das gesamte mechanische System wird einheitlich durch seine Zustandsgleichungen beschrieben, um für alle Gleichungen dasselbe Verfahren zur numerischen Zeitintegration anwenden zu können. Der Zustand eines gewöhnlichen nichtlinearen MKS (Fahrzeugmodell) wird als

$$\underline{x}_{Fz} = [\ \dot{\underline{q}}^T\ ,\ \underline{q}_T^T\ ,\ \underline{u}^T\ ]^T \tag{6.3}$$

beschrieben, das sind die generalisierten Geschwindigkeiten sowie die translatorischen und rotatorischen Stellungsgrößen des Systems. Funktionswerte sind:

$$\dot{\underline{x}}_{Fz} = \begin{bmatrix} \ddot{\underline{q}} \\ \dot{\underline{q}}_T \\ \dot{\underline{u}} \end{bmatrix} = \begin{bmatrix} \underline{M}^{-1}\,\underline{f} \\ \dot{\underline{q}}_T \\ \underline{f}_{kin} \end{bmatrix} \tag{6.4}$$

Die erste Blockzeile liefert den Satz der Bewegungsgleichungen, die unterste enthält die kinematischen Dgl'en der Rotation.

Sowohl die linearen Reifengleichungen aus Abschnitt 2 und 3 als auch das nichtlineare Modell aus Abschnitt 6 lassen sich allgemein in der Form:

$$\dot{\underline{x}}_R = \underline{f}\,(\,\underline{x}_R\,,\,\dot{\underline{x}}_R\,,\,\underline{x}_{Fz}\,) \tag{6.5}$$

zusammenfassen. Zu beachten ist, daß für eine konkrete Bestimmung der Gleitgrenze beim nichtlinearen Reifenmodell der effektive Schräglaufwinkel des Latsches betrachtet werden muß, dadurch wird $\underline{x}_{GL}$ von den Reifen-Funktionswerten $\dot{\underline{x}}_R$ abhängig, was zu der impliziten Form von (6.5) führt. Jedoch lassen sich bei einer Integration mit einem Prädiktor-Korrektor-Verfahren problemlos die alten, aus dem jeweils vorangegangenen Schritt vorhandenen Werte von $\dot{\underline{x}}_R$ benutzen. Analog zum Vorgehen bei den linearen Systemen ist auch hier die Zusammenfassung von (6.4) und (6.5) möglich, allerdings ist nur für den Fall, daß der Drehfreiheitsgrad $\psi$ des Latsches mitberücksichtigt wird, eine simultane Berechnung möglich. Ansonsten muß zuerst das Reifen-Dgl-System gelöst werden.

## 7. Zusammenfassung

Die hier dargestellten Modelle zur Simulation des instationären Reifenverhaltens mit wenigen gewöhnlichen Dgl'en ermöglichen den Aufbau einer problemangepaßten konsistenten und mit komplizierteren Kreisringbalken- und Transportmodellen verträglichen Modellhierarchie. Die Einsatzmöglichkeiten der Reifenmodelle 1. Ordnung über den kinematischen Flatterpunkt hinaus werden gezeigt. Der Einbau der Reifendgl'en in Gesamtfahrzeugsysteme ist erläutert.

*8. Literatur:*

[1] H.Dugoff, P.Fancher, L.Segel "An Analysis of Tire Traction Properties and Their Influence on Vehicle Dynamic Performance", SAE-Paper 700377

[2] F.Böhm "Theorie schnell veränderlicher Rollzustände für Gürtelreifen" Ingenieur-Archiv 55, 1985, S.30ff

[3] H.Pacejka "Analysis of Tire Properties" in S.Clark (ed.) "Mechanics of Pneumatic Tires", Washington D.C., 1981

[4] D.H.Schulze "Instationäre Modelle des Luftreifens als Bindungselemente in Mehrkörpersystemen für fahrdynamische Untersuchungen" vdi Fortschrittsberichte 12/88, Düsseldorf, 1987

[5] M.Kollatz "Kinematik und Kinetik von linearen Fahrzeugmodellen mit wenigen Freiheitsgraden unter Berücksichtigung der Eigenschaften von Reifen und Achsen" erscheint demnächst

[6] F.Böhm "Der Rollvorgang des Automobilrades", ZAMM 43, 1963, T56 - T60

[7] M.Kollatz "Beschreibung der Programmpakete LISIAN und AROMA zur linearen Analyse von Fahrzeugsystemen" unveröffentlichtes Manuskript

[8] C.Oertel "Darstellung zweidimensionaler Profilschwingungen in komplexen Modellierungen des Reifens", in diesem Band

# Anforderungen an Reifenmodelle bei fahrdynamischen Simulationen

von G. Rill

## 1. Einleitung

Eine möglichst wirklichkeitstreue Simulation fahrdynamischer Manöver erfordert eine genaue Nachbildung des Fahrzeugs, der Reifen und der Fahrbahn. Beschränkt man sich auf Manöver, bei denen nur gesteuert (z.B. Lenkwinkelsprung) und nicht geregelt wird, dann brauchen die Eigenschaften realer Fahrer nicht nachgebildet werden.

Die Modellierung von Fahrzeugen wird heute sehr detailliert vorgenommen [8,10]. So werden Rad-/ Achsaufhängung vollständig nichtlinear beschrieben; d.h., nichtlineare Kraftgesetze und nichtlineare Kinematik. Auch der Einfluß von Lenkerelastizitäten wird berücksichtigt. Verformungen des Aufbaus, die wie z.B. die Torsion, die Fahrdynamik beeinflußen, werden ebenfalls mit einbezogen.

Verfolgt man die Literatur, so stellt man fest, daß sich bei der Modellierung von Reifen zwei Richtungen ausgebildet haben. Die "Reifenfachleute" ,z.B. [2,3,13], versuchen durch sehr komplizierte Modelle die physikalischen Eigenschaften eines Reifens zu erforschen und nachzubilden. Der dazu erforderliche hohe Modellierungsaufwand sowie numerische Probleme führen dann zu extrem hohen Simulationszeiten, die eine Verwendung dieser Modelle für Fahrdynamiksimulationen praktisch ausschließen.

Die "Fahrdynamiker" selbst , z.B. [4, 6 ,11] setzen nach wie vor auf relativ einfache Modelle, wo gemessene Reifenkennfelder approximiert werden. Über Ähnlichkeitshypothese dehnt man dann diese Beschreibung von den gemessenen Betriebsbedingungen auf einen größeren (meist sogar den ganzen) Bereich aus. Der entscheidende Nachteil dieser Modelle ist, daß dadurch lediglich die stationären Eigenschaften eines Reifens nachgebildet werden. Dabei ist durchaus bekannt, wie bedeutend die dynamischen Eigenschaften eines Reifens für die Fahrdynamik sind.

Was fehlt, sind Reifenmodelle, die alle für die Fahrdynamik wesentlichen Eigenschaften (stationär und instationär) einschließen, trotzdem aber mit vertretbarem Rechenaufwand auskommen. Dabei sollten auch Fahrbahnunebenheiten nicht nur in Form von deterministischen Hindernissen, wie Rampen oder Stufen, sondern auch als regellose Störungen einbezogen werden.

Der erste Schritt bei der Berechnung von Reifenkräften und -momenten besteht in der Ermittlung der Kontaktfläche (Latsch) zwischen Reifen und Fahrbahn. Aus der Druckverteilung im Latsch und den Reibverhältnissen zwischen den Profilteilchen und der Fahrbahn folgen dann sämtliche Reifenkräfte und -momente. Vertretbare Rechenzeiten bei Fahrdynamiksimulationen sind derzeit nur mit vereinfachten Reifenmodellen zu erreichen. Einige Probleme und Schwächen von einfachen Reifenmodellen und die daraus ableitbaren Forderungen werden im folgenden erläutert.

## 2. Kontaktgeometrie

### 2.1 Kontaktpunkt

In vielen Fällen beschränkt man sich auf die Berechnung eines Kontaktpunktes. Die momentane Lage des Reifens, bzw. genauer die Lage der Felge, wird dabei durch die Radmittelebene ersetzt, Abb.1.

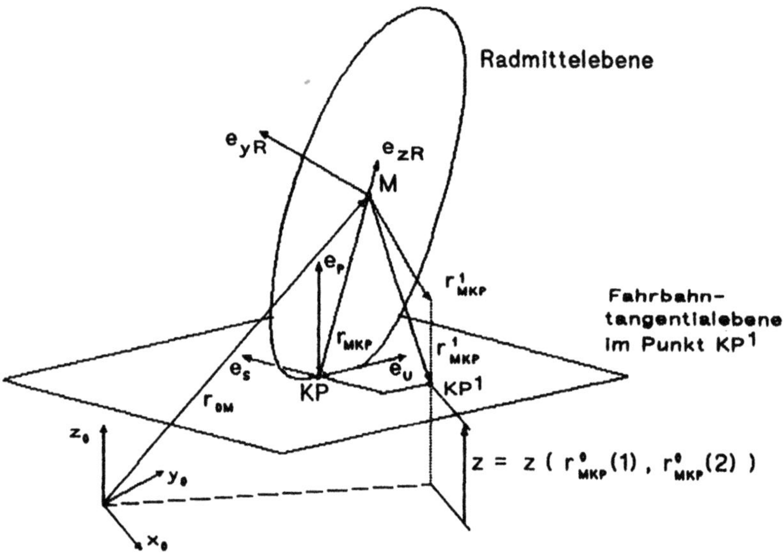


Abb.1 Kontaktpunkt

Weiters wird angenommen, daß Fahrbahnunebenheiten bezüglich eines Inertialsystems durch eine Funktion der Ortskoordinaten x und y dargestellt werden können;

$$\text{Fahrbahnhöhe:} \qquad z = z\,(\,x\,,\,y\,)\;. \tag{1}$$

Ausgehend von der Lage des Radmittelpunktes $r_{0M}$ und dem Normalenvektor zur Radmittelebene $e_{NR}$ kann nun die Lage des Kontaktpunktes KP iterativ berechnet werden. Mit dem Startvektor $r^0_{MKP}$ wird eine erste Näherung für den Kontaktpunkt gewonnen

$$r^0_{0KP} = r_{0M} + r^0_{MKP} \;, \tag{2}$$

$$r_{0KP} = \begin{bmatrix} r^0_{0KP}(1) \\ r^0_{0KP}(2) \\ z\,(\, r^0_{MKP}(1)\,,\, r^0_{MKP}(2)\,) \end{bmatrix} , \tag{3}$$

$$r^1_{MKP} = r^1_{0KP} - r_{0M} , \tag{4}$$

wobei die Vektoren $r^0_{0KP}$, $r^1_{0KP}$, $r_{0M}$, $r^0_{MKP}$ und $r^1_{MKP}$ jeweils im Inertialsystem dargestellt werden müssen

In der Umgebung des Punktes KP[1] wird nun die Fahrbahn durch die Tangentialebene in KP[1] ersetzt. Dazu wird die Normale $e^1_{NKP}$ benötigt. Über Differenzenquotienten kann $e^1_{NKP}$ aus KP[1] und zwei benachbarten Fahrbahnpunkten berechnet werden.

Jetzt müssen nur noch die Schnittgerade zwischen der Radmittelebene und der Fahrbahntangentialebene (Richtung der Umfangskraft $e^1_U$ ) und der Durchstoßpunkt einer Geraden senkrecht zu $e^1_U$ und $e_{yR}$ durch die Fahrbahntangentialebene (Kontaktpunkt KP[2] ) gefunden werden.

$$e^1_U = \frac{e_{yR} \times e^1_{NKP}}{|e_{yR} \times e^1_{NKP}|} , \tag{5}$$

$$e^1_S = e^1_{NKP} \times e^1_U , \tag{6}$$

$$e^1_P = e^1_{NKP} , \tag{7}$$

$$r^2_{MKP} = - |r^2_{MKP}|\, e^1_{zR} , \tag{8}$$

mit der Richtung

$$e^1_{zR} = \frac{e^1_U \times e^1_{yR}}{|e^1_U \times e^1_{yR}|} \tag{8a}$$

und dem Betrag

$$|r_{MKP}| = \frac{-e^1_P\, r^1_{MKP}}{e^1_P\, e^1_{zR}} . \tag{8b}$$

Dabei geben $e_S$ und $e_P$ die Richtungen der Seiten- und Aufstandskraft an. In der Regel genügt ein einmaliges Durchlaufen der Iterationsvorschrift (2) mit (8).

Die Problematik nichtzusammenhängender Kontaktgebiete, wie sie z.B bei einer Stufenüberfahrt oder bei extremen Fahrbahnunebenheiten auftreten, vgl. Abb. 2, muß hier ausgeklammert werden.

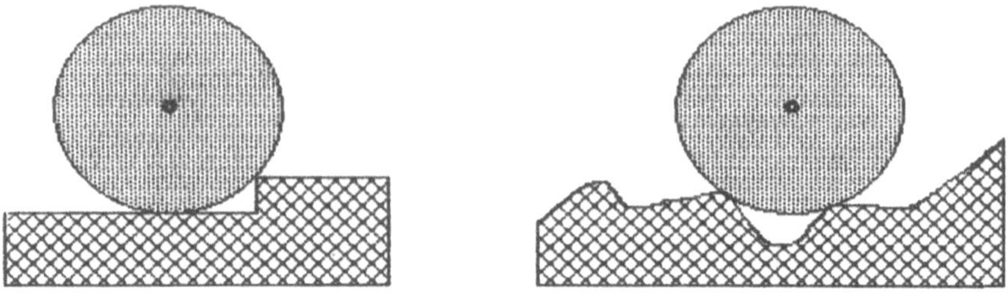

Abb.2 Mehrfachkontakte

Mit der hier geschilderten Methode, ober mit dem im ADAMS - Reifenmodell [1] verwendeten Zugang einer aus mehreren Fahrbahnpunkten gemittelten Kontaktebene, ist hier nur eine grobe Näherung der Kontaktverhältnisse möglich.

Bei nichtdifferenzierbaren Fahrbahnen (Stufen und Rampen) oder bei extremen Fahrbahnunebenheiten ist eine verfeinerte Kontaktrechnung, die auch Mehrfachkontakte zuläßt, Voraussetzung für genaue Simulationen.

Für Fahrbahnunebenheiten mit $dz/dx \ll 1$ und $dz/dy \ll 1$ d.h., normale Fahrbahnen ohne extreme Einzelhindernisse, kann die Fahrbahnoberfläche im Bereich des Latsches durch eine Ebene ersetzt werden. Dazu müssen dann mindestens drei Fahrbahnpunkte berechnet werden.

Daraus resultiert die Forderung:

*Aufteilung der Kontaktrechnung in Einfach- und Mehrfachkontakte*

Durch die Quereistaizität des Reifens kann es zu einer Verschiebung des Kontaktpunktes kommen KP -> KPE, Abb. 3.

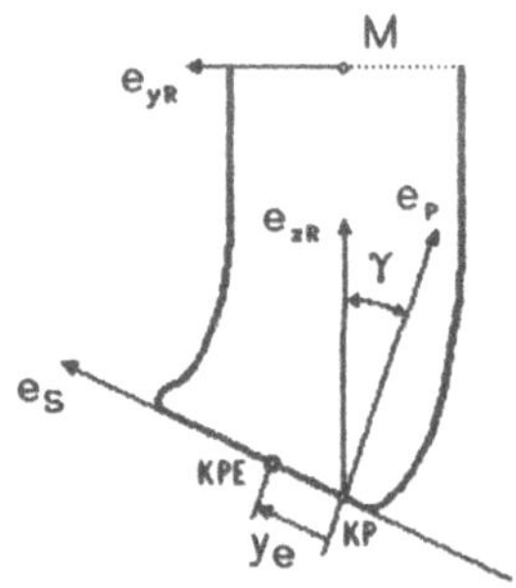


Abb.3 Querverschiebung des Kontaktpunktes

Bei linearer Reifenquersteifigkeit $c_y$ gilt stationär

$$y_e = S/c_y \quad , \qquad (9)$$

wobei S die Seitenkraft bezeichnet.

Die neue Lage des Kontaktpunktes ergibt sich nun aus

$$r_{MKPE} = r_{MKP} + y_e e_s \quad . \tag{10}$$

Wegen (9) und (10) ist die Kontaktpunktberechnung kein rein geometrisches Problem mehr, sondern hängt von den Belastungen ab (hier: nur Seitenkraft; eine entsprechende Verschiebung in Umfangsrichtung kann analog berücksichtigt werden).

## 2.2 Normalkraft

Die Normalkraft oder Aufstandskraft P ist die Resultierende der Druckverteilung im Latsch. Ihr Angriffspunkt liegt in der Regel, in Fahrtrichtung gesehen, vor dem Kontaktpunkt, Abb.4.

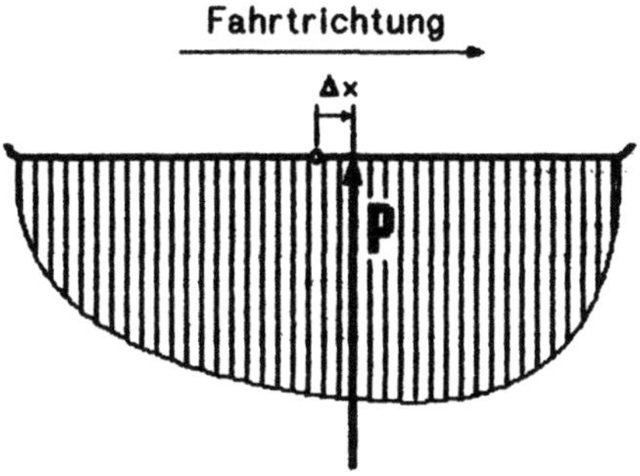


Abb.4 Mögliche Druckverteilung im Latsch

Diese Verschiebung in Längsrichtung Δx ist dann mitverantwortlich für den Rollwiderstand eines Reifens.

Eine genäherte Berechnung der Aufstandskraft P erfolgt meist lediglich als Funktion der Reifeneindrückung

$$P = P(\Delta R) \qquad \text{mit} \quad P \geqq 0 \quad , \tag{11}$$

wobei die Reifeneindrückung aus dem unverformten Radius $R_0$ und dem Abstand Radmitte zu Kontaktpunkt folgt,

$$\Delta R = R_0 - | r_{MKP} | \quad . \tag{12}$$

Wie aber aus Abb. 3 zu erkennen ist, wird die Reifeneindrückung durch die Querverschiebung des Latsches $y_e \neq 0$ ebenfalls beeinflußt. Darüberhinaus verändert der Sturzwinkel γ die Druckverteilung im Latsch, vgl. [3] .

Dies führt zur Forderung:

*Die Aufstandskraft ist in Abhängigkeit von der radialen Reifeneindrückung, der Reifenquerverschiebung und des Sturzwinkels zu berechnen.*

# 3. Umfangskraft, Seitenkraft und Rückstellmoment

Die Aufstandskraft P und ihr Angriffspunkt im Latsch folgen durch Integration der Druckverteilung über den Latsch. Da die genaue Druckverteilung nur über komplizierte Reifenmodelle berechnet werden kann, bestimmt man die Aufstandskraft P aus den Steifigkeitseigenschaften des Reifens und aus der Kontaktgeometrie. Aus der Lage des Angriffspunktes relativ zum Kontaktpunkt resultieren Momente um die Reifenlängsachse ($M_x$ : Kippmoment) und um die Reifenquerachse ($M_y$ : Rollwiderstandsmoment). Neben den Reifenkräften in Längs- (Umfangskraft U ) und Querrichtung (Seitenkraft S ) verbleibt noch ein Moment um die Hochachse ($M_z$ : Reifenrückstellmoment).

## 3.1 Stationärer Zugang

Wie bereits in der Einleitung erwähnt, ist es aus Kostengründen (Rechenzeit) derzeit noch nicht möglich, komplizierte und damit auch genaue Reifenmodelle bei Fahrdynamiksimulationen einzusetzen. Man greift daher auf halbempirische Modelle [6] zurück. Dabei wird in der Regel wie folgt vorgegangen: man approximiert gemessene Reifenkennfelder durch geeignete Funktionen (meist Polynome). Durch Interpolation und Extrapolation gemessener Betriebszustände kommt man zu einer geschlossenen Beschreibung.

Die wesentlichen Eigangsparameter sind dann: der Längsschlupf $s_L$ , der Schräglaufwinkel $\alpha$ , der Sturzwinkel $\gamma$ , die Radlast P und die Reibwerte $\mu_H$ für Haften und $\mu_G$ für Gleiten. Für die Umfangskraft U und die Seitenkraft S gilt also:

$$U = U(s_L, \alpha, \gamma, P, \mu_H, \mu_G) \quad , \tag{13}$$

$$S = S(s_L, \alpha, \gamma, P, \mu_H, \mu_G) \quad . \tag{14}$$

Damit können dann, vgl. Abb. 5, verschiedene Fahrbahngriffigkeiten berücksichtigt werden.

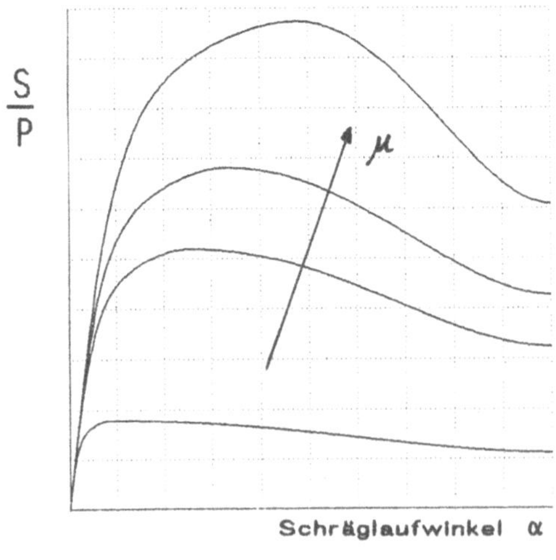


Abb. 5 Seitenkraft bei verschiedenen Fahrbahngriffigkeiten

Das Reifenrückstellmoment setzt sich aus drei Komponenten zusammen:

$$M_Z = M_U + M_S + M_B \tag{15}$$

Der erste Anteil $M_U$ tritt auf, wenn die resultierende Umfangskraft nicht im Kontaktpunkt angreift. Der zweite Anteil $M_S$ wird häufig auch über den Reifennachlauf $n_S$ und die Seitenkraft S definiert. Durch $n_S$ wird also die Lage des Angriffs-

$$M_S = n_S \cdot S \tag{16}$$

punktes der Seitenkraft festgelegt. Der dritte Anteil $M_B$ schließlich resultiert aus der Bohrreibung. Dieser Anteil ist insbesondere bei kleinen Geschwindigkeiten von Bedeutung.

Zusätzlich zur Approximation der Reifenkräfte U und S müssen also noch die Lage der Angriffspunkte gesondert approximiert werden. Diese gesonderte Approximation kann dann leicht zu physikalischen Unstimmigkeiten führen.

Für verbesserte Reifenmodelle ist zu fordern:

*Berechnung von U und S direkt aus der Druckverteilung im Latsch.*

Gelingt es, diese Druckverteilung zu approximieren, dann können die Reifenkräfte U , S , P nach Betrag und Lage direkt berechnet werden.

Bei der Bestimmung von U und S kommt dann noch den Reibverhältnissen zwischen Reifen und Fahrbahn eine entscheidende Bedeutung zu. Die Abhängigkeit des Reibwertes von der Gleitgeschwindigkeit ist bekannt, [5] und bildet auch die Grundlage bei komplizierten Reifenmodellen .

## 3.2 Instationäre Erweiterungen

Messungen, vgl. [12] zeigen, daß insbesondere das dynamische Verhalten der Seitenkraft und des Reifenrückstellmomentes von fahrdynamischer Bedeutung sind.

Ein Ansatz, die Dynamik der Seitenkraft zu beschreiben, geht auf Schlippe-Dietrich zurück. Dabei wird für die Querverschiebung des Latsches gegenüber der Felge eine Differentialgleichung erster Ordnung angesetzt:

$$T_y \dot{y}_e = - c_y * y_e + S \quad , \tag{17}$$

mit

$$S_{dyn} = c_y * y_e \quad , \tag{18}$$

wobei $c_y$ die Reifenquersteifigkeit und S die stationäre Seitenkraft bezeichnet. Die Zeitkonstante $T_y$ hat dabei die numerisch ungünstige Eigenschaft, daß ihr Wertebereich zwischen 0 und $\infty$ liegt.

So erhält man beim Radabheben $T_y = 0$ d.h. die Differentialgleichung (17) wird unendlich steif. Für sehr kleine Geschwindigkeiten $v_e \to 0$ erhält man $T_y \to \infty$. Für $v_e \to 0$ hat man physikalisch den Übergang von der Gleitreibung zur Haftung.

Im Grenzübergang $v_e \to 0$ wird aus (17) die triviale Differentialgleichung d.h., so lange eine Quergeschwindigkeit $v_s$ da ist, wird der Latsch seitlich verschoben

$$\dot{y}_e = - v_s \qquad (19)$$

und dadurch Seitenkraft aufgebaut. Für $v_s = 0$ wird diese Kraft eingefroren. Mit diesem Grenzübergang und analogen Ansätzen für die Umfangskraft und für das Rückstellmoment

$$T_x \dot{x}_e = - c_x * x_e + U \quad , \qquad U_{dyn} = c_x * x_e \quad , \qquad (20)$$

$$T_\gamma \dot{\gamma}_e = - c_\gamma * \gamma_e + M_Z \quad , \qquad M_{Zdyn} = c_\gamma * \gamma_e \quad . \qquad (21)$$

können dann Manöver mit Abbremsen bis zum Stillstand und Wiederanfahren simuliert werden [10].

Radlastschwanken, hervorgerufen durch Fahrbahnunebenheiten, beeinflussen die Dynamik der Reifenkräfte. Für den unterschiedlich schnellen Auf- und Abbau der Seitenkraft bei Radlasterhöhung bzw. bei Radlastverringerung liegen Messungen vor. Durch eine von der Radlastschwankung P abhängigen Zeitkonstante

$$T_y = T_y(\dot{P})$$

kann diese Eigenschaft nachgebildet werden [7].

Da die Zeitkonstanten $T_x$, $T_y$ und $T_\gamma$ aus den physikalischen Eigenschaften des Reifens folgen, sollten diese Größen auch in einem Reifenmodell mitangegeben werden. Es ist also zu fordern:

*Approximation der stationären und instationären Reifeneigenschaften.*

## 4. Zusammenfassung

Verfeinerte Simulationsmethoden, mit denen die Sicherheit und der Komfort eines Fahrzeugs beurteilt werden, verlangen nach neuen Reifenmodellen. Gleichzeitig dazu werden dann auch vollständig zweidimensionale Fahrbahnmodelle erforderlich. Auch hier ist noch ein Mangel zu verzeichnen.

Die derzeit vorhandenen bzw. die noch in der Entwicklung befindlichen, komplexen Reifenmodelle ermöglichen es, die bisher fast ausschließlich aus Versuchen gewonnenen Erkenntnisse über die Dynamik eines Reifens zu erweitern und zu vervollständigen. Damit sollte es möglich sein, in absehbarer Zeit neue, für die Fahrdynamik geeignete (d.h. schnelle aber auch instationäre) Reifenmodelle zu entwickeln, die den in dieser Arbeit aufgeführten Anforderungen genügen.

Literatur:

1. ADAMS/TIRE User's Manual. Mech. Dyn. Inc. (MDI) 2002-00, Ann Arber, 1986.

2. Böhm, F.: Theorie schnell veränderlicher Rollzustände für Gürtelreifen. Ing. Arch. 55 (1985).

3. Gipser, M.: DNS-Tire - ein dynamisches , räumliches , nichtlineares Reifenmodell. In: Reifen, Fahrwerk, Fahrbahn. VDI Berichte Nr. 650, VDI-Verlag, Düsseldorf 1987.

4. Hauschild, W.: KFZ-Fahrdynamik mit dem Reifenmodell REIFXY . Erscheint in ZAMM, T ..., 1988.

5. Kummer, H.W.: Verbesserter Kraftschluß zwischen Reifen und Fahrbahn - Ergebnisse einer neuen Reibungstheorie. ATZ 8, 1967.

6. Pacejka, H.B.: Modelling of the Pneumatic Tire and its Impact on Vehicle Behaviour. CCG. Lehrgang V2.03, Carl-Cranz Gesellschaft e.V., 1985.

7. Rill, G.: Steady State Cornering on Uneven Roadways. Soc. of Aut. Eng., Inc. (SAE) Technical Papers Series 860575, 1986.

8. Rill, G.: Fahrverhalten auf regellos unebenen Fahrbahnen. 1. Fahrzeugdynamik-Fachtagung, Essen, Haus der TECHNIK, 1987.

9. Rill, G.: Fahrdynamik von Nutzfahrzeugen am Daimler-Benz Fahrsimulator. In: Berechnung im Automobilbau, VDI-Bericht 613. Düsseldorf: VDI-Verlag 1986.

10. Rill, G.: Vehicle Dynamics in Real-Time Simulation. 10th IAVSD Symposium, Prag 1987.

11. Schieschke, R.: RALPHS - ein effizientes Rechenmodell zur Ermittlung von Reifenkräften auf physikalischer Basis. Automobil-Industrie 4, 1986.

12. Schmid, I.; Tomaske, W.: Reifenprüfanlage zur Simulation instationärer Betriebszustände.

13. Springer, H.; Ecker, H.; Slibar, A.: A New Analytical Model to Investigate Transient Characteristics of a Steel Beltet Tire. 10th IAVSD Symposium, Prag, 1987.

# Darstellung zweidimensionaler Reibschwingungen in komplexen Modellierungen des Reifens

von C. Oertel


## Zusammenfassung

In dem vorliegenden Beitrag werden verschiedene Darstellungen der Gleichungen für den Rollvorgang gegenübergestellt. Mit der Lagrange - Methode können die gewöhnlichen Differentialgleichungen für den Reibschwinger in einfacher Weise in ein Reifenmodell eingefügt werden. Diese Modellierung wird mit Modellierungen verglichen, die im Gleitgebiet der Kontaktzone mit einfachen Näherungen arbeiten; es werden numerische Resultate für beide Modelle gezeigt.


## 1. Einleitung

Die Modellbildung des Reifens hat neben der Bereitstellung von Modellen zur schnellen Berechnung langsam veränderlicher Rollzustände in der Fahrdynamik [1] die Berechnung von schnell veränderlichen Kontaktkräften bei großen Verschiebungen zur Zielsetzung. Solche komplexen Modelle erlauben die Einarbeitung einiger konstruktiver Details wie die Profilierung des Reifens und die Simulation hochfrequenter Effekte wie Reibschwingungen. Die Reibschwingungen treten im Gleitbereich der Kontaktfläche auf und können auch bei Rollzuständen, die im zeitlichen Mittel stationär sind, hochfrequente Anregungen darstellen. Als Beispiel sei hier nur das Quietschen von Reifen genannt. Mit Hilfe der komplexen Modelle können weiterhin Parametervariationen vorgenommen werden, die Aufschluß bei konstruktiven Fragestellungen und bei der Wahl der Werkstoffe geben können. Schließlich erlaubt ein Vergleich von einfachen und komplexen Modellen Aussagen über nötige Modellerweiterungen bei den einfachen Modellen. Im folgenden Text soll die Modellbildung eines komplexen Modells umrissen werden. Dabei war die Zielsetzung ein Vergleich von Kontaktalgorithmen mit unterschiedlicher Darstellung des Gleitbereiches in der Kontaktfläche.

# 2. Modellierung

## 2.1 Elemente des Modells

Bei dem hier beschriebenen Reifenmodell wird der Gürtel des Reifens als Starrkörper dargestellt, der elastisch an die Felge gebunden ist. Mit dieser Annahme läßt sich das Schwingungsverhalten des Reifens bis zu Frequenzen von etwa 30 Hz gut beschreiben. Auf eine Modellierung elastischer Verformungen des Gürtels wird verzichtet, um den Einfluß der verschiedenen Kontaktalgorithmen deutlich sichtbar werden zu lassen. Die Modellvorstellung eines starren Kreisringes dient dabei nur zur Ableitung der Kinematik; zur Berechnung der Kontaktkräfte wird von einer ausgedehnten Kontaktfläche ausgegangen.

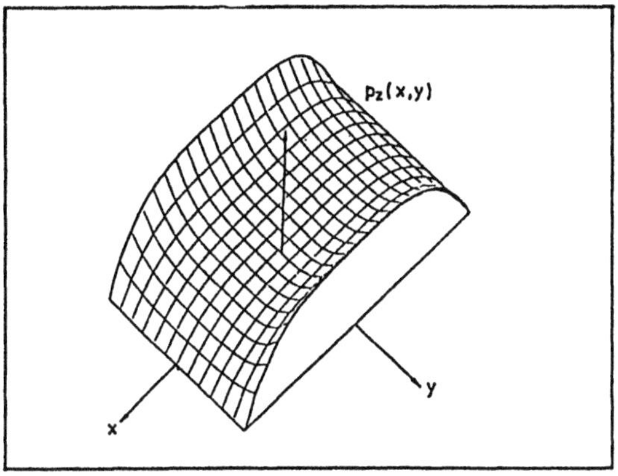


Abb.1: Druckverteilung in der Kontaktfläche

Die vertikale Kontaktkraft erzeugt in der Kontaktfläche Normalspannungen; diese Druckverteilung wird durch Approximation von Messungen dargestellt. Der Protektor soll als reine Scherschicht angenommen werden, Biegeeffekte werden vernachlässigt.

## 2.2 Verknüpfung der Elemente

Einen wesentlichen Anregungsmechanismus für Reifenschwingungen stellt die Felgenbewegung dar. Dies äußert sich beispielsweise in selbsterregten Lenkschwingungen. Durch die elastische Kopplung der Gürtelmasse an die Felge kann der Gürtel Bewegungen ausführen, die den Aufbau von tangentialen Kontaktkräften zur Folge haben. Die Bewegungsgleichungen des Gürtels liefern die Schlupfgrößen zur Berechnung der Kontaktkräfte, die Kontaktkräfte stellen die rechten Seiten der Gürtelbewegungsgleichungen dar. Dieser Umstand führt bei korrekter mathematischer Behandlung zu einer Iterationsvorschrift. Allerdings sind die Gürtelbewegungen im Verhältnis zu den Integrationsschrittweiten eines Integrationsverfahrens in der

Regel langsam veränderlich, so daß auf eine aufwendige Iteration verzichtet werden kann.

## 2.3 Diskretisierung

Im folgenden Abschnitt sollen kurz zwei verschiedene Möglichkeiten der Diskretisierung zur Berechnung der Kontaktkräfte dargestellt werden.

### 2.3.1 Kontinuum - Methode (Euler - Darstellung)

Bei den Gleichungen, die die Verschiebungen im Kontaktgebiet beschreiben, handelt es sich um partielle Differentialgleichungen, die Transportgleichungen. Am Beispiel der Längsverschiebung u (x,y,t) mit der Transportgeschwindigkeit $v_T$ erhält man Gleichungen der Form

$$-u_x \, v_T + u_t = g\,(x,y,t), \tag{1}$$

mit der rechten Seite g (x,y,t), die die Schlupfanregungen enthält. Zur Integration dieser Gleichungen bietet sich ein Differenzenverfahren an. Damit einher geht eine <u>Diskretisierung der Kontaktfläche</u>. Setzt man eine konstante Geometrie der Kontaktfläche voraus, ergibt sich ein Verfahren mit konstanter Verfahrensmatrix $\underline{A}$ :

$$\underline{U}(t+\Delta t) = \underline{A}\,\underline{U}(t) + \underline{G}(t)\ , \qquad \underline{U}^T = \{u_1, u_2, \ldots, u_N\}. \tag{2}$$

Bei veränderlicher Kontaktflächengeometrie, etwa durch schwankende Radlasten und Sturzwinkel, muß die Änderung der Gestalt der Kontaktfläche berücksichtigt werden. Die Verfahrensmatrix wird damit zeitabhängig, und dem Differenzenverfahren muß ein Interpolationsalgorithmus zugeordnet werden.
Bei der Rechnung mit einem Differenzenverfahren können die Schrittweiten der Zeitintegration und die Gitterweite der Flächendiskretisierung nicht unabhängig voneinander gewählt werden. Es existiert eine Stabilitätsbedingung, der bei der Auswahl des Verfahrens Rechnung getragen werden muß. Die Eigenschaft des Rollens ist allerdings in den Gleichungen enthalten und es bietet sich die Möglichkeit einer Diskretisierung mit variabler Gitterweite.

### 2.3.2. Kontaktelement - Methode (Lagrange - Darstellung)

Während bei der Euler - Darstellung die Verschiebungsfunktion u (x,y,t) an den durch die Diskretisierung vorgegebenen Orten ausgewertet wird, werden in der Lagrange - Darstellung einzelne Elemente betrachtet. Damit verbunden ist eine <u>Diskretisierung des Kontaktkörpers</u>.
Diese kann sich unter Umständen an ein vorgegebenes Reifenprofil anlehnen - größere Stollen, z.B. bei LKW-Reifen, müs-

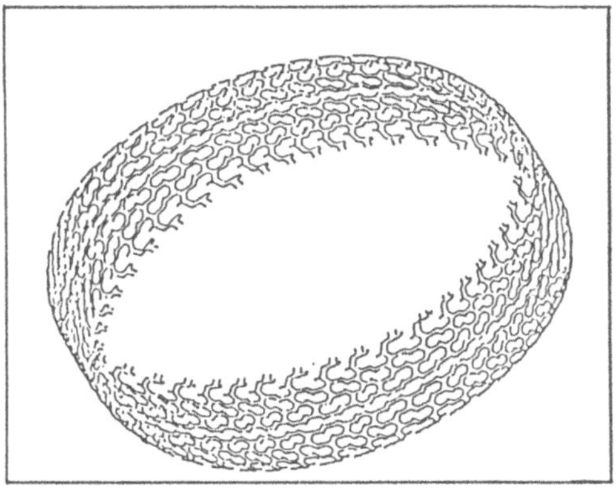

Abb.2: Diskretisierung als Reifenprofil

sen aufgelöst werden – und damit die Eingriffsverhältnisse nachbilden. Eine variable Gitterweite innerhalb der Kontaktfläche ist allerdings nicht ohne weiteres möglich.
Die Kontaktelemente sind elastisch an den Gürtel gekoppelt und berühren die Fahrbahn im Kontaktgebiet. Der Kontakt zwischen den Elementen und der Fahrbahn wird als Punktkontakt angenommen.

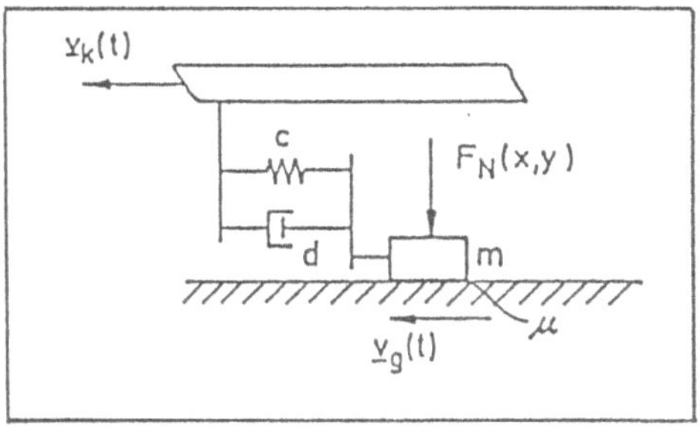


Abb.3: Kontaktelement am Gürtel

Eine solche Darstellung führt sowohl für die Freiheitsgrade der Gürtelbewegung als auch für die Freiheitsgrade der Kontaktelemente zu gewöhnlichen Differentialgleichungen. Der Transport ist bei dieser Formulierung nicht in den Gleichungen enthalten.
Die Rollbewegung muß deshalb durch einen Algorithmus beschrieben werden, der den Transport enthält. Dies erfolgt, indem das Rollen als Bewegung der Kontaktfläche auf dem $2\pi$-

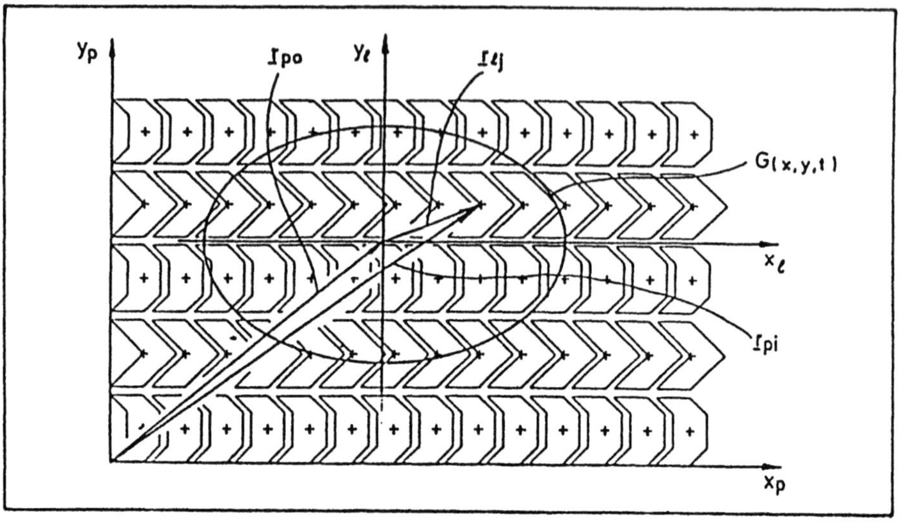


Abb.4: Kontaktfläche auf dem Reifenumfang

periodischen, abgewickelten Gürtelumfang dargestellt wird. Die Gestalt der Kontaktfläche wird durch den Rand mit G (x,y,t) = 0 beschrieben und kann zeitlich veränderlich sein. Prinzipiell sind, z.B. beim Überfahren von Stufen, auch mehrere geschlossene Gebiete vorstellbar, etwa $G_1$ für die hintere Latschhälfte vor der Stufe und $G_2$ für die vordere Latschhälfte auf der Stufe. Die Bewegungsgeschwindigkeit des Kontaktgebietes ist die Transportgeschwindigkeit $v_T$ aus Gleichung (1).
Aus den Kontaktelementen auf dem Reifenumfang können nun leicht diejenigen ausgewählt werden, die zur betrachteten Zeit Kontakt mit der Fahrbahn haben. Für ein beliebiges Element mit dem Ortsvektor $\underline{r}_{pi}$ lautet die Kontaktbedingung :

$$G\ (x_{pi}, y_{pi}, t) \leqq 0. \qquad (3)$$

Formal läßt sich damit eine Kontaktmatrix aufbauen, die den Zusammenhang zwischen den Ortsvektoren aller Kontaktelemente auf der Reifenoberfläche und den Ortsvektoren der Elemente mit Fahrbahnkontakt im Latschkoordinatensystem beschreibt. ( Der Ursprung Latschkoordinatensystems liegt im ideellen Aufstandspunkt.) Allerdings wird die Kontaktbedingung im Rahmen des Algorithmus nur in der Nähe der Kontaktfläche aus dem vorangegangenen Rechenschritt ausgewertet, da die inkrementelle Rollbewegung höchstens in der Größenordnung der Elementabmessung liegt.

Darstellung des Rollvorgangs

| EULER | LAGRANGE |
|---|---|
| **Diskretisierung und beschreibende Gleichungen** | |
| • Diskretisierung der Kontaktfläche | • Diskretisierung des Kontaktkörpers |
| • partielle DGLn | • gewöhnliche DGLn |
| • Transport in der PDGL | • Transport in der Kontaktgebietsbeschreibung |
| • Diskretisierung eines Kontinuums | • Beschreibung einer diskreten Struktur |
| **Algorithmus und Rechenaufwand** | |
| • Differenzenverfahren in x und t | • Differenzenverfahren in t |
| • Gitterparameter zeitabhängig | • Elementliste zur Strukturbeschreibung |
| • zeitabhängige Verfahrensmatrix | • zeitabhängige Kontaktmatrix |
| • zeitabhängige Normalkraft... | • ortsabhängige Elementparameter |
| • konstante Anzahl der Gitterpunkte | • veränderliche Anzahl der Elemente im Kontakt |
| • Stabilitätsbedingung für $\Delta h$ und $\Delta t$ | • freie Wahl der Diskretisierung |

Tab.1 : Gegenüberstellung der Formulierungen

Für den Spezialfall der Schrittweitenwahl $v_T\ \Delta t = \Delta h$ lassen sich bei entsprechender Diskretisierung beide Darstellungen ineinander überführen. Die wesentlichen Eigenschaften der beiden Darstellungsarten sind in Tab.1 gegenübergestellt.

## 3. Berechnung der Kontaktkräfte

In [2] ist ein Modell zur Berechnung der stationären Kontaktkräfte angegeben. Zur Berechnung der instationären Kontaktkräfte zwischen Fahrbahn und Protektor werden die Bewegungsgleichungen der Kontaktelemente betrachtet. Es sollen zunächst an einem Elementarmodell diese Gleichungen dargestellt werden.

### 3.1 Elementarmodell

Aus den oben genannten Voraussetzungen der ebenen Kontaktfläche, des Punktkontaktes und großer Verschiebungen ergibt sich die Notwendigkeit, ein ausgedehntes Gleitgebiet vorauszusetzen. Will man die Eigenbewegungen der Kontaktelemente erfassen, muß das Element einen Reibschwinger mit zwei Freiheitsgraden darstellen.

Abb. 5 zeigt ein solches Element. Der Führungskörper – beim Reifen der Gürtel – wird in der Ebene bewegt; die elastisch an den Rahmen gekoppelte Masse reibt, durch eine Normalkraft belastet, auf einer starren Unterlage.

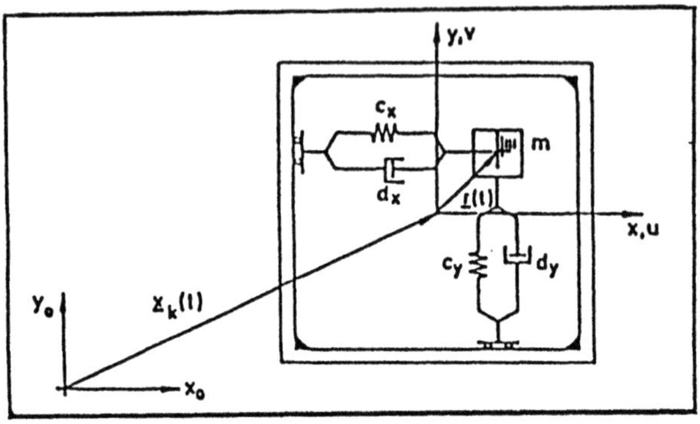


Abb.5: Elementarmodell

Die Reibkraft kann durch eine beliebige Reibwertfunktion $\mu$ beschrieben werden und wirkt in Richtung der Gleitgeschwindigkeit. Der Reibwert selbst soll nur als Funktion der Gleitgeschwindigkeit angesetzt werden.

## 3.2 Bewegungsgleichungen

Mit der Führungsgeschwindigkeit $\underline{v}_k$ des Rahmens ist die Gleitgeschwindigkeit

$$\underline{v}_g(t) = \underline{v}_k(t) + \dot{\underline{r}}(t). \qquad (4)$$

Die Bewegungsgleichung für Gleiten lautet :

$$\underline{M}(\ddot{\underline{r}}(t) + \dot{\underline{v}}_k(t)) + \underline{D}\dot{\underline{r}}(t) + \underline{C}\underline{r}\,(t) = -\,F_n\,\mu(|\underline{v}_g(t)|)\underline{e}_g. \qquad (5)$$

Für Haften, $\underline{v}_g(t) = 0$, gelten die kinematischen Gleichungen :

$$\begin{aligned} \ddot{\underline{r}}(t) &= -\,\dot{\underline{v}}_k\,(t) \\ \dot{\underline{r}}(t) &= -\,\underline{v}_k\,(t) \\ \underline{r}(t) &= \underline{r}_0 - \int \underline{v}_k(t)\,dt. \end{aligned} \qquad (6)$$

Die Bewegungsform eines Kontaktelementes setzt sich in Abhängigkeit von der Führungsgeschwindigkeit und der Normalkraft aus Haft- und Gleitphasen zusammen, wobei stick-slip-Effekte möglich sind. Die Übergangsbedingungen zwischen diesen Zuständen werden durch skalare Gleichungen gebildet, in denen die Funktionen $|\underline{v}_g(t)|$ und der Betrag der Kontaktkraft $|\underline{F}_k(t)|$ betrachtet werden. Sie sind in Tab.2 zusammengefaßt.

| Haften | Übergang zum | Gleiten |
|---|---|---|
| $\lvert \underline{F}_k(t_s-\varepsilon) \rvert < F_n\mu_h$ | $\lvert \underline{F}_k(t_s) \rvert = F_n\mu_h$ | $\lvert \underline{F}_k(t_s+\varepsilon) \rvert = F_n\mu$ |
| $\lvert \underline{v}_g(t_s-\varepsilon) \rvert = 0$ | $\lvert \underline{v}_g(t_s) \rvert = 0$ | $\lvert \underline{v}_g(t_s+\varepsilon) \rvert > 0$ |
| **Gleiten** | **Übergang zum** | **Haften** |
| $\lvert \underline{F}_k(t_s-\varepsilon) \rvert = F_n\mu$ | $\lvert \underline{F}_k(t_s) \rvert = F_n\mu_h$ | $\lvert \underline{F}_k(t_s+\varepsilon) \rvert < F_n\mu_h$ |
| $\lvert \underline{v}_g(t_s-\varepsilon) \rvert > 0$ | $\lvert \underline{v}_g(t_s) \rvert = 0$ | $\lvert \underline{v}_g(t_s+\varepsilon) \rvert = 0$ |
| **Gleiten $\underline{r}_{G1}(t)$** | **Übergang zum** | **Gleiten $\underline{r}_{G2}(t)$** |
| $\lvert \underline{F}_k(t_s-\varepsilon) \rvert = F_n\mu$ | $\lvert \underline{F}_k(t_s) \rvert > F_n\mu_h$ | $\lvert \underline{F}_k(t_s+\varepsilon) \rvert = F_n\mu$ |
| $\lvert \underline{v}_g(t_s-\varepsilon) \rvert > 0$ | $\lvert \underline{v}_g(t_s) \rvert = 0$ | $\lvert \underline{v}_g(t_s+\varepsilon) \rvert > 0$ |

Tab.2 : Übergangsbeziehungen

## 3.3 Algorithmus

Bei der numerischen Integration der Bewegungsgleichungen muß in jedem Integrationsschritt untersucht werden, ob ein Übergang stattfinden kann. Zur Berechnung der Übergangszeitpunkte $t_s$ werden die Funktionen $\underline{v}_g(t)$ und $\underline{F}_k(t)$ im Intervall interpoliert und das Integrationsintervall in zwei Teilschritte aufgespalten. Die Integration setzt sich aus Anfangswertaufgaben und dem Bestimmen der Zeitpunkte $t_s$ zusammen. An den Übergangsstellen ergeben sich aus den Stetigkeitsforderungen für Wege und Geschwindigkeiten die Anfangswerte. Mit der Reibwertfunktion aus Abb. 6, die ein Kriechgebiet enthält, erhält man die Ergebnisse von Abb. 7. In der Abbildung sind die normierten Komponenten der Verschiebung und der Geschwindigkeit in y - Richtung dargestellt. Es zeigt sich ein langsamer Kriechvorgang nach dem Übergang vom Haften zum Gleiten. Die Gleichungen des Kontaktelementes müssen zum Einbau in das Reifenmodell nur geringfügig erweitert werden, wenn man die Lagrange - Darstellung wählt. Durch die Rollbewegung und die Gürteldrehung treten ortsabhängige Terme in der Führungsgeschwindigkeit auf, und die Elementnormalkraft wird ebenfalls ortsabhängig.

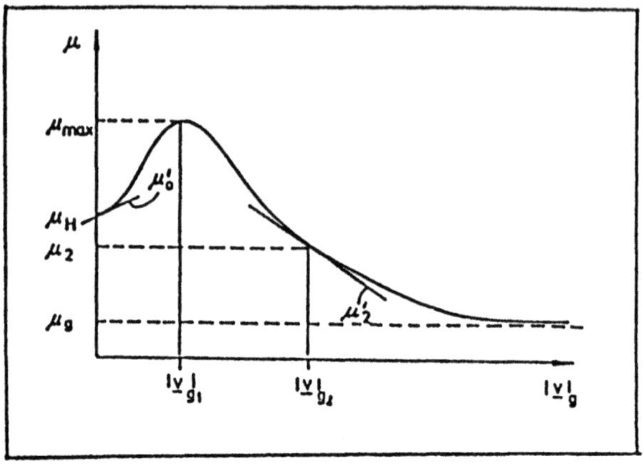

Abb.6: Reibwertfunktion

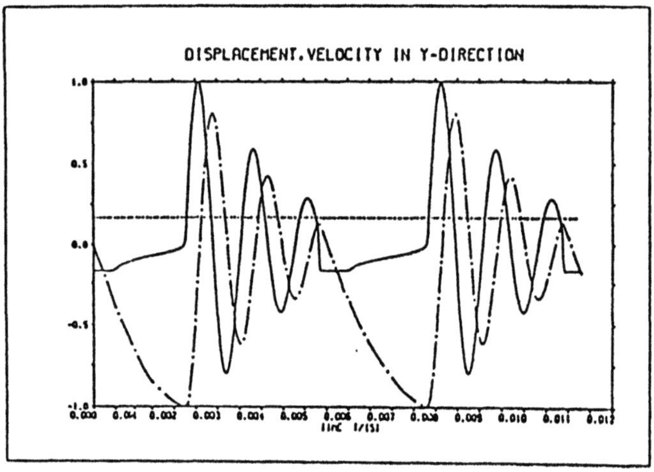


Abb.7: (---) Gleitgeschwindigkeit, (-.-) Gleitweg

Diese Formulierung ermöglicht einen Vergleich mit Algorithmen, die im Gleitgebiet mit einfachen Annahmen arbeiten.

### 3.4 Näherungen

Häufig werden die Spannungen oder Gitterkräfte mit Näherungen

$$\tau\ (x,y) = \mu_g\ p\ (x,y) \qquad \text{für} \qquad \tau > \mu_h p \qquad (7)$$

gebildet [3]. Die Richtung der Gitterkräfte wird dann aus der kinematischen Lösung übernommen. Es handelt sich damit um eine Rechnung für reines Haften mit Kraftkorrekturen. Ein solcher Algorithmus entsteht, wenn dem Kontaktelement Haften

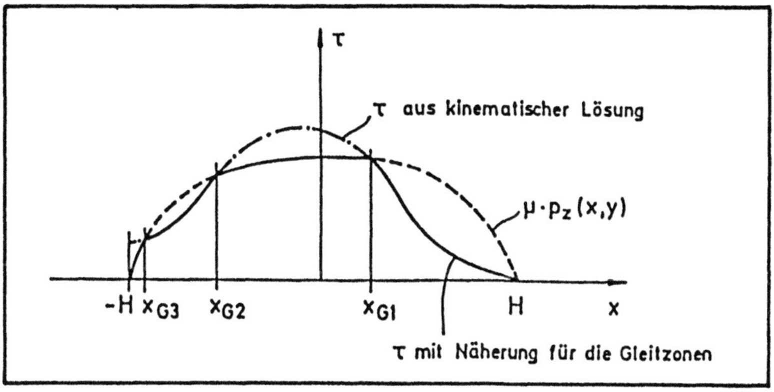


Abb.8: Näherungsdarstellung

vorgeschrieben wird. Die Elementkräfte müssen dann gemäß Gleichung (7) korrigiert werden.
Ein Vergleich der Modellierungen - einerseits der kinematischen Methode, die mit den Kraftkorrekturen arbeitet, und andererseits der kinematisch-kinetischen Methode, die eine Gleitbewegung integriert - zeigt den Einfluß der Reibschwingungen auf das Reifenverhalten. Anhand einiger Beispiele soll mit Hilfe dieser Gegenüberstellung der Einfluß der trockenen Reibung auf das Reifenverhalten dargestellt werden.

## 4. Resultate numerischer Rechnungen

### 4.1 Anregungen

Den Rechnungen liegt eine Diskretisierung zugrunde, wie sie in Abb.4 enthalten ist. Die Abstände der einzelnen Kontaktelemente sind konstant ( regelmäßiges Profil ) und die Anzahl der Elemente am Reifenumfang beträgt N = 500. In den folgenden Abbildungen ist die Reaktion des Reifens auf eine sprungförmige Lenkwinkelanregung bei konstantem Längsschlupf von s = 3.5% gezeigt. Variiert wurde die Amplitude der Sprunganregung, die in den ersten beiden Beispielen $\beta = 5^\circ$ betrug, während in den Beispielen 3 und 4 mit $\beta = 20^\circ$ gerechnet wurde.
Die Rechnungen wurden bei Beispiel 1 (Abb.9,11) und 3 (Abb.13,15) mit dem in 3.2 beschriebenen Kontaktelement durchgeführt, in den Beispielen 2 (Abb.10,12) und 4 (Abb.14,16) wurden dann die unter 3.4 angegebenen Näherungen benutzt.
Dargestellt sind die Seitenkraftantworten im Zeitbereich und die Rückstellmomentenantworten - mittels FFT - Analyse [4] - im Frequenzbereich, jeweils Größen zwischen Reifen und Fahrbahn. Aufgrund der relativ kurzen Betrachtungszeit zeigen

sich im Frequenzspektrum einige Störeffekte, z.B. der Peak bei etwa 10 Hz, der aus der Wahl des Zeitintervalls resultiert.

## 4.2 Vergleich der Ergebnisse

Bei der kleineren Sprungamplitude von $\beta = 5^{o}$ zeigen sich sowohl im Zeitbereich als auch im Frequenzbereich nur kleine Unterschiede zwischen der Rechnung mit dem Kontaktelement und der Rechnung mit den Näherungen. Beim Aufbau der Seitenkraft dominiert die Gürtelquerbewegung, im Frequenzbereich ist neben dieser Schwingung deutlich der Einfluß der regelmäßigen Elementierung zu erkennen: Es treten Frequenzen auf, die sich aus der Raddrehzahl und dem Elementabstand bestimmen. Der Einfluß von Reibschwingungen auf die tangentialen Kontaktkräfte ist, bedingt durch den kleinen Schräglaufwinkel, gering; die Rechnung unter Verwendung der Näherung erscheint zulässig.
Bei großer Amplitude der Anregung liefern die Rechnungen mit dem Kontaktelement nach 3.2 deutlich andere Ergebnisse als die Rechnung mit der Näherung 3.4. Die Seitenkraftantwort in Abb.13 zeigt Schwingungen mit großen Amplituden, die aus der Dynamik der Stollen resultieren. Diese nichtlinearen Schwingungen der Stollen relativ zum Reifengürtel wirken sich stark auf das Spektrum aus.
Ohne die Beschreibung der Eigenbewegung der Elemente können solche Frequenzen nicht dargestellt werden. Die Näherungsannahmen führen zu einer Seitenkraftantwort, die nur mit kleinen Amplituden auf die niederfrequenten Richtungsänderungen des Gesamtschlupfes reagiert. Die Verwendung der Näherungen für große Schräglaufwinkel erscheint selbst zur Berechnung stationärer Tangentialkräfte nur im zeitlichen Mittel zulässig.

## Literatur

[1] Kollatz,M. und Schulze,D.H. : Eine systematische Darstellung einfacher Reifenmodelle, 1988, in diesem Band

[2] Pacejka,H.B. und Fancher, P.S.: Hybrid simulation of shear force development of a tire experiencing longitudinal and lateral slip, proc.XIV Int. Auto. Techn. Congress FISITA, London (1972), 3-78

[3] Böhm, F.: Theorie schnell veränderlicher Rollzustände für Gürtelreifen, Ingenieur-Archiv 55 (1985), 30-44

[4] Csaki,G. : FFT - Analyse Programm, Private Mitteilung, 1987

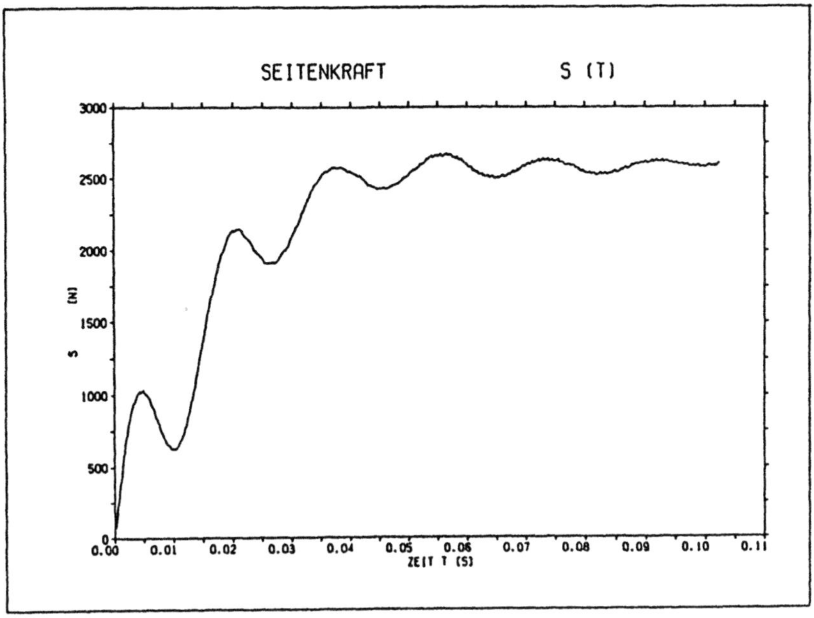


Abb.9: Seitenkraftantwort, Beispiel 1 mit Gl.(5),(6)

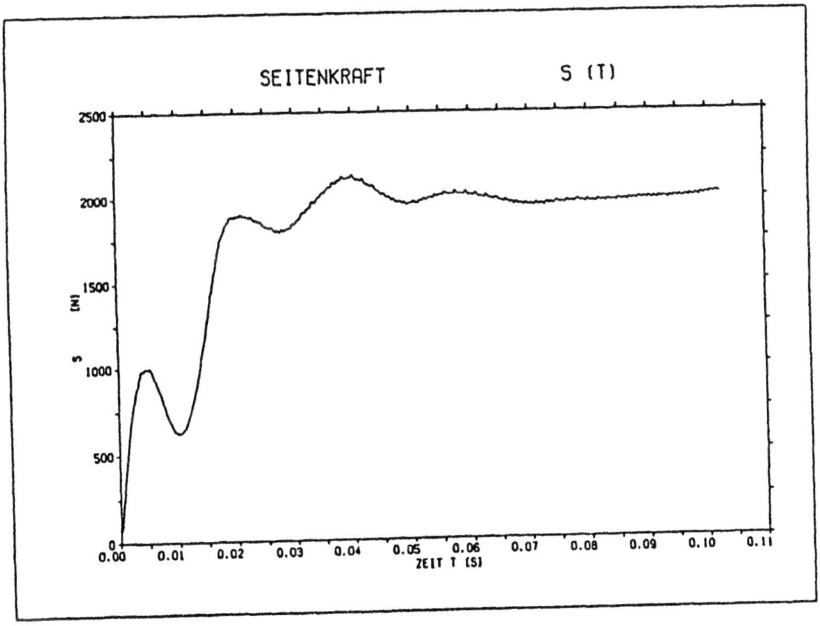


Abb.10: Seitenkraftantwort, Beispiel 2 mit Gl. (7)

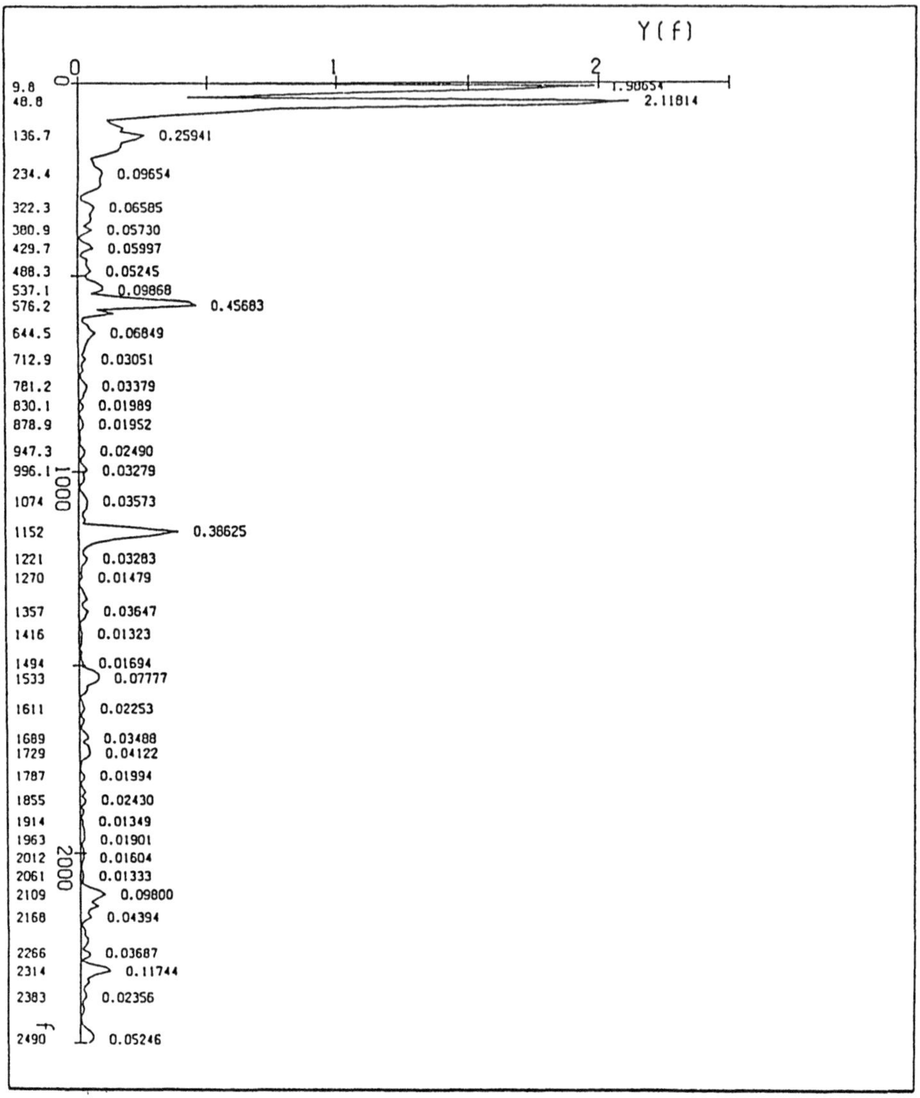


Abb.11: Momentenspektrum, Beispiel 1 mit Gl.(5),(6)

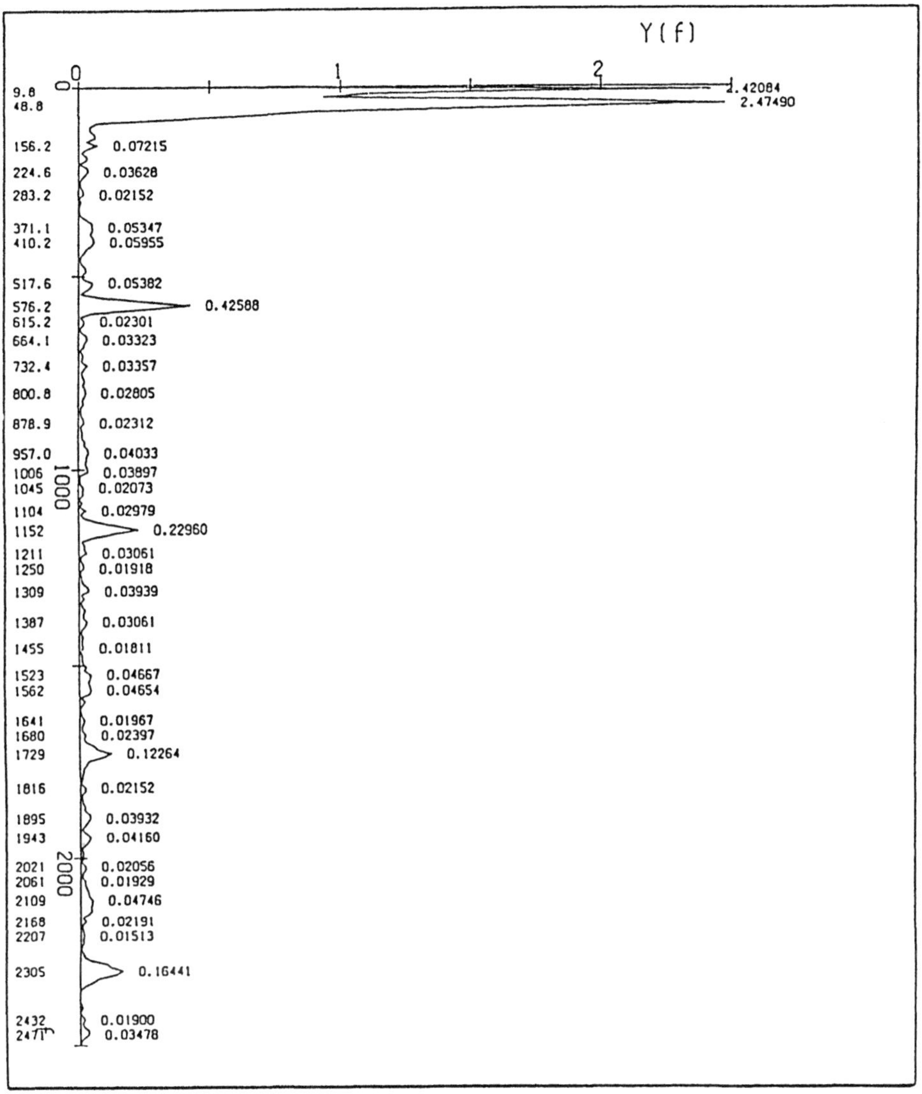


Abb.12: Momentenspektrum, Beispiel 2 mit Gl. (7)

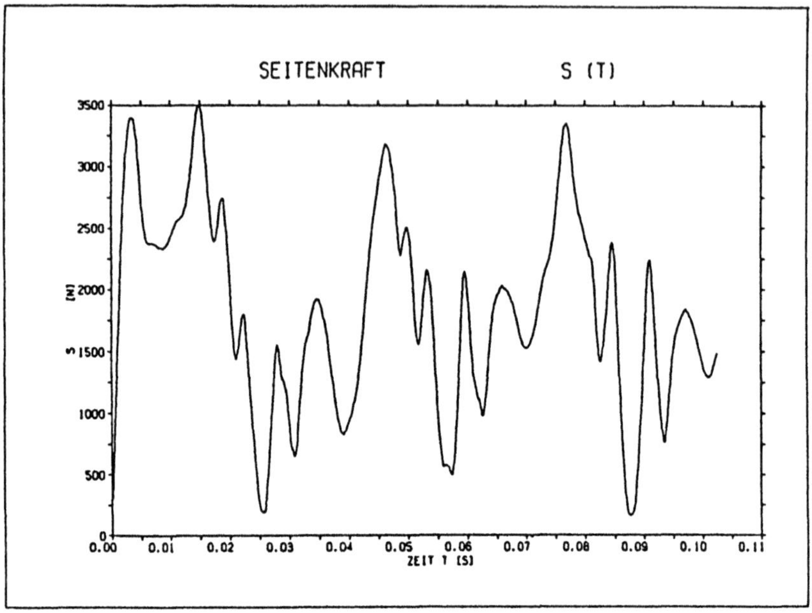


Abb.13: Seitenkraftantwort, Beispiel 3 mit Gl.(5),(6)

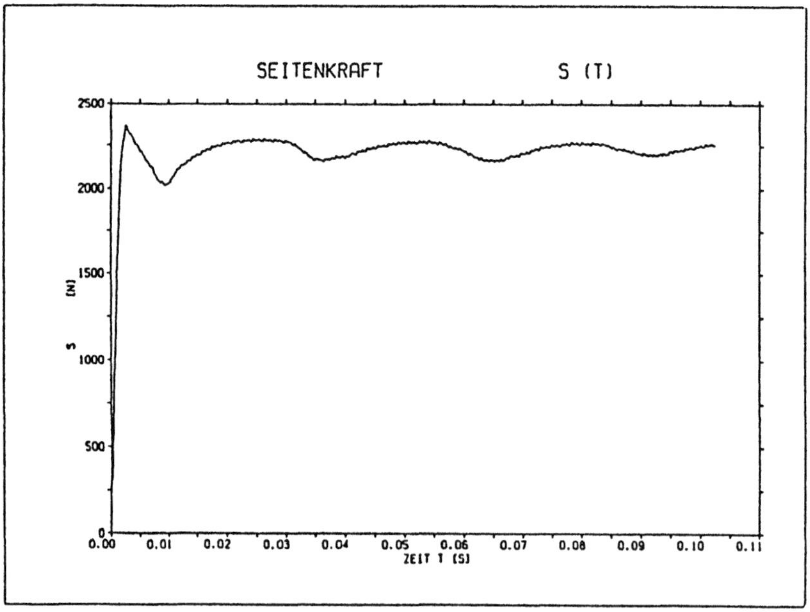


Abb.14: Seitenkraftantwort, Beispiel 4 mit Gl. (7)

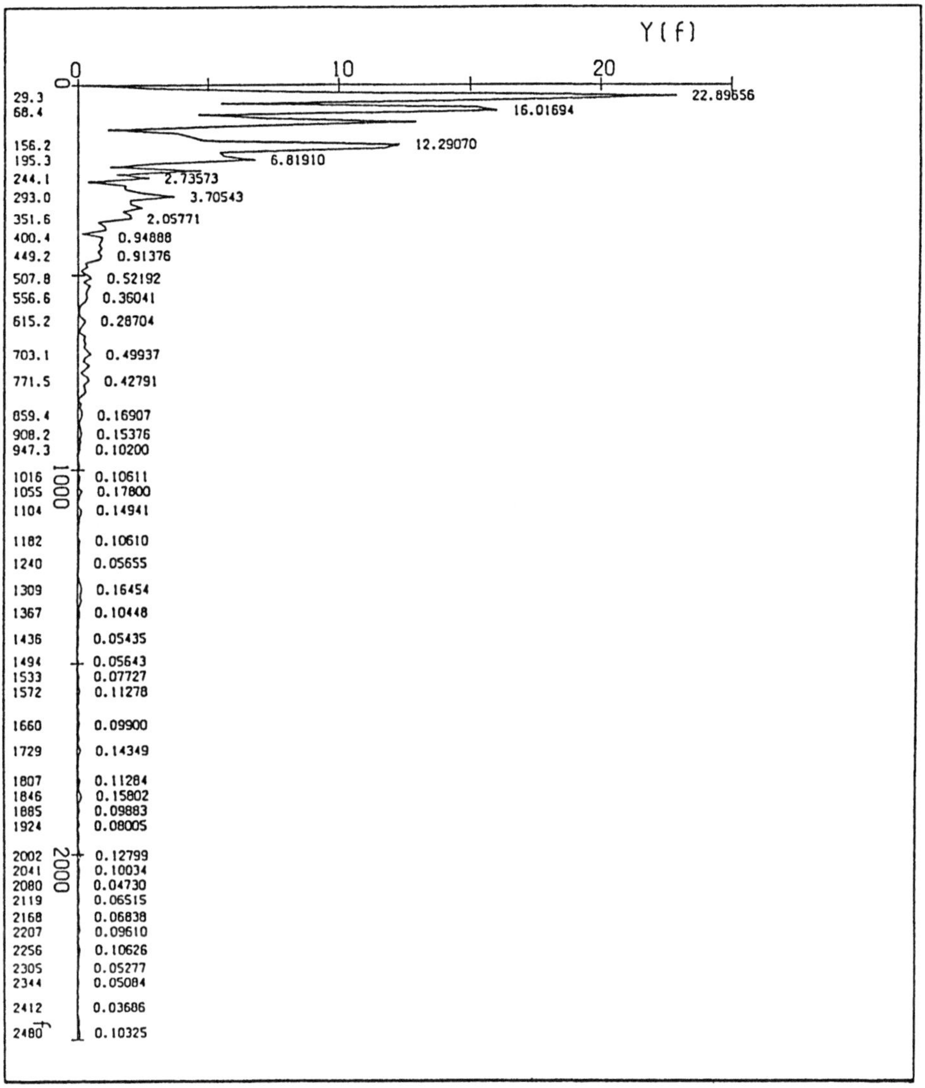


Abb.15: Momentenspektrum, Beispiel 3 mit Gl.(5),(6)

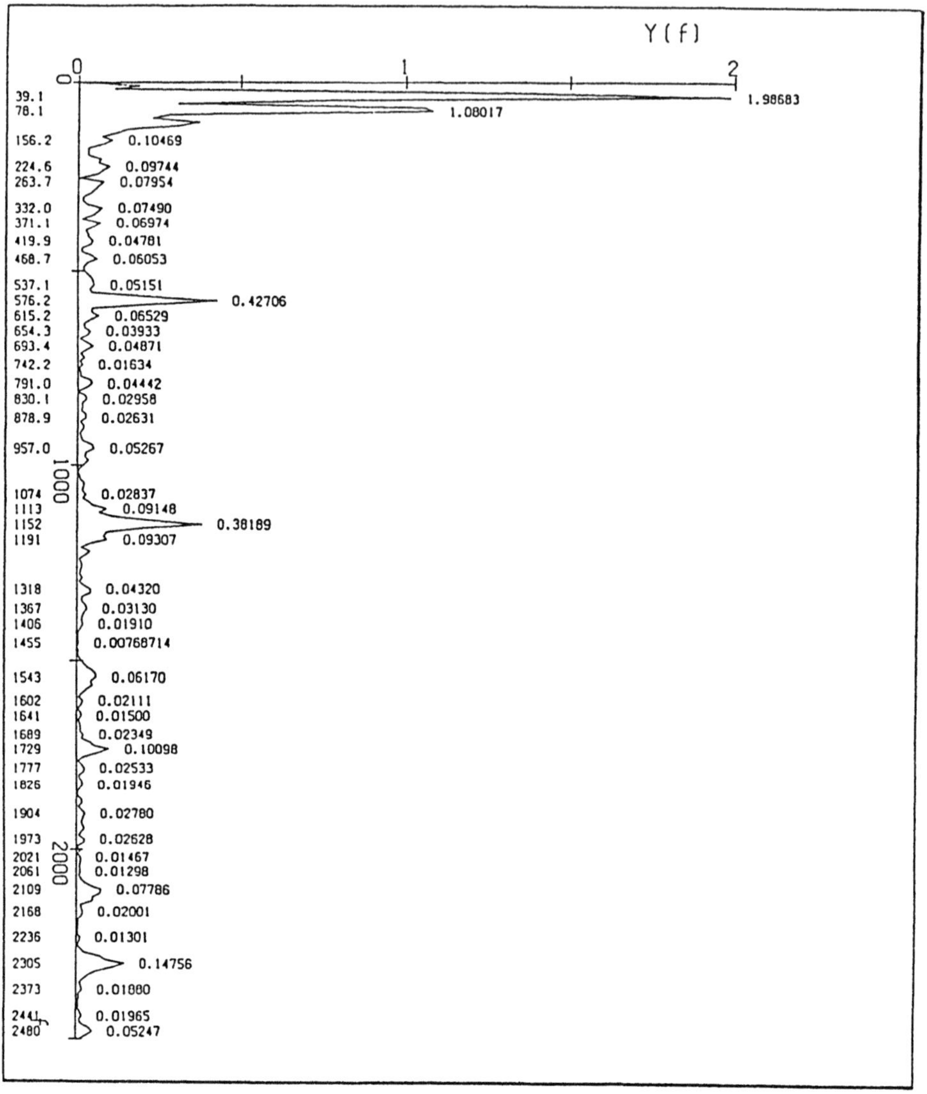


Abb.16: Momentenspektrum, Beispiel 4 mit Gl. (7)

# Dynamische Eigenschaften von Reifen bei zeitlich veränderlichem Schräglaufwinkel (Abstract)

*von H.-P. Willumeit und Ch. Teubert*


Zur Berechnung des dynamischen Verhaltens von Straßenfahrzeugen ist die Kenntnis des dynamischen Verhaltens der Reifen notwendig. Der Einfluß zeitlich veränderlicher Schräglaufwinkel wurde auf einem Außentrommelprüfstand bei Radgeschwindigkeiten von 2 bis 60 m/s ermittelt. Außerdem wurde der Reifeninnendruck, die Radlast und der Sturzwinkel in Stufen variiert.

Durch die Verwendung von servohydraulisch geregelten Erregern (Hydropuls) konnte der Schräglaufwinkel stochastisch sowie harmonisch (Sinus-Sweep) verändert werden. Die Anregungsamplitude betrug bei harmonischer Anregung $\pm 2{,}0^{\circ}$ während der Effektivwert des Rauschsignals (gaußisch) $\sigma = 0{,}48^{\circ}$ betrug. Der untersuchte Frequenzbereich lag zwischen 0,5 und 8 Hz (harmonisch) sowie 0 und 12 Hz (stochastisch). Gemessen wurden die in der Reifenaufstandsfläche wirkenden und vom Schräglauf erzeugten Seitenkräfte und Rückstellmomente.

Im Gegensatz zu stationären Reifenmessungen werden die Kräfte und Momente, die in der Reifenaufstandsfläche erzeugt werden, bis hin zum Meßort durch Massenkräfte und -momente der Felge und Nabe verändert. Derartige Störgrößen sind insbesondere beim Rückstellmoment zu berücksichtigen, wogegen sie bei der Seitenkraft vernachlässigbar klein sind.

Zur Beurteilung und Darstellung der dynamischen Reifeneigenschaften wurde jeweils die Übertragungsfunktion $F_y/\alpha$ ($\hat{=}$Seitenkraftbeiwert) und $M_z/\alpha$ ($\hat{=}$Rückstellmomentenbeiwert) über der Wegfrequenz $(1/\lambda)$ gebildet, die jeweils Aussagen über die Änderung der Amplituden wie auch der jeweiligen Phasenwinkel zulassen.

Es zeigt sich, daß der Seitenkraftbeiwert mit zunehmender Wegfrequenz ausgehend vom bekannten statischen Wert generell abnimmt und bei hohen Frequenzen etwa nur noch 1/4 des statischen Wertes beträgt. Der Phasenwinkel zwischen Seitenkraft und Schräglaufwinkel nimmt monoton ab und erreicht bei hohen Frequenzen Werte um $-100^{\circ}$. Rausch- und Sinusanregung zeigen nur sehr geringe Unterschiede im Seitenkraftbeiwert.

Der Rückstellmomentenbeiwert nimmt zunächst mit steigender Wegfrequenz ab, erreicht Minimalwerte von etwa 1/4 des statischen Wertes, steigt danach progressiv an und erreicht am oberen Ende des untersuchten Frequenzbereiches Werte vom 20fachen des statischen Wertes. Die Phasendifferenz nimmt zunächst ebenfalls ab und steigt danach wieder. Bei Pkw-Radial- und Diagonal-Reifen wurden sogar Phasenvoreilungen gemessen, die bei kleinen Geschwindigkeiten Werte von $+50^{\circ}$ erreichen. Beim Rückstellmoment sind zwischen Sinus- und Rauschanregung qualitativ und quantitativ deutliche Unterschiede erkennbar.

Bei Variation des Innendrucks, der Radlast und des Sturzwinkels ergeben sich lediglich kleine den geänderten statischen Werten proportionale Verschiebungen der Übertragungsfunktionen.

# Power Hop – Durch den Reifen angefachte Schwingung von Fahrwerk und Antriebsstrang

*von W. Halbmann und M. Hölscher*


**Zusammenfassung**

Power Hop-Schwingungen können beim Anfahrvorgang von stark motorisierten Fahrzeugen auftreten. Sie werden durch einen Abfall der Reibungskennlinien der Reifen mit zunehmender Gleitgeschwindigkeit (zunehmendem Schlupf) angefacht. Es handelt sich hierbei um selbsterregte Schwingungen.

Die angefachte Schwingung entsteht am angetriebenen Rad und wirkt über die Radaufhängung auf die Karosserie, sowie über den Antriebsstrang auf den Motor und auf die Aggregatlagerung. Diese Schwingungen konnten auf dem Porsche-Reifenprüfstand erzeugt werden.

Die am Prüfstand gemessenen Daten werden benutzt, um die Parameter eines hierfür entwickelten Reifenmodelles zu bestimmen. Damit gelingt es, das Power Hop bei Gesamtfahrzeugmodellen zu simulieren.

Durch folgende Maßnahmen können die Schwingungen zwar nicht verhindert, aber die Amplituden verkleinert werden:

- Geringer Anfahrnickausgleich bei frontgetriebenen Fahrzeugen
- Erhöhen des Anfahrnickausgleiches bei heckgetriebenen Fahrzeugen
- Dämpfung der Längsbewegung des Rades im Radkasten
- Auswahl von Reifen, die einen kleinen Abfall der Reibungskennlinie bei zunehmender Gleitgeschwindigkeit besitzen.
- Dämpfungen im Antriebssystem
- Geeignete Motorlagerung

# 1. Power Hop Messungen am Fahrzeug

## 1.1 Beschreibung des Problems

Im Zusammenhang mit verschiedenen Entwicklungen sind wir, speziell bei leistungsstarken Fahrzeugen, auf ein Schwingungsproblem gestoßen, das sich treffend mit dem Begriff "Power Hop" beschreiben läßt.

Es tritt vorzugsweise bei Beschleunigungs- oder Anfahrvorgängen mit hohen Motormomenten auf, hauptsächlich bei Frontantriebsfahrzeugen, aber auch bei leistungsstarken heckgetriebenen Fahrzeugen. Als geeignete Methode für die Anregung des Power Hop mit guter Reproduzierbarkeit hat sich folgender verschärfter Test bewährt:

Der Motor wird im Stand auf ca. 3000 1/min gebracht, danach wird schlagartig eingekuppelt. Bei geeigneten Reifen-Fahrbahn-Kombinationen bilden sich dann nach Erreichen der Schlupfgrenze stick-slip-Drehschwingungen der Räder aus, die von starken Karosserievibrationen und extremen Starrkörperbewegungen des Motors begleitet werden.

Durch diese Schwingungen können neben dem Verlust an Beschleunigungsvermögen und z.T. beträchtlichen Komforteinbußen für die Fahrzeuginsassen auch Schäden an den Radaufhängungen und am Antriebsstrang hervorgerufen werden.

## 1.2 Analyse der Bewegungen und Vergleich mit Eigenformen

Um den Einfluß verschiedener Fahrzeugparameter abschätzen und die beteiligten Systeme identifizieren zu können, sind detaillierte Kenntnisse der Bewegungen einzelner Teile und der entsprechenden Schwingungsfrequenzen notwendig.

Zu diesem Zweck wurden verschiedene Fahrzeuge mit Beschleunigungsaufnehmern an den Achsen, am Motor und an mehreren Punkten der Karosserie, jeweils in Fahrzeuglängs- und Hochrichtung ausgerüstet. Die Meßsignale wurden zeitgleich auf einer vielkanaligen PCM-Anlage gespeichert und anschließend mit einem rechnergestützten Analysesystem ausgewertet.

Die Zeitverläufe der gemessenen Beschleunigungen zeigten bei den Ausgangsmessungen immer den in Bild 1 dargestellten typischen Verlauf:

Nach Aufbringen des Momentensprunges bildet sich eine abklingende aber nicht harmonische Schwingung aus, die eine Überlagerung aus verschiedenen harmonischen Einzelschwingungen vermuten läßt.

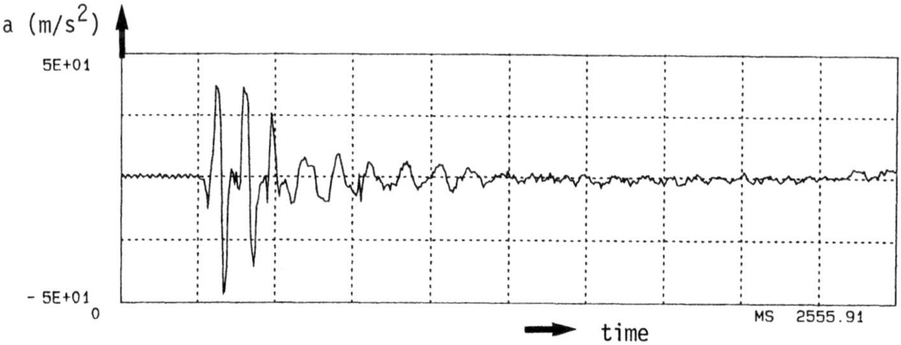


Bild 1: Zeitfunktion der Beschleunigung bei Power Hop-Schwingungen

Die Beschleunigumgsamplituden betrugen bei Fahrzeugen mit stark ausgeprägter Power Hop-Empfindlichkeit 17 m/s² an der Karosserie und am Motor bis zu 50 m/s², was bei einem tieffrequenten Problem eine sehr hohe Beanspruchung darstellt. Zur Bestimmung der Frequenzinhalte wurden die Leistungsspektren der Beschleunigungs-Zeitverläufe berechnet. Sie zeigen, daß die Schwingungen hauptsächlich aus zwei Frequenzkomponenten zusammengesetzt sind. Bei zwei untersuchten Frontantriebsfahrzeugen sind dies 8,4 Hz und 16,7 Hz im einen und 9,7 Hz und 21,3 Hz im anderen Falle (s. Bild 2).

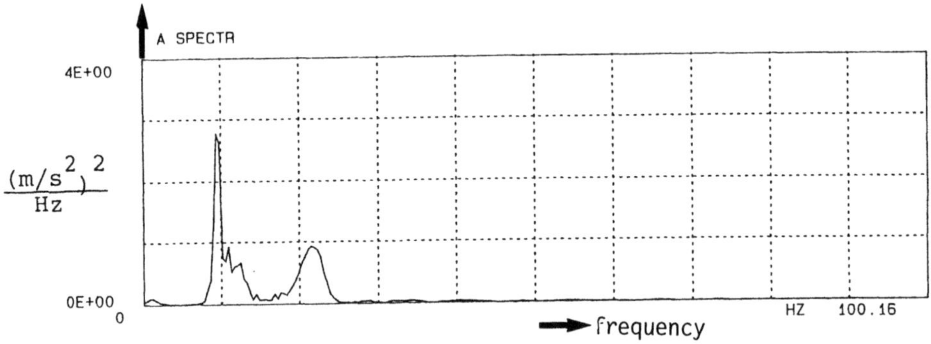


Bild 2: Autoleistungsspektrum einer Power Hop-Schwingung

Die zeitgleiche Erfassung der Meßsignale erlaubt nun die Bestimmung von Amplituden- und Phasenverhältnissen zwischen den einzelnen Meßpunkten, so daß die Bewegungsformen bei den beiden Frequenzen ermittelt werden können. Es ergeben sich die in Bild 3 gezeigten Bewegungen, die bei beiden Frequenzen durch sehr starke Nickbewegungen des Motors gekennzeichnet sind. Bei der tieferen Frequenz werden diese von gleichphasigen Hubbewegungen der Räder begleitet, während bei der höheren Frequenz Längsbewegungen der Räder und Biegung der Karosserie beteiligt sind.

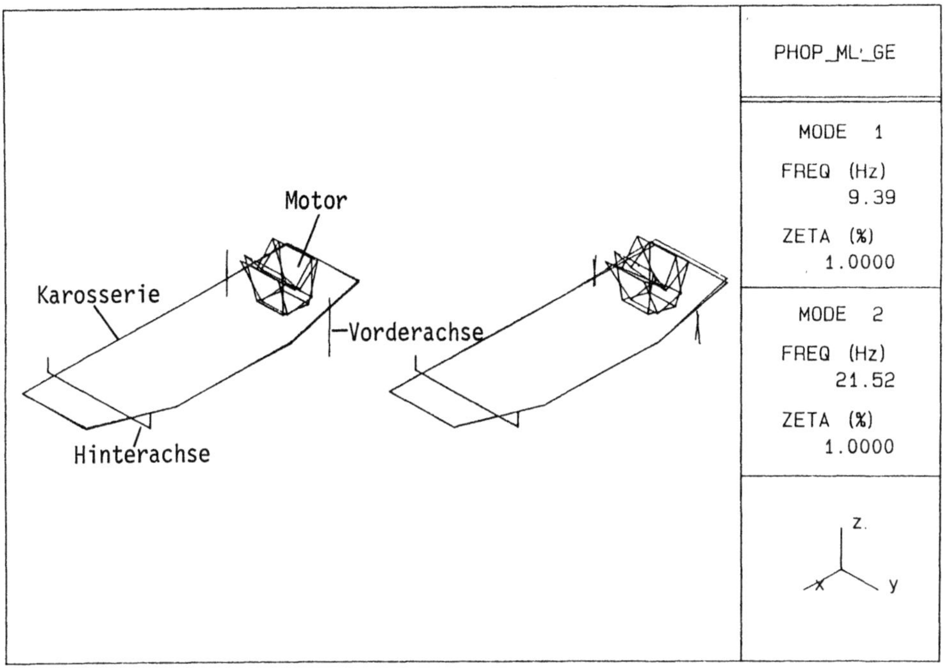


Bild 3: Bewegungsformen der Power Hop-Schwingungen

Die starke Beteiligung von Starrkörperbewegungen des Motors am Power Hop führten zu der Annahme, daß die elastische Lagerung die Ursache für das Problem darstellt, und daß durch den Momentensprung Eigenschwingungen angeregt werden.

Um diese Annahme zu überprüfen, wurde an einem der Fahrzeuge eine Modalanalyse durchgeführt und die Ergebnisse mit den Power Hop-Bewegungsformen verglichen. Hierbei mußte festgestellt werden, daß keine der gefundenen Moden mit dem Power Hop in Frequenz und Bewegungsform ausreichend genau übereinstimmte, so daß die getroffene Annahme nicht bestätigt wurde.

## 1.3 Einfluß von Motorlagerung und Reifen

Da die Frage nach der Ursache des Power Hop von großer Bedeutung war, sollte dieses Ergebnis durch einen weiteren Versuch untermauert werden. Hierzu wurde bei einem der Fahrzeuge der Motor auf dem elastisch gelagerten Fahrschemel starr aufgeschraubt, womit die Nicksteifigkeit der Aggregatlagerung verfielfacht wurde.

Bei den anschließenden Power Hop-Messungen zeigten sich nahezu die gleichen Frequenzen wie bei serienmäßig gelagertem Motor und auch die Bewegungsformen waren qualitativ vergleichbar. Die einzigen Unterschiede ergaben sich als Reduzierung der Beschleunigungsamplituden an Motor und Karosserie sowie darin, daß sich der Motor nun zusammen mit dem Fahrschemel bewegte.

Die elastische Motorlagerung ist also in der Lage, die Auswirkung des Power Hop zu beeinflussen. Weiterhin wurde der Reifen, der durch die stick slip Bewegungen ebenfalls stark am Power Hop beteiligt ist, untersucht.

Um seinen Einfluß zu ermitteln, wurde eines der Fahrzeuge an der Antriebsachse mit Reifen eines anderen Fabrikats und anderer Größe versehen. Schon bei der Durchführung der Versuche wurde festgestellt, daß die Schwingungen mit der neuen Bereifung wesentlich einfacher zu erregen waren. Ein Vergleich der Beschleunigungszeitverläufe (Bild 4) zeigt dann auch signifikante Unterschiede.

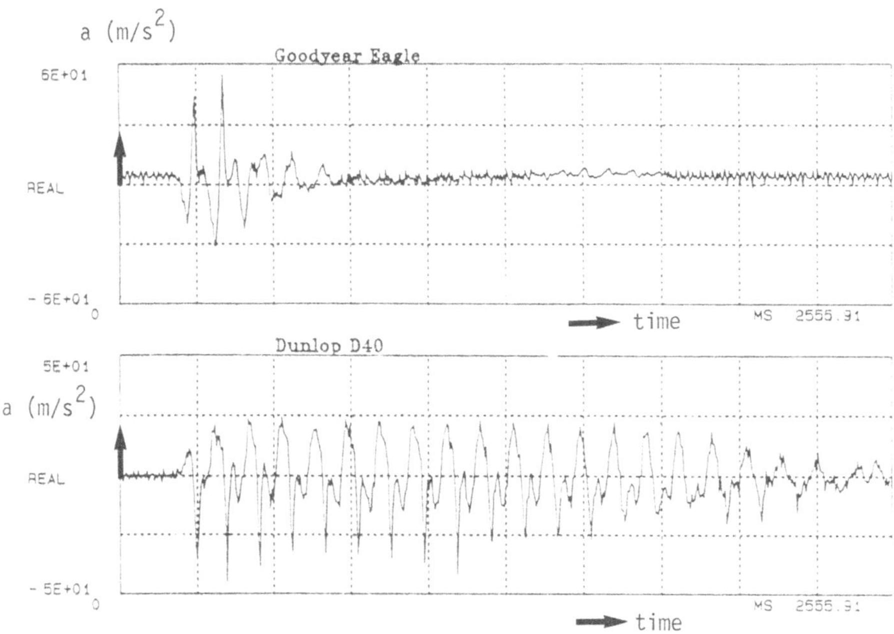


Bild 4: Vergleich der Power Hop-Schwingungen mit verschiedenen Reifen.

Während die Ausgangsbereifung den bekannten abklingenden Verlauf zeigt, fällt bei der neuen Bereifung ein weiter Bereich stationärer Schwingungen auf, die dann mit deutlich geringerem Dämfpungswert abklingen. Diese stationären Schwingungen lassen sich bei der vorliegenden Anregung durch eine Sprungfunktion nur mit dem Vorhandensein eines selbsterregenden Systems erklären, an dem der Reifen maßgebend mit beteiligt ist.

## 1.4 Identifikation des anregenden Systems

Das Auftreten des Selbsterregungseffektes bei der geänderten Bereifung zeigt, daß die Reifencharakteristik ein Teil des anregenden Systems ist. Um Schwingungen zu produzieren, wie sie beim Power Hop gemessen werden, müssen aber noch zusätzlich Steifigkeiten und Massenträgheiten beteiligt sein. Um eingrenzen zu können, wo diese zu finden sind, wurden die Drehgeschwindigkeiten von Rädern und Kurbelwelle verglichen. Im Bild 5 sind diese Signale (tiefpassgefiltert, 30 Hz) dargestellt.

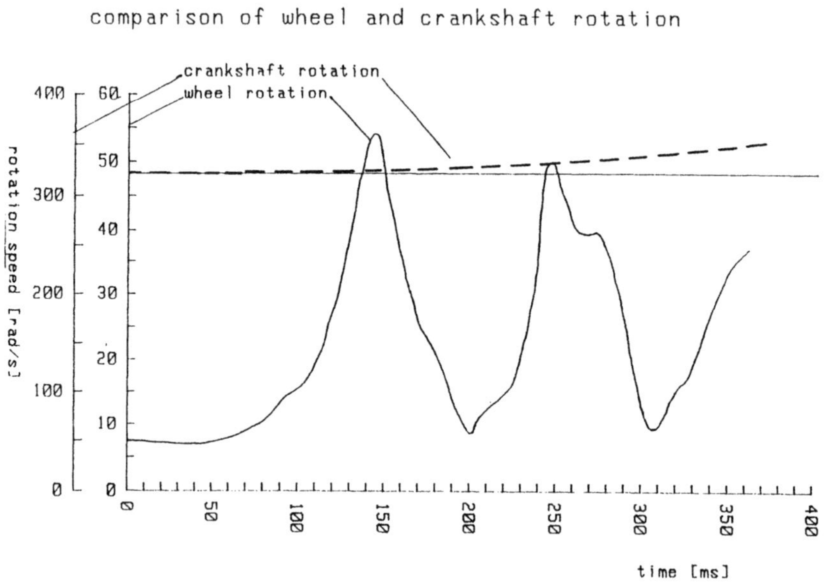


Bild 5: Vergleich von Raddrehgeschwindigkeit und Kurbelwellendrehgeschwindigkeit

Hierbei zeigt sich, daß die Kurbelwelle eine nahezu konstante Drehgeschwindigkeit hat, während die Raddrehzahl mit starken Drehschwingungen moduliert ist. Die gesuchten Teilsysteme müssen also zwischen Kurbelwelle und Rad angeordnet sein. In diesem Bereich sind als signifikante Steifigkeiten die Kupplung und die Antriebswellen mit den entsprechenden Verdrehsteifigkeiten zu finden. Als Massen wirken hauptsächlich die Räder und Reifen mit ihren Trägheitsmomenten. Da die Torsionssteifkeit der Kupplung mit dem Gesamtübersetzungsverhältnis zum Quadrat eingeht, was in etwa einen Faktor von 140 ergibt, ist die Kupplung von untergeordneter Bedeutung.

Es ergeben sich damit die in Bild 6 dargestellen Komponenten als primäres Schwingungssystem.

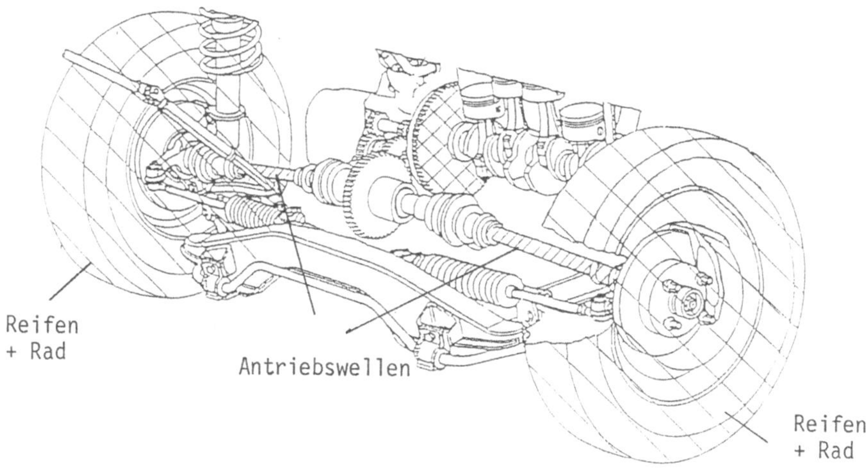


Bild 6: Die Komponenten des Power Hop Schwingungssystems.

Während die Steifigkeiten und Trägheitsmomente einfach bestimmt werden können, sind die Reifenkennungen, speziell die Reibungsverhältnisse in der Aufstandfläche, für solche dynamischen Vorgänge bisher nicht ermittelt worden. Es ergab sich also die Notwendigkeit, geeignete Prüfstandsversuche durchzuführen, um die entsprechenden Parameter zu ermitteln.

## 2. Power Hop-Simulation auf dem Porsche Reifenprüfstand

### 2.1 Versuchsdurchführung

Der Porsche Reifenprüfstand dient zur Erfassung der für die Fahrdynamik benötigten Reifendaten. In erster Linie werden stationäre Reifenkennfelder vermessen.
Instationäres Reifenverhalten wird, soweit es für die Fahrdynamik von Bedeutung ist, ebenfalls untersucht. Als niedrigste fahrbare Geschwindigkeit wurde durch Vorversuche 10 km/h ermittelt. Dies genügt, um den Anfahrvorgang und damit das Power Hop Verhalten zu simulieren.

Das Ziel war es, Power Hop-Schwingungen auf dem Prüfstand selbst zu erzeugen. Power Hop-Schwingungen auf dem Reifenprüfstand unterscheiden sich von den Schwingungen aus dem Fahrversuch, da andere Schwingungsformen vorliegen. Als elastisches Element dient die Antriebswelle zwischen Prüfstandsmotor und Prüfrad, das leicht durch den Einbau elastischer Kupplungen definierter Steifigkeit geändert werden kann.

Die Power Hop-Frequenz auf dem Reifenprüfstand läßt sich nach folgender Beziehung abschätzen:

$$F = \frac{1}{2\pi} \sqrt{\frac{C_T}{J}} = 30 \text{ Hz}$$

Drehsteifigkeit der Antriebswelle
CT = 43000 Nm/rad = 750 Nm/deg (gemessen)

Massenträgheitsmoment Rad + Meßfelge
J = 1.2 kgm**2 (Konstruktionsunterlagen)

Die Einfederung wird während des Versuches konstant gehalten. Mit dem Reifenradius, der Radlast sowie einer Abschätzung des maximalen Reibungsbeiwertes wird ein Antriebsmoment bestimmt, das gerade groß genug ist, um hohe Schlupfwerte zu erreichen. Der Prüfstandsmotor fährt das berechnete Antriebsmoment mit der maximal zur Verfügung stehenden Leistung an.

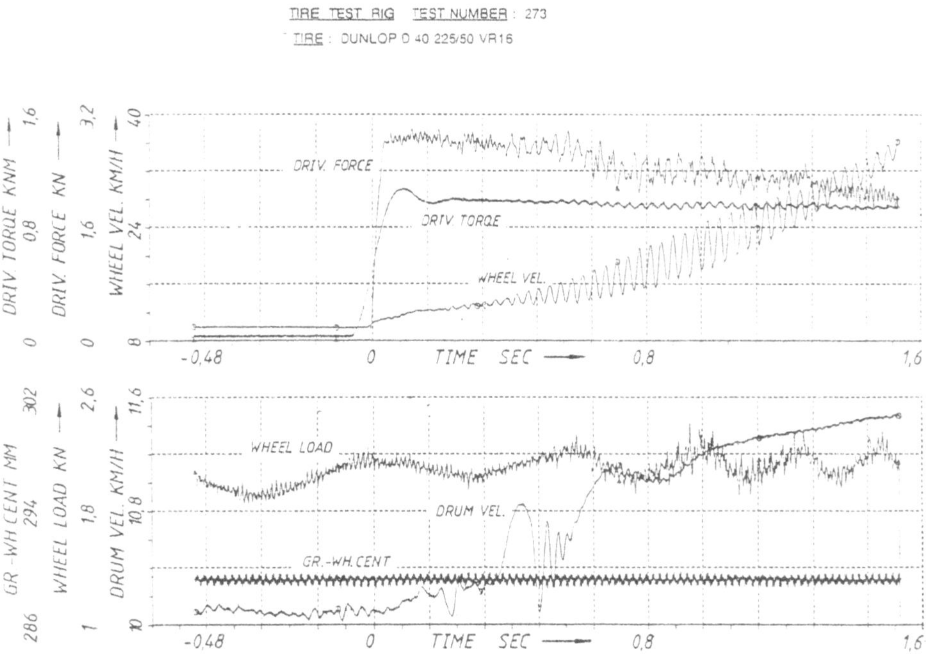


Bild 7: Typischer Power Hop-Versuch auf dem Reifenprüfstand

Das Moment wird nach etwa 0,1 Sekunden erreicht, wobei die Antriebskraft und die Raddrehgeschwindigkeit beinahe sofort ansteigen. Für eine kurze Zeit (0.2 sec) bleibt die Radgeschwindigkeit konstant. Die zugehörigen Schlupfwerte liegen dabei je nach Reifen zwischen 10% und 30%. Danach kann das System anfangen zu schwingen. Am besten können diese Schwingungen am Verlauf der Raddrehgeschwindigkeit beobachtet werden. Nach weiteren 1 bis 3 Sekunden fängt das Rad an, immer schneller durchzudrehen. Der Versuch wird dann abgebrochen.

Da es weder vom Prüfstandsmotor noch von der Trommel eine Kraft- oder Weganregung mit dieser Frequenz gibt, kann daraus geschlossen werden, daß der Reifen diese Schwingungen verursacht. Dies bedeutet, daß diese Schwingungen selbsterregt sind. Sie entstehen bei sehr großen Schlupfwerten, und werden durch den Abfall der Reibungskennlinie mit zunehmendem Schlupf hervorgerufen. Dies ist auch daran zu erkennen, daß die Antriebskraft ihr Maximum kurz nach dem Sprung erreicht, und dann mit der Zeit, das heißt mit zunehmendem Schlupf und zunehmender Gleitgeschwindigkeit abnimmt.

Diese Schwingungen sind auch im Signal der Antriebskraft und dem des Antriebsmomentes enthalten.

Die Trommelgeschwindigkeit steigt als Folge der Antriebskraft an. Sie wird durch einen zweiten Motor gesteuert. Das zugehörige Getriebe hat etwas Spiel, so daß ein typischer Trommelgeschwindigkeitsverlauf, der für alle Versuche gleich ist, beobachtet wurde.

## 2.2 Versuchsergebnisse

### 2.2.1 Einfluß der Antriebsmomentes

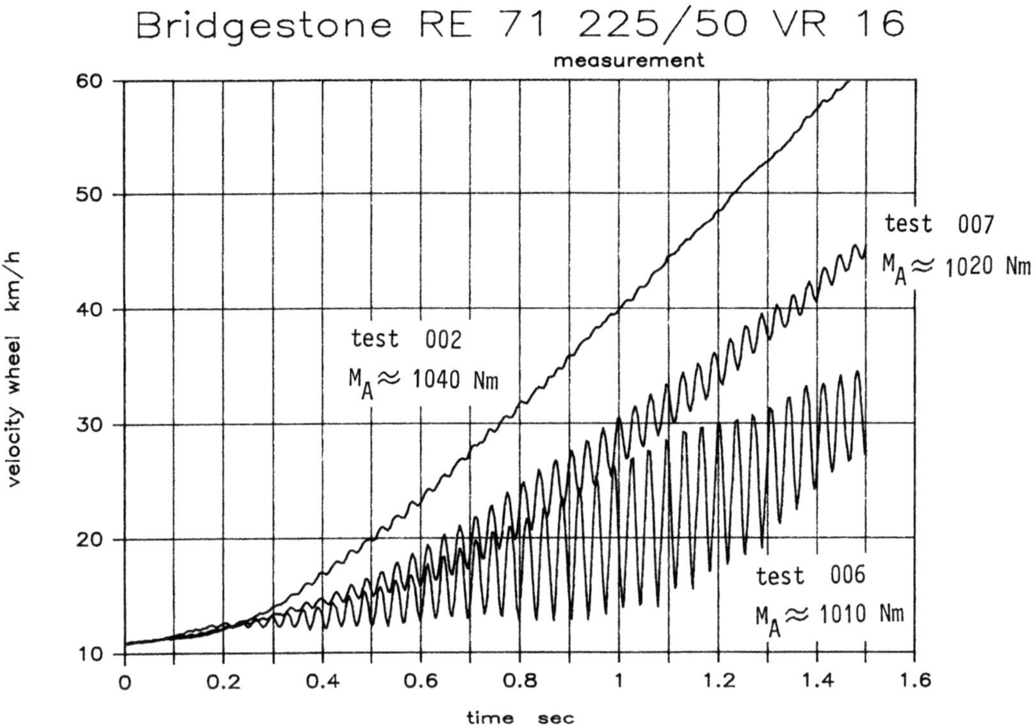


Bild 8: Raddrehgeschwindigkeiten unterschiedlicher Messungen

Falls das geschätzte Sprungmoment zu klein war um das Rad durchzudrehen, ergaben sich keine Schwingungen. Falls das Antriebsmoment zu groß war, drehte der Reifen sofort durch und es wurden nur Schwingungen mit geringer Amplitude gefunden. Die größten Amplituden wurden erreicht, falls das Moment gerade groß genug war, das Rad zum Durchdrehen zu bringen. Die Unterschiede beim geschätzten Antriebsmoment sind sehr gering, so daß die Radlastschwankungen infolge Reifenungleichförmigkeiten die Versuche stark beeinflußten. So war es häufig der Fall, daß der Reifen bei einem größeren Antriebsmoment gar nicht durchdrehte.

### 2.2.2 Einfluß unterschiedlicher Reifen

Das Spektrum der Raddrehgeschwindigkeit weist eine deutliche Überhöhung bei ca. 30 Hz auf. Diese Frequenz ist für Reifen kleinerer Dimension etwas höher und wird durch ein geringeres Massenträgheitsmoment des Reifens und der Meßfelge hervorgerufen. Bei allen getesteten Reifen konnten diese Schwingungen gefunden werden. Allerdings waren die Schwingungsamplituden bei gleichen Radlasten sehr unterschiedlich. So gelang es bei einigen Reifen Schwingungen bereits bei einer Radlast von 2000 N zu erzeugen, während andere Reifen erst ab 3000 N Radlast dieses System erregten.

### 2.2.3 Einfluß auf die Umfangskraft

Falls Schwingungen auftreten, hat die Antriebskraft die gleichen Frequenzen wie die Radgeschwindigkeit. Die Phase zwischen Antriebskraft und Radgeschwindigkeit beträgt 180 grad bei 30 Hz. Damit kann auf einen direkten Zusammenhang zwischen Reibungskraft und Gleitgeschwindigkeit geschlossen werden. Die Reibungskraft fällt mit zunehmender Gleitge-schwindigkeit und damit zunehmendem Schlupf ab. Dies erlaubt es ein Reifenmodell zu verwenden, das mit dem Schlupfbegriff arbeitet, ohne die Vorgänge im Latsch detailliert zu betrachten.

### 2.2.4 Einfluß der Radlast

Das Amplitudenspektrum für die Radlast zeigt bei den meisten Versuchen keine ausgesprochenen Extremwerte bei 30 Hz. Daraus muß geschlossen werden, daß das Power Hop-Phänomen primär nicht mit Radlastschwingungen verbunden ist. Die Größe der Radlast hat einen wesentlichen Einfluß auf die erzeugten Schwingungen. Für kleine Radlasten (1000N) gelang es nicht, Schwingungen zu erzeugen. Je nach Reifen entstanden ab einer gewissen Grenzlast Schwingungen, die mit zunehmender Radlast stärker wurden.

## 2.2.5 Einfluß der Antriebswelle

Um den Mechanismus dieser Schwingungsform genauer zu studieren, wurde eine Gummikupplung in die Antriebswelle integriert.

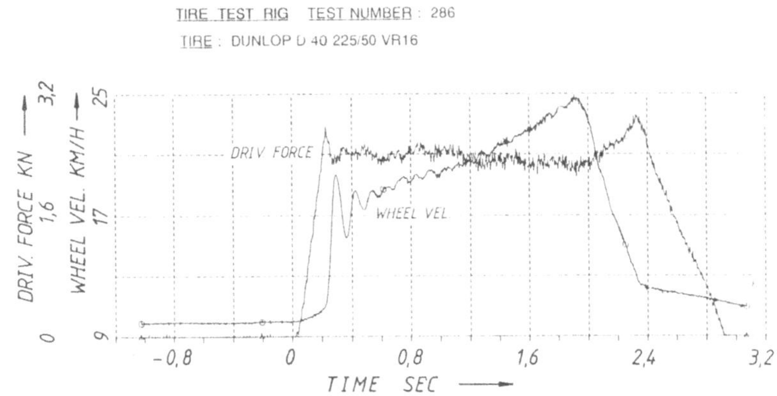


Bild 9: Typischer Prüfstandsversuch mit integrierter Gummikupplung

Dadurch verkleinerte sich die Torsionssteifigkeit des Antriebssystems, während die Dämpfung sich wesentlich erhöhte. Die Raddrehgeschwindigkeit zeigt das typische Verhalten eines gedämpften mechanischen Systems auf eine Sprunganregung. Die Schwingungsamplitude erreicht ihr Maximum sofort nach dem Sprung. Nach einigen Zyklen ist die Schwingung abgedämpft. Die Dämpfungskoeffizienten sind für dieses System groß genug, die Selbsterregung zu verhindern.

# 3. Entwicklung eines Reifenmodells

## 3.1 Reifenmodellparameter

Es wurde ein Reifenmodell entwickelt, das dieses Phänomen simulieren kann. Das Reifenmodell wurde in ein Starrkörperprogrammsystem (ADAMS) implementiert. Der Reifen wird als auf der Felge elastisch gebetteter Kreisring betrachtet. Die Berechnung der Umfangskraft erfolgt über die Schlupfdefinition nach der in Bild 10 dargestellten Schlupfkennlinie.

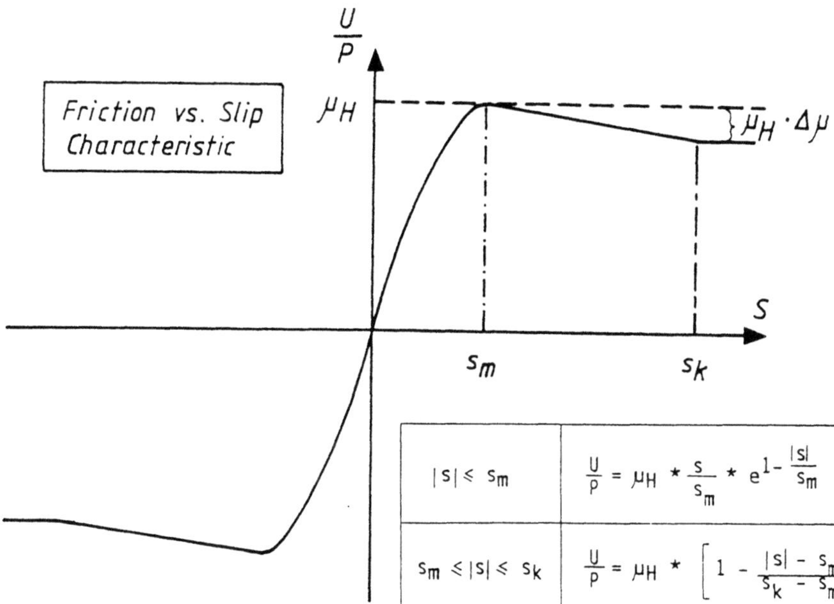


| | |
|---|---|
| $\|s\| \le s_m$ | $\frac{U}{P} = \mu_H * \frac{s}{s_m} * e^{1-\frac{\|s\|}{s_m}}$ |
| $s_m \le \|s\| \le s_k$ | $\frac{U}{P} = \mu_H * \left[1 - \frac{\|s\| - s_m}{s_k - s_m} * \Delta\mu\right] sgn(s)$ |
| $\|s\| \ge s_k$ | $\frac{U}{P} = \mu_H * \left[1 - \Delta\mu\right] sgn(s)$ |

Bild 10: Reibungsschlupfkennlinie

Das Power Hop-Phänomen kann als Stick-Slip Phänomen auf verschiedene Weise als Reibschwinger untersucht werden. Rechnungen, die zwischen Haften (Haftkraft) und Gleiten (Gleitkraft) bei der Berechnung der Antriebskraft unterscheiden, können diese Messungen simulieren, vorausgesetzt, die Kennlinie für den Reibungsbeiwert fällt mit zunehmender Gleitgeschwindigkeit gegenüber dem Haftbeiwert ab. Die Formulierung über die Schlupfdefinition erlaubt ebenfalls die Simulation solcher Messungen. Sie wurde vorgezogen, da dann nicht zwischen zwei verschiedenen mechanischen Systemen unterschieden werden muß.

Aus den Messungen der Raddrehgeschwindigkeit und der Trommelgeschwindigkeit ergibt sich, daß Power Hop-Schwingungen nur auftreten, wenn die Schlupfwerte sehr groß sind. Deswegen wurde besonders auf gute Übereinstimmung zwischen Messung und Rechnung bei hohen Schlupfwerten geachtet.

## 3.2 Parameteranpassung an Prüfstandsversuche

Der Prüfstandsversuch wird durch eine Simulationsrechnung mit dem Reifenmodell nachgerechnet. Die Antwort des mechanischen Systems wird mit den gemessenen Prüfstandsergebnissen verglichen und dient dazu, die Parameter der Reibungskennlinie anzupassen. Das Moment des Prüfstandsmotors nimmt dabei gemäß einer linearen Funktion mit der Zeit zu, erreicht nach 0,1 Sekunden seinen Maximalwert und bleibt dann konstant.

Um den Einfluß der Reifenungleichförmigkeiten zu eliminieren, wurde die gemessene Radlast und das gemessene Antriebsmoment als Anregungsgröße in das mechanische System eingebracht. Es ergab sich kein prinzipieller Unterschied. Trotz allem mußte ein Parameter frei gewählt werden können, um die einzelnen Versuche untereinander anzupassen. Dies wird durch geringfügig unterschiedliche Temperaturen des Reifens und durch unterschiedliche Reibungsbeiwerte abhängig von der Trommelstellung verursacht. Als freier Parameter wurde der maximale Reibungskoeffizient $\mu$ gewählt. Er darf sich nur geringfügig ändern und wird über die erreichte Endgeschwindigkeit des Versuches bestimmt.

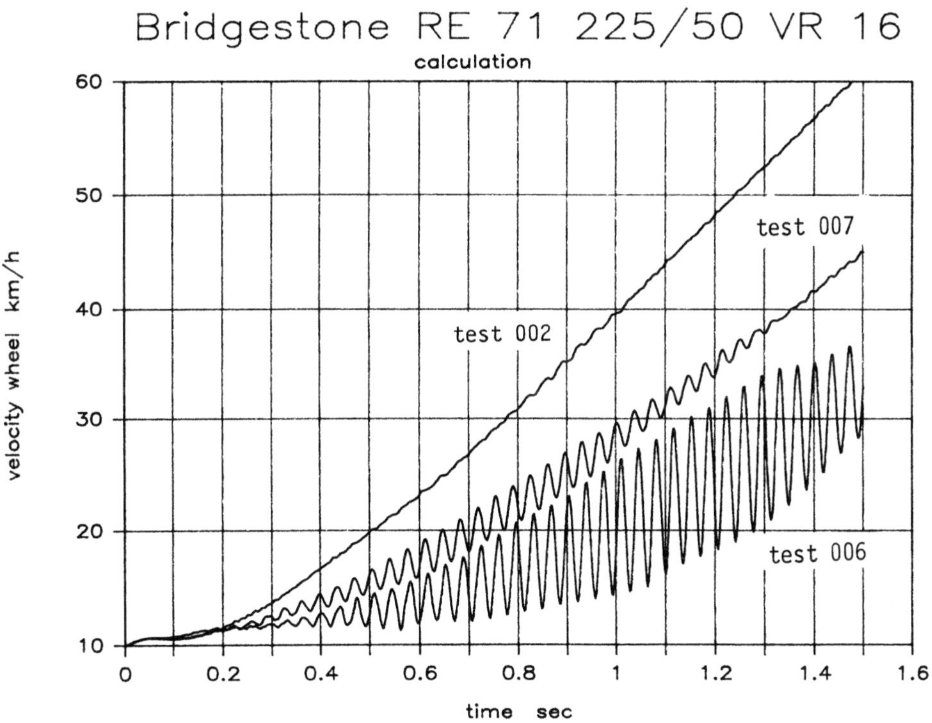


Bild 11: Raddrehgeschwindigkeiten
Simulationsergebnisse zu den Verläufen
Bild 8

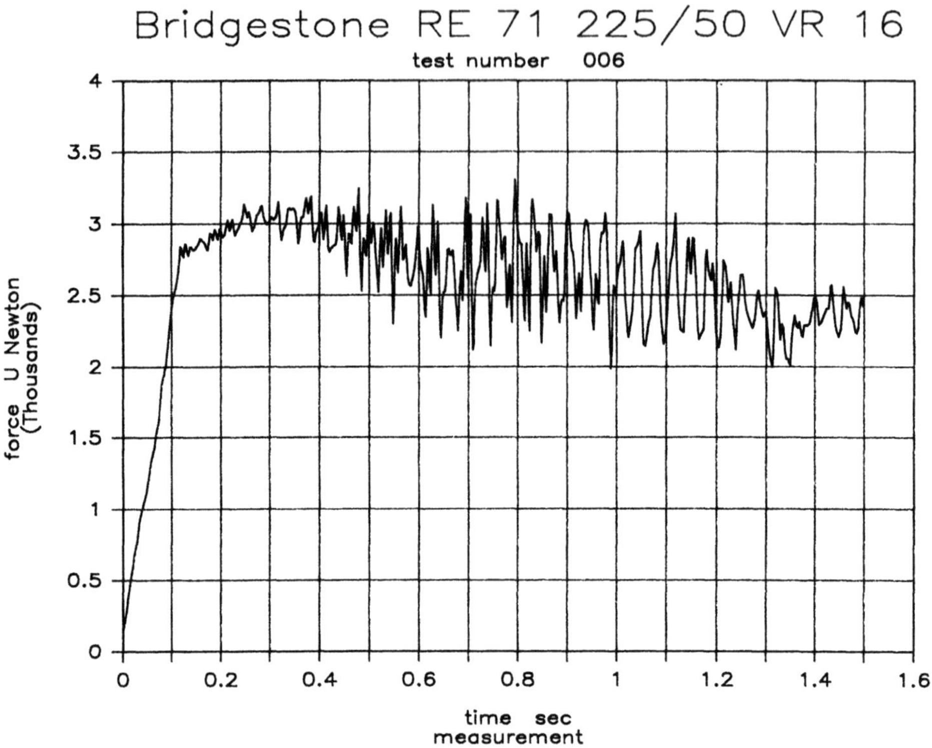


Bild 12: Umfangskraft gemessen

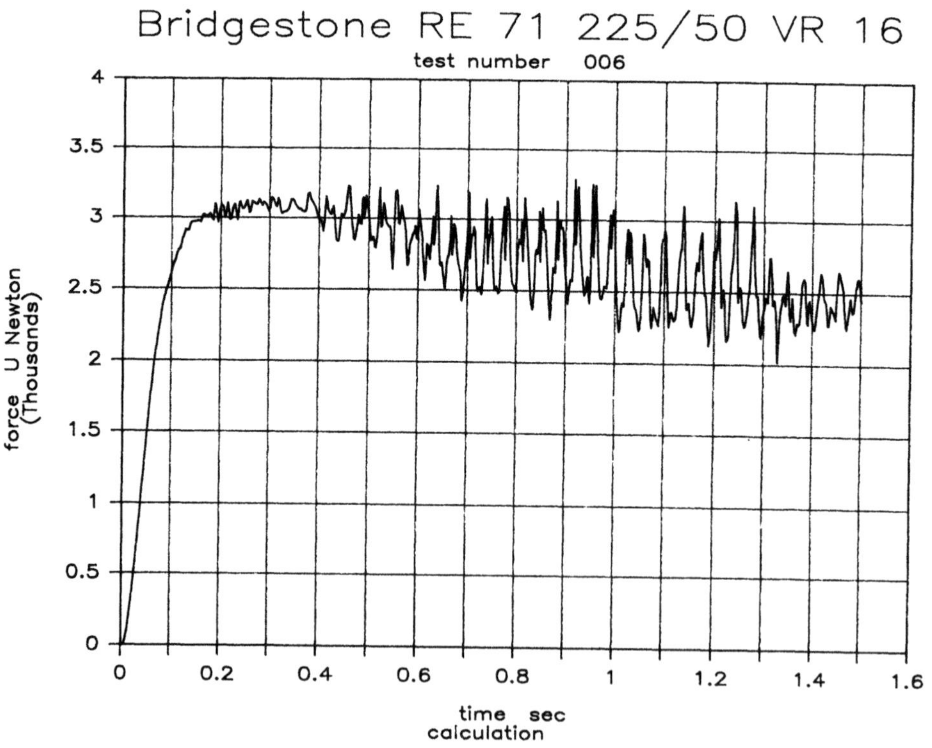


Bild 13: Umfangskraft gerechnet

Ein Vergleich der Bilder 8 und 11 zeigt die gute Übereinstimmung von Messung und Rechnung für die Raddrehgeschwindigkeit. Die Bilder 12 und 13 zeigen die entsprechende Übereinstimmung zwischen Messung und Rechnung für die Umfangskraft.

# 4. Power Hop-Simulation an einer einfachen Radaufhängung

## 4.1 Mechanisches Ersatzsystem

Um den Anregungsmechanismus am Fahrzeug zu untersuchen wurde zunächst mit einem einfachen Radaufhängungsmodell gearbeitet.

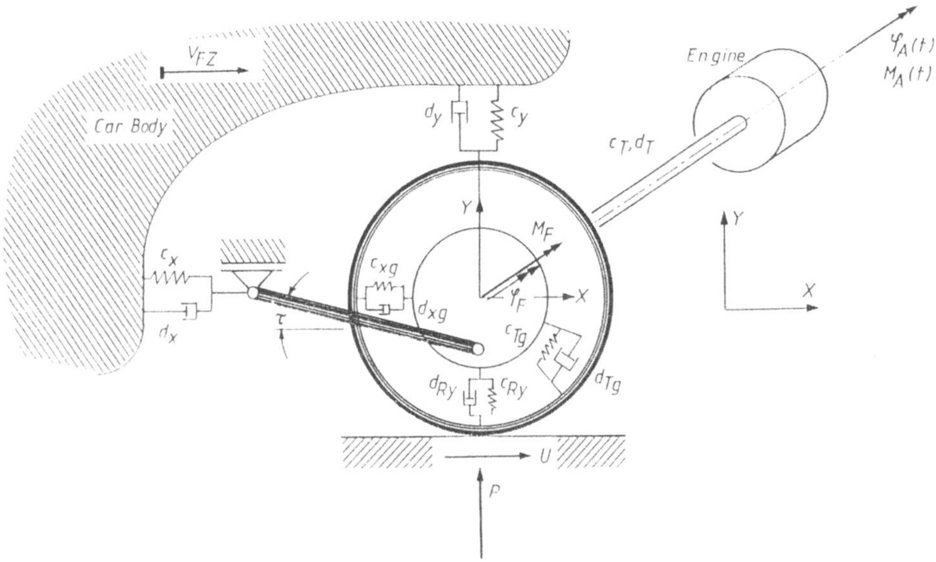


Bild 14: Radaufhängungsmodell mit 5 Freiheitsgraden

Das System hat gemäß Bild 14 fünf Freiheitsgrade und läßt sich mit geringem numerischen Aufwand untersuchen. Der Winkel tau des unteren Lenkers dient dazu, den Einfluß von pro-lift und anti-lift zu erfassen. Ein positiver Winkel tau beschreibt anti-lift Verhalten von frontgetriebenen Fahrzeugen und anti-squat für heckgetriebene Fahrzeuge.

Power Hop-Frequenzen liegen bei ca. 8 und 16 Hz. Die Nickeigenfrequenz des Fahrzeuges ist unterkritisch, so braucht die Nickbewegung wie auch die Hubbewegung nicht berücksichtigt werden. Für die Erstellung der Wurzelortskurven wird deshalb ein spezieller Vergleichszustand mit folgenden Parametern zugrunde gelegt.

| | | | | |
|---|---|---|---|---|
| Schlupf | s | = | 30 | % |
| Radlast | P | = | 3000 | N |
| Lenkerwinkel | tau | = | 0 | grad |
| Fahrgeschwindigkeit | VFZ | = | 10 | km/h |
| Fahrbeschleunigung | VFZP | = | 0 | km/h/h |

Dieser stationäre Zustand wird mittels einer transienten Rechnung angefahren, wobei ein künstlicher Reifen mit stabilem Verhalten verwendet wird. Im Anschluß daran werden die Reifenparameter neu gesetzt und eine Eigenwertanalyse des Zustandes numerisch durchgeführt um die Wurzelortskurven zu erstellen.

Bei den Fahrversuchen wie auch bei den Reifenprüfstandsversuchen wurde beobachtet, daß Power Hop-Schwingungen nicht sofort beim Anfahrvorgang entstehen. Für die Entwicklung der Schwingung beim Prüfstandsversuch wird eine Zeit von ungefähr 0,5 Sekunden gebraucht. Wegen der niedrigeren Frequenz im Fahrversuch kann angenommen werden, daß dort der Schwingungsaufbau mehr Zeit benötigt. Die Nickbewegung des Fahrzeuges beim Beschleunigen erreicht ihren

Stationärwert nach ca. einer Sekunde. Sie wird nicht mitsimuliert, sondern bei der zugrunde gelegten Radlast als dynamischer Anteil berücksichtigt.

## 4.2 Wurzelortskurven

Die Wurzelortskurven zeigen die Eigenwerte des in Bild 14 dargestellten mechanischen Systems in der komplexen Ebene. Wurzelortskurven sind bezüglich der x-Achse symmetrisch. Deswegen sind in den folgenden Bildern nur die positiven Imaginäranteile dargestellt. Ein mechanisches System ist stabil, wenn alle Eigenwerte negative Realteile aufweisen. Sobald ein Eigenwert einen positiven Realteil besitzt, wird das System instabil. Die 10 Eigenwerte des Systems werden 5 Eigenformen zugeordnet.

| | |
|---|---|
| E1 1,2 = -20 ; -280 | stark gedämpfte Hubbewegung (nicht schwingend) |
| E2 1,2 = -200 +/- 200*i | gedämpfte longitudinale Schwingung des Reifengürtels gegen die Felge. |
| E3 1,2 = -50 +/- 300*i | gedämpfte Torsionsschwingung des Reifengürtels gegen die Felge. |
| E4 1,2 = -10 +/- 95*i | gedämpfte longitudinale Schwingung des Rades gegen die Karosserie |
| E5 1,2 = 5 +/- 80*i | selbsterregte Schwingung, Drehbewegung des Rades gegen die Antriebsmaschine |

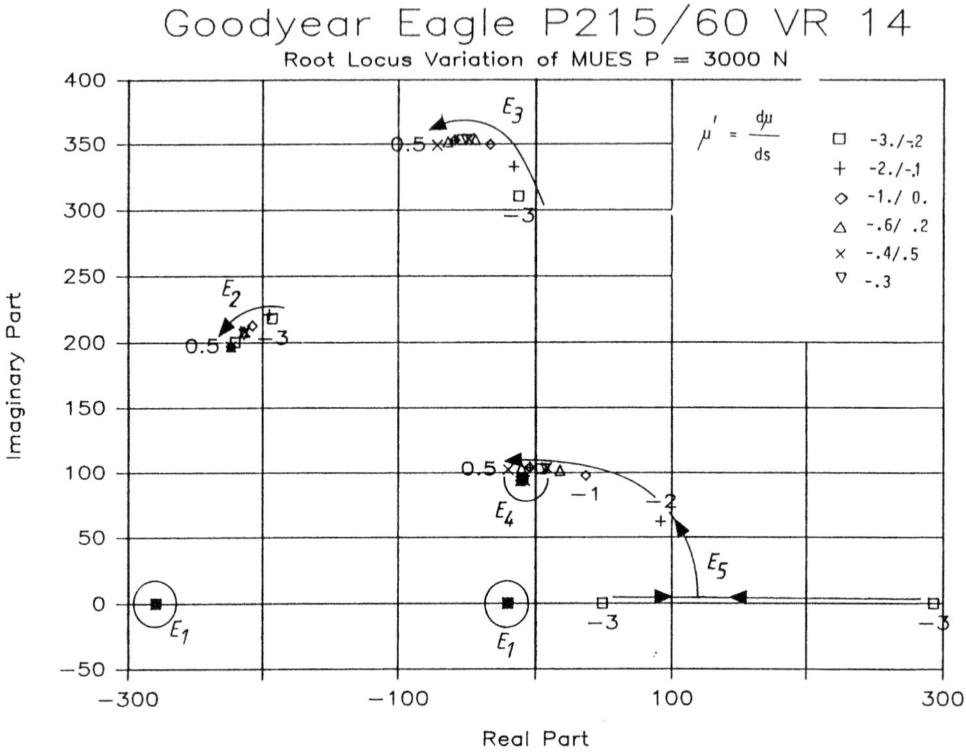


**Bild 15: Wurzelortskurve für verschiedene Steigungen der Reibungsschlupfkennlinie**

Für einige Parameter war es kaum möglich zwischen der Eigenform E4 und E5 zu unterscheiden. Die selbsterregte Eigenform ist eine Kombination von Torsionsschwingung des Rades verbunden mit einer Längsschwingung des Rades gegen die Karosserie. Die Stabilität dieser Eigenform hängt wesentlich von der Reibungskennlinie ab. Die negative Steigung dieser Kennlinie ist verantwortlich für die Instabilität.

Der Einfluß einiger Systemparameter auf die Eigenformen dieses Systems kann so leicht untersucht werden. So verschiebt eine Änderung der Längssteifigkeit cx den Imaginärteil des Eigenwertes E4 und damit die Frequenz der zugehörigen Eigenform. Eine Änderung der Antriebswellensteifigkeit verschiebt den Imaginärteil des Eigenwertes E5 und somit die Frequenz der Power Hop-Schwingung.

Analoge Überlegungen führen zu einer Einflußnahme auf die Stabilität des Systems, indem der Einfluß von Dämpfungen untersucht wird. So wird eine Dämpfung in der Antriebswelle Power Hop-Schwingungen vermindern.

Bild 16 zeigt, wie die Radlast den angefachten Eigenwert beeinflußt. Mit zunehmenden Radlasten wird das System stärker angefacht.

Bild 17 zeigt den Einfluß von anti-lift Maßnahmen. Ein negativer Winkel tau (pro-lift für frontgetriebene und anti-lift für heckgetriebene Fahrzeuge) wird die Power Hop-Schwingungen vermindern. Allerdings ist dieser Einfluß nicht groß genug, um das Verhalten zu stabilisieren.

## 5. Auswirkungen auf die Fahrzeugkonstruktion

Das entwickelte Reifenmodell wurde in ein Komplettfahrzeugmodell integriert. Ob Power Hop auftritt wird durch eine Simulation des Beschleunigungsvorganges untersucht. Die Motordrehzahl wird so gesteuert, daß der Schlupf an den Antriebsrädern im Bereich der Kennlinie mit negativer Steigung bleibt.

Eine Krafterregung über das Motordrehmoment würde dem Fahrversuch zwar besser entsprechen, jedoch ist es schwierig die kritischen Schlupfwerte zu erzeugen,

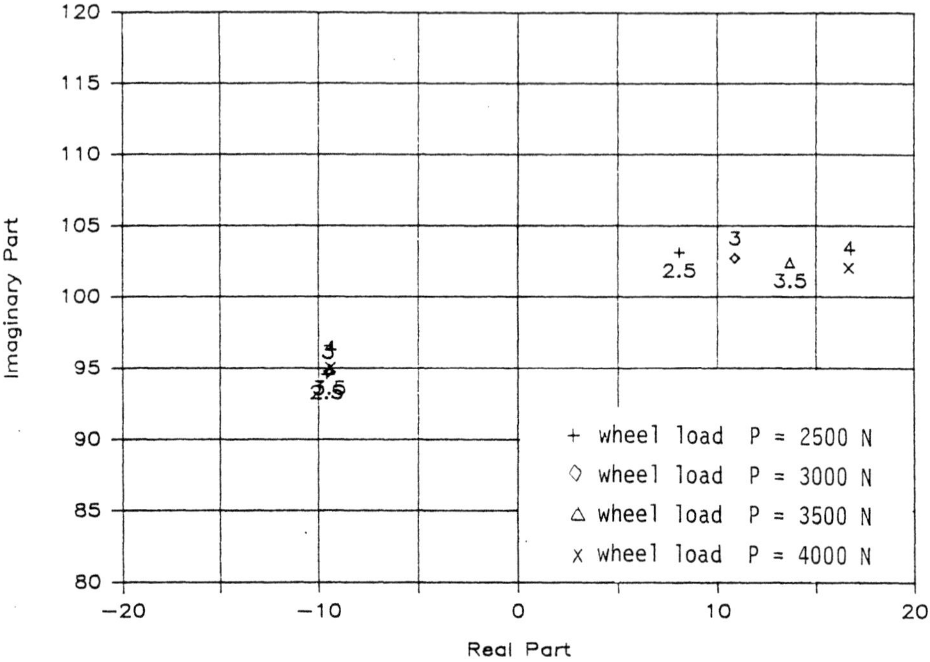


Bild 16: Wurzelortskurven für verschiedene Radlasten

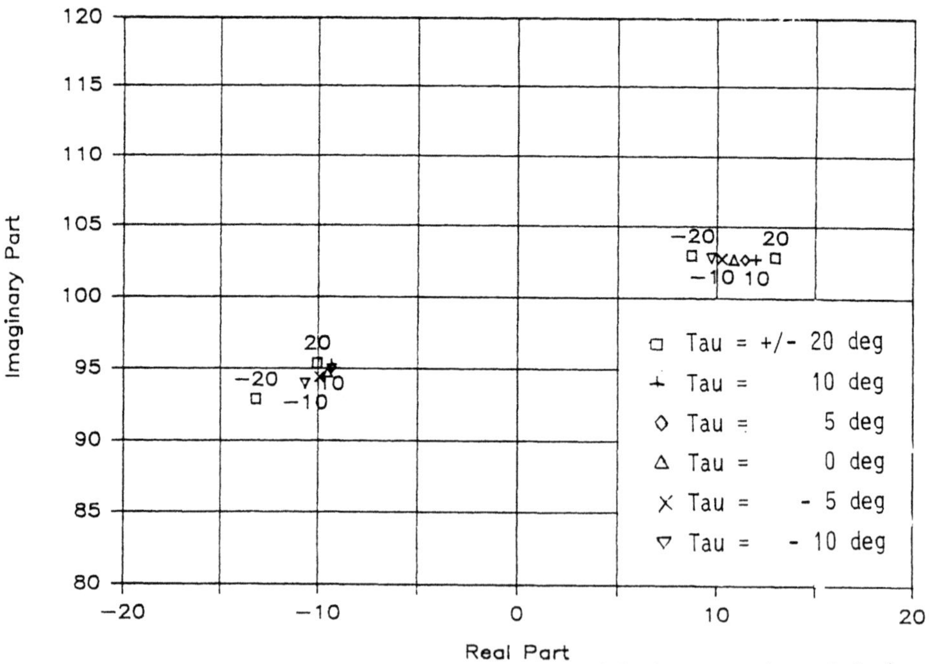


Bild 17: Wurzelkurven für verschiedene Lenkerwinkel Tau

wenn die Radlast sich infolge der Nickbewegung verändert. Dies entspricht dem Fahrversuch, wo es je nach Gaspedalstellung gelingt Power Hop-Schwingungen unterschiedlicher Größe zu erzeugen.

Die Simulation des Anfahrvorganges zeigte, daß der in Kapitel 4 angenommene Einfluß der Nickbewegung richtig wiedergegeben wird. Dabei zeigte sich auch, daß die selbsterregte Schwingung sich über den Antriebsstrang bis hin zum Motor und zur Motorlagerung auswirkt. Dies wird in dem in Kapitel 4 vorgestelltem mechanischen Modell nicht berücksichtigt. Fahrversuche als auch Simulationsrechnungen mit dem Gesamtfahrzeugmodell ergaben, daß die Auswirkung des Power Hop-Phänomens auf die Aggregatlagerung sehr wichtig ist. Durch eine geeignete Motorlagerung können diese Schwingungen zwar nicht verhindert werden, jedoch kann auf die Schwingungsamplituden großer Einfluß ausgeübt werden.

## Literaturverzeichnis


[1] Böhm F.: Zur Mechanik des Luftreifens. Habilitationsschrift Stuttgart

[2] Pacjeka H.: Analysis of Tire Proberties Mechanics of Pneumatic Tires Editor Samuel K. Clark University of Michigan Ann Arbor Michigan 48109

[3] Schulze D.H.: Instationäre Modelle des Luftreifens als Bindungselemente in Mehrkörpersystemen für fahrdynamische Untersuchungen. Dissertation TU-Berlin VDI - Verlag Reihe 12 Nr. 88 1987 ISBN 3-18-148812-7

# Antriebsstrang
# und
# Gesamtfahrzeug

# Simulation des Antriebsstrangs eines 4-Rad getriebenen Fahrzeugs für den Anfahrvorgang mit verschiedenen Differentialen mit Hilfe des Programms ADAMS

*von U. Tabbert*

## Übersicht

Das Anfahren mit hohem Leistungsüberschuß stellt für ein Kraftfahrzeug einen Extremwert der Beanspruchung des Antriebsstrangs dar, insbesondere für variierende Traktionswerte und verschiedene Differential-Kombinationen. Es wird das Modell eines AUDI quattro vorgestellt, das diesen Lastfall abdeckt und das über die Eigenwerte mit Versuchsergebnissen abgestimmt wird. Die Eigenwerte können für das Simulations-Modell mit Hilfe des Programm ADAMS errechnet werden, aus den Versuchsergebnissen werden die Eigenwerte über eine Spektral-Analyse ermittelt.

Das Modell besteht aus

- dem stationären Motorkennfeld
- der Kupplung
  - wobei hier Wert auf die Nachbildung der Rutschphase der Kupplung gelegt wurde
- den Differentialen
  - mit den Nachbildungen des offenen,des geschlossenen und des bei AUDI serienmäßig eingesetzten TORSEN Differentials.
- den Reifen
  - wobei durch die Beschränkung auf den Anfahrvorgang geradeaus ein reines Schlupf-Modell angewendet wird.
- und den Antriebswellen sowie der Kardanwelle.

Als Simulationsprogramm wird ADAMS eingesetzt, auf dessen Eignung für diese Zwecke eingegangen werden soll.

Mit dem vorgestellten Modell werden eine Reihe von Rechnungen durchgeführt mit verschiedenen Traktions-Werten an den einzelnen Rädern. Es sind dies:

- ein Rad auf Eis,
- $\mu$–Split
- Hinterachse auf Eis

Variiert werden die Differential Kombinationen Vorderachse mit offenen Differential, Zentraldifferential ist stets Torsen und an der Hinterachse ein offenes oder Torsen-Differential. Die Ergebnisse dieser Rechnungen werden diskutiert und mit den entsprechenden Meßergebnissen verglichen.

Dies hier am einem bestimmten Lastfall gezeigte Vorgehen kann dazu benutzt werden, die Eingangsdaten für weiterführende Rechnungen wie FEM Rechnungen zur Dimensionierung von Bauteilen zu liefern. Dies gilt insbesondere für solche Belastungs-Messungen, die man meßtechnisch schlecht ermitteln kann.

# Wege zur Verbesserung des Schwingungsverhaltens von Schienenfahrzeugen durch den Einsatz automatischer Optimierungsverfahren (Abstract)

*von M. Wahle und C.-G. Schoof*

Die Konstrukteure fortschrittlicher Schienenfahrzeuge sehen sich vor die Aufgabe gestellt, bei stetig steigenden Fahrgeschwindigkeiten ständig zunehmenden Anforderungen der Auftraggeber gerecht zu werden.

In diesem Zusammenhang ist die schwingungstechnische Abstimmung im Hinblick auf Fahrkomfort und dynamische Beanspruchung von besonderer Bedeutung.

Zur Lösung dieser anspruchsvollen Aufgabenstellung ist der Einsatz moderner Rechenverfahren unerläßlich.

Auf der Basis eines Finite-Elemente-Modells des Fahrzeugs wird die Berechnung der dynamischen Antwort des Gesamtsystems bei stochastischer Erregung in vertikaler Richtung durch Unregelmäßigkeiten des Fahrwegs vorgestellt. Aufgrund der großen Anzahl verschiedener Systemparameter, wie z. B. Feder- und Dämpferkennwerte von Laufwerken und Aggregateaufhängungen, kann mit einer manuell durchgeführten Parametervariation nur mit unvertretbar großem Aufwand die günstigste Abstimmung gefunden werden. Deshalb wird ein automatisches Optimierungsverfahren vorgestellt, das auf der Methode von Hooke und Jeeves basiert. Die resultierende Zielfunktion kann aus einer Linearkombination verschiedener Einzelziele ($W_Z$-Zahl, K-Wert, Effektivwerte der Systemverformungen, -geschwindigkeiten und -beschleunigungen) gebildet werden. Das Verfahren erlaubt die Berücksichtigung von Restriktionen durch entsprechende Penalty-Funktionen.

Für zwei Beispiele, einen einfachen 4achsigen Triebwagen und einen 8achsigen Gelenktriebzug mit Jakobs-Drehgestellen, werden die Ergebnisse von Optimierungsrechnungen dargestellt und mit den nach "klassischen" Regeln erfolgten Auslegungen verglichen.

# Neue Meßtechniken für rotierende Fahrzeugteile und zur Messung der Dynamik am Antriebsstrang von Schienenfahrzeugen

*von W. Herbst*

## 1. Einleitung

Zur Erfassung der Dynamik an rotierenden Fahrzeugteilen wurde vor mehr als einer Dekade im Rahmen der Arbeiten meines Fachgebietes ein Meßsystem entwickelt, das es ermöglicht, bis zu 14 Meßwerte (Beschleunigungen, Spannungen und/oder Temperaturwerte) gleichzeitig zu messen und telemetrisch, d.h. per Funk, ins Fahrzeuginnere zu übertragen. Der Meßbereich erstreckt sich von 0 Hz bis zu 10 kHz und kann bis zu 20 kHz erweitert werden. Aufbauend auf diesem Meßsystem wurde in den vergangenen Jahren eine Meßkette zur Erfassung der Dynamik am Antriebsstrang von Schienenfahrzeugen realisiert, die 1987 erstmals in Berlin bei der BVG eingesetzt wurde.

Die Entwicklungsarbeiten und verantwortliche Durchführung aller Messungen oblag und obliegt meinem Meßingenieur, Herrn Dipl.-Ing. Waßmann.

In den folgenden Ausführungen werden die Meßtechniken erläutert und Anwendungshinweise gegeben.

## 2. Meßsystem für rotierende Fahrzeugteile

### 2.1 Gründe für die Entwicklung

Schienenfahrzeuge sollen einen guten Fahrkomfort aufweisen und geringe Kräfte auf das Gleis übertragen. Ob die Fahrzeuge so konstruiert sind, daß dies der Fall ist, und ob das Gleis den Anforderungen der darüber rollenden Fahrzeuge genügt, kann am besten anhand der "Kontaktdynamik" beurteilt werden. Beim Rad/Schiene-System ist es nun bis jetzt leider nicht gelungen, in der sehr kleinen Kontaktfläche von Rad und Schiene unmittelbar zu messen. Zur Überprüfung der Eignung eines neuen Schienenfahrzeugs wurden deshalb früher und werden deshalb teilweise auch heute noch ersatzweise die vertikalen und horizontalen Beschleunigungen im Wagenkasten gemessen. Mit Hilfe der Meßwerte wird dann die sogenannte Laufgüteziffer Wz ermittelt als Qualitätsmaßstab für den Fahrkomfort und zur Beurteilung des Laufverhaltens dieses Fahrzeugs.

Problematisch ist dabei, daß große dynamische Kräfte zwischen Rad und Schiene nicht zwangsläufig auch zu einem schlechten Fahrkomfort führen müssen. So kann z.B. der Radsatzlauf bei hohen Geschwindigkeiten instabil werden, ohne daß sich dies auf den Fahrkomfort auswirkt, obwohl die Radsätze dann mit großer Gewalt von einer Gleisseite auf die andere bzw. hin- und hergeworfen werden und sich an der Entgleisungsgrenze befinden.

Wenn man wissen will, ob die Fahrzeuge den Anforderungen des Fahrweges und umgekehrt genügen, ist es deshalb notwendig, an den Radsätzen zu messen. Am besten ist es, die Fahrzeugräder und speziell die Radbandagen als "Meßfühler" zu verwenden und zu versuchen, meßtechnisch einen möglichst großen Frequenzbereich zu erfassen.

Die Messung der radialen und axialen Radkräfte von 0 Hz bis zu etwa 10 bzw. 20 Hz ist ausreichend, um die Sicherheit des Fahrzeuglaufes überprüfen zu können. Der Frequenzbereich von 0 Hz bis zu etwa 80 Hz ist interessant bezüglich der Erschütterungsübertragung in benachbarte Gebäude, in bezug auf die Eigenfrequenzen des Oberbaus sowie die Biegeschwingungen der Achswellen.

Körperschallschwingungen bis zu etwa 150 Hz können fallweise bezüglich der Körperschallübertragung in benachbarte Gebäude von Interesse sein.

Schwingungen bis zu etwa 2000 Hz sind interessant in bezug auf Verschleißfragen sowie die Riffelbildung (abhängig von der Fahrgeschwindigkeit) und Frequenzen bis zu 5 kHz oder 10 kHz interessieren bezüglich der Luftschallabstrahlung.

Wenn man gleichzeitig von 0 Hz bis zu 5 kHz oder 10 kHz und außerdem den Luftschall im Drehgestell mißt, erhält man deshalb umfassende und ausreichende Unterlagen zur Beurteilung der Fahrzeug- und Fahrbahnkonstruktionen und Grundlagen zu deren Optimierung in dynamischer und schalltechnischer Hinsicht.

Optimal sind die Konstruktionen der Fahrzeuge und der Fahrbahn dann, wenn die gemessene nieder- und hochfrequente Dynamik sowie der Luftschall zu einem Minimum werden.

Wenn man relevante Fahrzeuge auf Streckenabschnitten mit unterschiedlichen Oberbaukonstruktionen verkehren läßt und die vorstehend erwähnten

Messungen durchführt, kann man anhand der Meßergebnisse die vorteilhafteste Oberbaukonstruktion erkennen. Eine kritische Analyse derselben ermöglicht es dann, in Verbindung mit geeigneten mathematischen Modellen eine optimale Lösung zu erarbeiten.
Analog kann man, wenn auf einer bestimmten Strecke an verschiedenen Fahrzeugen gemessen wird, die vorteilhafteste Fahrzeugkonstruktion ermitteln. Mit Hilfe geeigneter Analysen und mathematischer Modelle werden dann auch hier konstruktive Verbesserungen möglich, die anschließend im Hinblick auf ihre Wirksamkeit meßtechnisch wiederum überprüft werden müssen.

Als ich vor 20 Jahren bei der DB den Bereich "Oberbauforschung" übernahm und kurze Zeit später Auskunft darüber geben sollte, ob Züge mit 300 km/h auf den Strecken der DB verkehren können, war ich auf der vergeblichen Suche nach einem entsprechenden Meßsystem. Als ich später an die TU Berlin kam, versuchte ich, die Voraussetzungen für eine entsprechende Meßtechnik zu schaffen. Seit rund einer Dekade steht sie zur Verfügung, wurde aber anfänglich leider nicht in dem Maße genutzt, wie dies zweckmäßig gewesen wäre, um rasche Fortschritte erzielen zu können.

## 2.2 Technische Ausführung des Meßsystems für rotierende Fahrzeugteile

Bild 1 zeigt das Schema des Meßsystems für rotierende Fahrzeugteile.

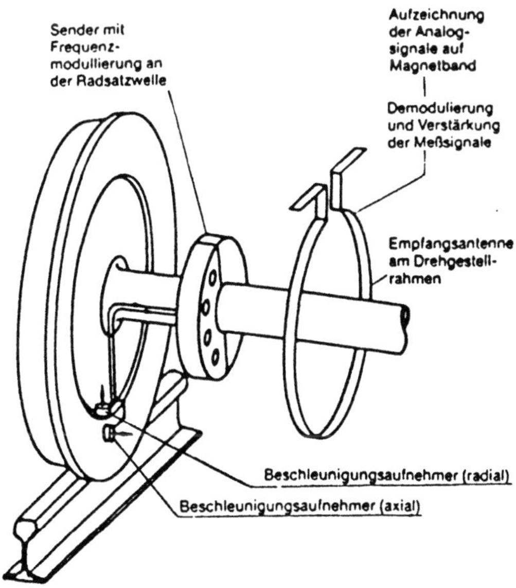

An Stellen des Rades, an denen Beschleunigungen in radialer, axialer oder in Radumfangsrichtung gemessen werden sollen, werden zunächst Adapterplättchen aus Aluminium geklebt, die Gewindebohrungen in mehreren Richtungen aufweisen, so daß es möglich ist, die Meßwertgeber bei wiederholten Fahrten wahlweise für die jeweils gewünschte Richtung zu verwenden.
Die sehr kleinen und leichten Piezo-Beschleunigungsaufnehmer werden mit Hilfe eines dünnen, abgeschirmten Kabels an die Telemetrieanlage angeschlossen. Die den gemessenen Beschleunigungen proportionalen Ladungen des Piezokristalls werden durch einen Impedanzwandler (Verstärker) mit hochohmigem Ausgang kapazitiv in die Versorgungsleitung eingekoppelt, vor der Konstantstromquelle wieder ausgekoppelt und dann dem Sender zugeführt. Die untere Übertragungsfrequenz (z.B. 7 Hz oder 30 Hz etc.) wird durch die Kondensatoren bestimmt. Zur Übertragung der Meßwerte in das Fahrzeug wird eine Telemetrieanlage der Firma Accurex verwendet. Ihr prinzipieller Aufbau ist aus Bild 2 ersichtlich.

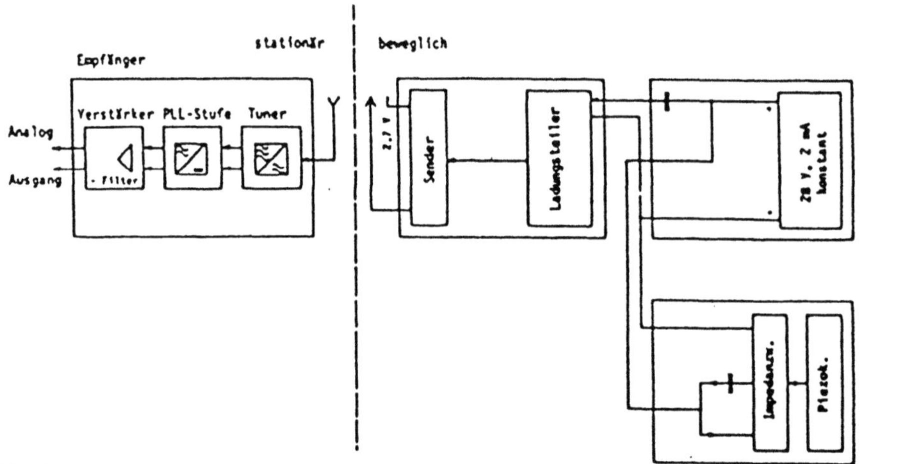


Bild 2:
Prinzipieller Aufbau der Telemetrieanlage

Die Übertragungseinrichtungen befinden sich in Mu-Metalldosen, die den Doseninhalt nach außen elektromagnetisch abschirmen. Sie werden vor dem Einbau des Meßsystems in einem geteilten Plastikring untergebracht, der an einer Welle (bei Radsätzen an der Radsatzwelle) angeklemmt wird (Bild 3).

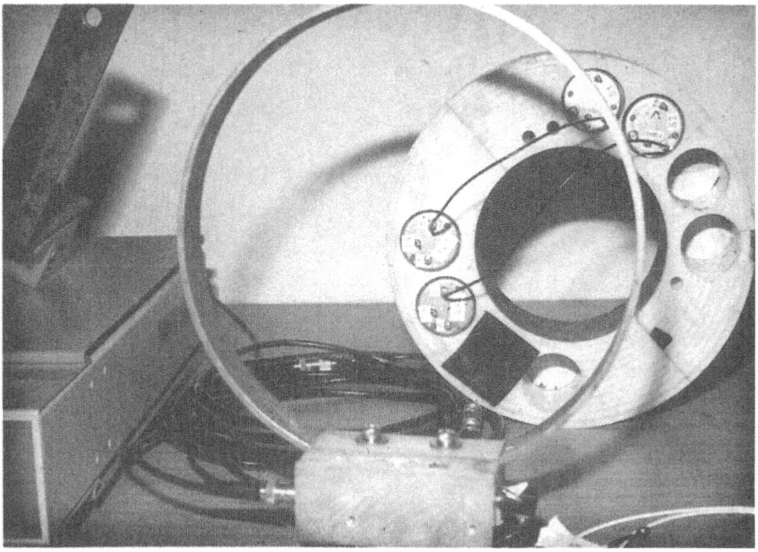

Bild 3: Übertragungseinrichtungen (Ring + Empfangsantenne)

Je Kanal sind zwei Dosen notwendig. Der Sender ist zusammen mit einem in vier Stellungen schaltbaren Ladungsteiler zur Meßbereichseinstellung in einer Dose untergebracht. In der zweiten Dose befindet sich die Konstantstromquelle, gespeist von zwei 15 V Batterien, sofern nicht aus besonderen Gründen eine induktive Speisung notwendig ist.

Bild 4 zeigt wesentliche Komponenten der Telemetrieanlage eingebaut in ein U-Bahn-Drehgestell der BVG Berlin, Plastikring und Gestänge mit Empfangsantenne.
Am Radreifen erkennt man zwei Beschleunigungsgeber, die Leitungen zur Telemetrieanlage und daneben die Empfangsantenne, die aus einem aus Messingband gebogenen offenen Ring besteht (die Sendeantenne ist in diesem Fall seitlich am Plastikring angeordnet, sonst auch auf dem Plastikring). Bei Eisenbahnfahrzeugen wird der Plastikring in der Regel am Achslager befestigt und bei anderen Fahrzeugen (z.B. U-Bahn-Fahrzeugen), sofern dies zweckmäßig ist, an einer speziell gefertigten, am Drehgestellrahmen befestigten Halterung.

Über eine Koaxialleitung ist die Empfangsantenne mit der Empfangsanlage im Wagenkasten verbunden, wo die Ausgangssignale auf Magnetband aufgezeichnet werden.
Magnetbandgeräte mit 7 und 14 Kanälen stehen zur Verfügung.

Bild 4: Eingebaute Telemetrieanlage an einem U-Bahnfahrzeug

Bild 5: Meßaufbau im Fahrzeug

Getestet wurde der Prototyp der Erstausführung des Meßsystems vor etwa einer Dekade im Rahmen des Rad/Schiene-Programms des BMFT bei der Erprobung von Hochgeschwindigkeitsfahrzeugen auf der Strecke Rheda-Oelde bei Geschwindigkeiten bis zu 250 km/h. Seither wurde das Meßsystem ständig weiterentwickelt: auch für Messungen an angetriebenen Achsen bei Ausweitung des Meßbereichs bis herunter zu 0 Hz und nach oben bis zu 10 kHz. Die Anzahl der Kanäle wurde dabei ständig vergrößert (derzeit 14).

## 2.3 Untersuchungen und Meßergebnisse

Bild 6 zeigt mit Hilfe von Fourrieranalysen gewonnene Schmalbandspektren von axialen Beschleunigungen am Radkranz moderner Reisezugwagen bei Geschwindigkeiten von 120 km/h und 250 km/h.

Wenn gleichzeitig Beschleunigungsmessungen am Rad und an der Schiene sowie Luftschallmessungen im Drehgestell und in verschiedenen Entfernungen vom Gleis durchgeführt werden, ergeben sich bei einer vergleichenden Gegenüberstellung der Auswertungsergebnisse interessante Erkenntnisse als Grundlage für aktive und passive Schallschutzmaßnahmen.

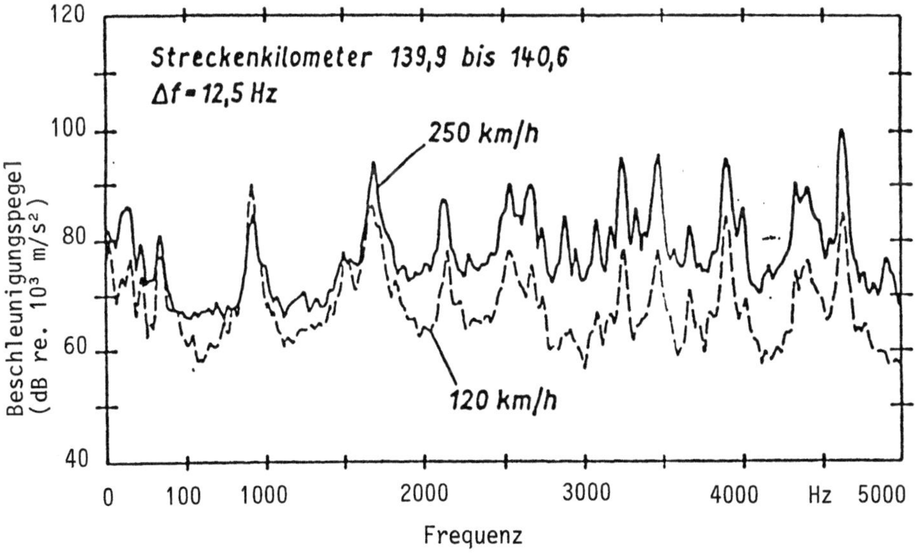


Bild 6: Frequenzspektren der axialen Beschleunigungen am Radkranz

Eine diesbezüglich in meinem Institut durchgeführte Untersuchung befaßte sich mit der Möglichkeit der Reduzierung der Bogengeräusche mit Hilfe von "geräuschdämpfenden Schienenbefestigungen", die auch in bahntechnischer Hinsicht erhebliche Vorteile aufweisen und fachgebietsseitig optimiert sowie hinsichtlich der Dauerbeanspruchung im Gleis mit Hilfe einer Schwingungsprüfmaschine (HUS 40) geprüft wurden.

Die entwickelte Schienenbefestigung zeigt Bild 7. Sie ermöglicht eine Veränderung der Fahrbahnelastizität sowie der Schienenneigung und eine Spurregulierung, um, abhängig von der verwendeten Radprofilform, die optimale absolute Spurweite einstellen und Spurweitenfehler beseitigen zu können, was z.B. bei Verwendung von "Radreifenverschleißprofilen" als Neuprofile und hohen Geschwindigkeiten vorteilhaft ist.

Bild 7

Die Spannelemente zur Verspannung der Schienen mit den Schwellen wurden so ausgebildet, daß damit gleichzeitig auch Dämpfungselemente bezüglich der Schienenschwingungen mit optimaler Kraft an die Schiene gepreßt werden können.

Die Dämpfungselemente, die sich als sehr wirksam erwiesen und zu einer Körper- sowie Luftschallpegelsenkung von 10 dB bzw. 10 dB(A) führten, bestehen aus Laschen mit einem zweilagigen Dämpfungsbelag, den es u.a. zu optimieren galt. Zu prüfen waren außerdem unterschiedliche Dämpfungslängen, Anpreßdrücke, Schienentemperaturen usw.

Praktisch erprobt wurde die fertige Konstruktion auf einer vom BMFT finanzierten Versuchsstrecke der BVG Berlin, die aus einem Gleisbogen von 150 m Radius, einem geraden Streckenabschnitt und einem Referenzabschnitt bestand, auf dem normaler K-Oberbau eingebaut war. Gemessen wurde das Gesamtverhalten des Gleises (Bewegungen, Spannungen an allen relevanten Elementen usw., usw.) sowie der Körperschall am Kopf, Steg und Fuß an mehreren Schienenstellen und außerdem am rollenden Rad; darüber hinaus der Luftschall im Drehgestell sowie in 1,0 m und 7,5 m Entfernung vom Gleis. Mit Hilfe von optischen Schaltern etc. wurden interessierende Streckenabschnitte auf den Magnetbändern dergestalt markiert, daß die momentanen Meßwerte am Rad und an der Schiene miteinander vergleichen werden konnten.

Die Bilder 8 und 9 zeigen 2 Körperschall-Frequenzspektren (Rad und Schiene), die die Wirkung der Dämpfungsmaßnahme erkennen lassen.
Bild 10 zeigt ein zugehöriges Luftschallspektrum (Luftschall im Drehgestell).

Die Beschleunigungen am rollenden Rad werden von den Fahrbahnunebenheiten beeinflußt. Dies führte zu der Überlegung, daß es möglich sein müßte, mit Hilfe von Beschleunigungsmessungen an den Bandagen rollender Räder Unstetigkeiten der Schienenfahrfläche zu erkennen und hinsichtlich ihrer Art zu identifizieren.

Im Bild 11 ist oben die mit einem Cemafer-Oberflächenmeßgerät Typ RM-1200 (Basislänge 1,20 m) manuell ermittelte Geometrie der Schienenfahrfläche in Gleislängsrichtung dargestellt und darunter die Meßergebnisse von Beschleunigungsmessungen, die an einem rollenden Rad in radialer Richtung durchgeführt wurden. Man erkennt, daß sowohl größere Fahrbahnunstetigkeiten als auch Riffeln auf der Schienenfahrfläche mit Hilfe entsprechender Messungen erkannt werden können /1/. Weitergehende Untersuchungen wären dringend erwünscht.

Bezüglich der Riffelbildung wäre es u.a. interessant zu wissen, ob die beim Fahren in Umfangsrichtung des Rades auftretenden Oberflächen-Wellen beim Rollen stehen oder sich mit dem Rad drehen bzw. bei welchen Frequenzen und Randbedingungen sich stehende und/oder drehende Wellenfelder ergeben. Bei der Auswertung von Messungen, die in anderem Zusammenhang durchgeführt wurden, ergaben sich stehende Wellen (Bild 12).

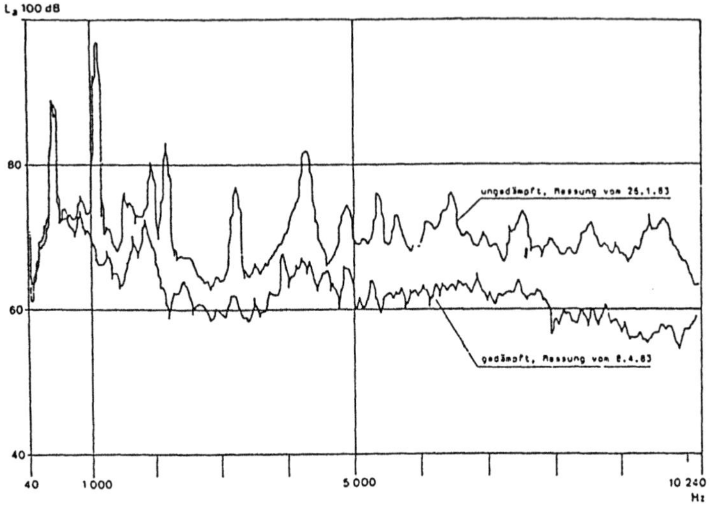


Körperschall
Schiene,
(Kopf, vertikal)
Bogen,
R = 150 m
V = 40 km/h

Bild 8

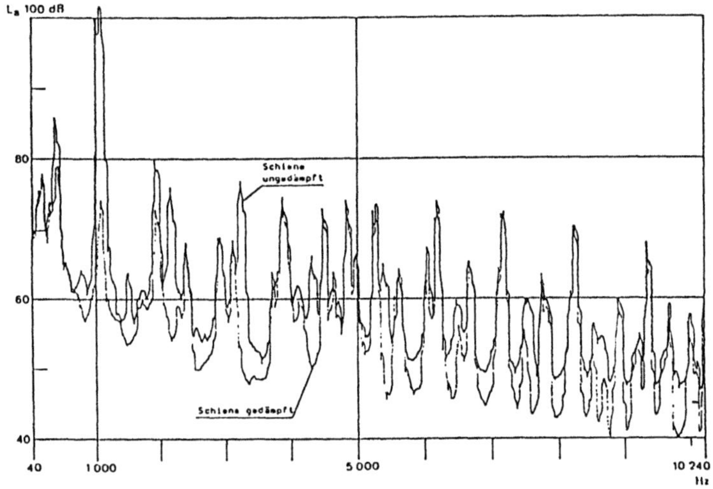


Körperschall
Rad, axial
Bogen,
R = 150 m
V = 40 km/h

Bild 9

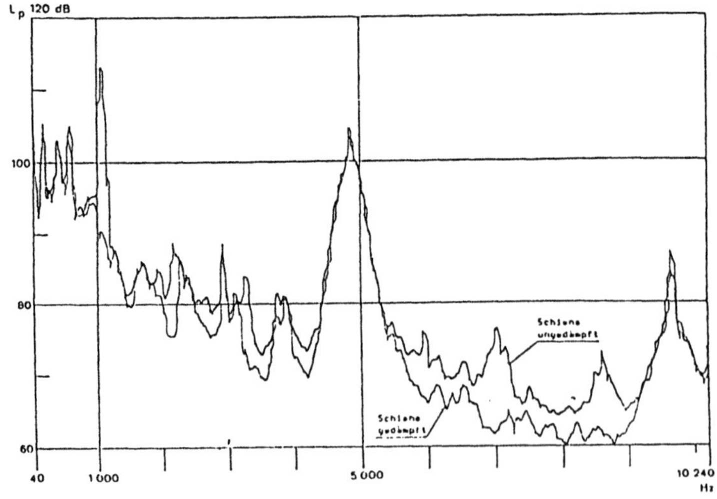


Luftschall
im Drehgestell
Bogen,
R = 150 m
V = 40 km/h

Bild 10

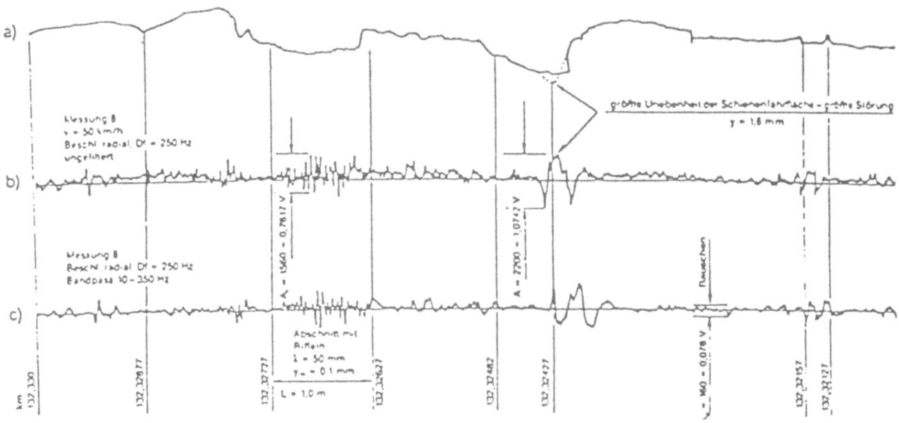


Bild 11 Geometrie der Schienenfahrfläche
a) Meßschrieb des Cemafer-Riffelmeßgerätes RM 1200
b) Radiale Beschleunigungen am Radreifen, V = 40 km/h
c) Gefilterte Beschleunigungen (Frequenzbereich 10 - 350 Hz)

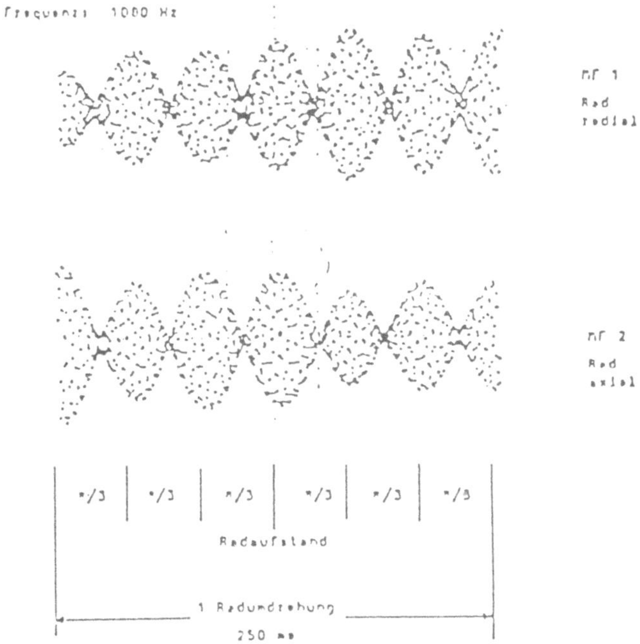


Bild 12 Stehende Wellen in Umfangrichtung des Rades
V = 40 km/h

Für Optimierungsrechnungen geeignete mathematische Fahrzeug/Fahrbahn-Modelle können mit Hilfe der Meßergebnisse kalibriert werden als Voraussetzung für verbesserte Fahrzeug- und Fahrbahn-Konstruktionen, was meßtechnisch wiederum überprüft werden muß.

Rein meßtechnische Optimierungen sind dort möglich und zweckmäßig, wo die Zahl der Parameter eng begrenzt ist, Parameteränderungen konstruktiv in einfacher Weise möglich sind und eine geringe Zahl von Parametervariationen hierzu ausreichen.

Mit Hilfe von Beschleunigungs- und/oder Spannungsmessungen an Radreifen rollender Räder können auch neue Oberbau-Unterhaltungsstrategien realisiert werden, weil die mit der Zeit zunehmende Dynamik an rollenden Rädern die zeitliche Verschlechterung des Fahrbahnzustandes erkennen läßt.
Wenn Grenzwerte hinsichtlich der zulässigen Dynamik bezüglich der verschiedenen Frequenzbereiche festgelegt werden, man die Zunahme der Dynamik der relevanten Frequenzbereiche in Form von Kurvenzügen darstellt und diese extrapoliert, kann man erkennen, wann die festgelegten dynamischen Grenzwerte voraussichtlich erreicht werden werden. Spätestens zu diesem Zeitpunkt sind die erforderlichen Unterhaltungsmaßnahmen einzuplanen.

Bei der Frage, welche Unterhaltungsmaßnahmen an welchen Fahrbahnteilen notwendig sind, können u.a. die Frequenzbereiche, bei denen unerwünschte Amplituden bezüglich der Dynamik auftreten, Hinweise geben, weil die einzelnen Fahrbahnelemente ja unterschiedliche Eigenfrequenzen aufweisen.

Neue Unterhaltungsstrategien, die auf der Rad- sowie Fahrzeugdynamik aufbauen, weisen den großen Vorteil auf, daß sie sich an den "Auswirkungen der Fahrbahnunregelmäßigkeiten" orientieren und nicht wie bisher an geometrischen Gleisgrößen, die nur sehr bedingt Aussagen über die Rad- bzw. Fahrzeugdynamik ermöglichen, weil Gleisgeometriefehler und Dynamik nur unzureichend korrelieren (speziell in Querrichtung des Gleises wegen der ausschließlichen Reibungskopplung, deren Intensität sich in Abhängigkeit von vielen Parametern ständig verändert).

## 3. Meßtechnik zur Ermittlung der Dynamik am Antriebsstrang von Bahnfahrzeugen

Realisiert wurde diese spezielle, außerordentlich komplexe und komplizierte Meßtechnik in mehr als einjähriger aufopfernder Arbeit, um die dynamische Beanspruchung der Einzelelemente der Antriebsstränge von Stadtschnellbahnfahrzeugen einschließlich der Getriebebeanspruchung ermitteln zu können. Um letzteres zu ermöglichen, müssen die Drehmomente an den Radsatzwellen sowie zwischen Motor und Getriebe gemessen werden. Mit Hilfe (Antriebsleistung, Blindleistung aus der Verspannung der Radsätze).

Die elektrische Aufnahmeleistung des Motors wird gemessen, um den Wirkungsgrad des Gesamtsystems berechnen zu können.
Für die Verlustleistung weiter von Bedeutung sind die im Antriebsstrang auftretenden Temperaturen. Sie werden deshalb in den Achsgetrieben und am Motorständer gemessen.

Um die Meßaufzeichnungen eindeutig den einzelnen Streckenstellen zuordnen zu können, wurden wie bei anderen analogen Messungen Triggerpunkte auf den Schwellen befestigt und am Fahrzeug optische Schalter angebracht (Bild 13). Die zwischen den Triggerpunkten liegenden Wege lassen sich dann mit Hilfe der ebenfalls ständig erfaßten Radsatzumdrehungen und Motordrehzahlen sehr genau ermitteln. Die Drehzahlinformation liefert mit hoher Auflösung (700 Impulse pro Radumdrehung) die Motorsteuerung.

Bild 13 Optisches Schaltelement

## 3.1 Drehmomentmeßstellen

Die am Antriebsstrang auftretenden Drehmomente wurden mit Hilfe von Dehnungsmeßstreifen (DMS) gemessen. Auf den Radsatzwellen wurden hierzu Torsionsbrücken angeordnet. Hierzu wurden 4 DMS paarweise um 180° verdreht so auf der Welle mittig zwischen Rad und Bremsscheibe appliziert, daß damit die Schubdehnung unter einem Winkel von 45° zur Achse ermittelt werden konnte (Bild 14). Eine paarweise gegenseitige Anordnung ermöglichte die Kompensierung der in der Welle auftretenden Biegemomente.

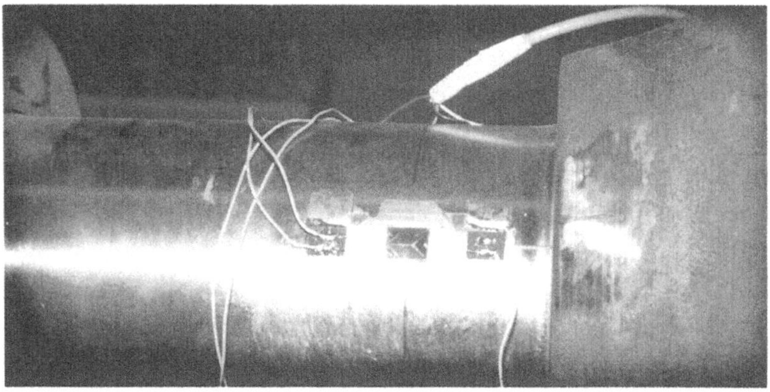

Bild 14

Im Bild 15 erkennt man die Antennenhalterung für die Radsatzmeßstellen und den Plastik-Klemmring, in den die Mu-Metalldosen eingebaut sind.

Bild 15

Wenn, wie im untersuchten Fall, zwischen Motor und Getriebe keine Welle vorhanden ist, müssen die übertragenen Momente in der Kupplungsebene zwischen Motor und Getriebe gemessen werden und zwar über die in den Kunststoffsternen der Rotexkupplung auftretenden Verformungen.

In Bild 16 erkennt man 3 Kupplungssterne mit in axialer Richtung eingepreßten Stahlhülsen, in denen Dehnungsmeßstreifen in tangentialer und radialer Richtung appliziert wurden.

Bild 16 Kupplungssterne mit applizierten DMS

Da je Drehrichtung nur jeder zweite Zahn des Kupplungssterns belastet werden durfte, mußten zwei Vollbrücken so appliziert und miteinander verschaltet werden, daß die Drehrichtung durch das Vorzeichen des Meßsignals angezeigt werden konnte.

Bild 17 zeigt die Motorseite des Getriebes mit dem eingelegten Kunststoffstern und dem speziell gefertigten Geberrad, in das die Dosen für die telemetrische Meßwertübertragung und die Akkus eingebaut wurden, um die Meßwerte aus der gekapselten Kupplung heraus in das Fahrzeug übertragen zu können. Da die Kupplung nicht zugänglich ist, mußte sowohl die Speisung der Dehnungsmeßstreifen als auch die der Sender für die Übertragung der Meßwerte auf induktivem Wege erfolgen. Hierzu mußte eine spezielle Stromversorgung entwickelt werden.

Bild 17

Das Lüfterrad mit applizierter Sekundärspule (im Bild beziffert mit 3, 4 und 5), mit der Speisung und den Mikrodotbuchsen für die Beschaltung der Sender ist im Bild 18 dargestellt.

Die Meßwertübertragung erfolgte hier mit Hilfe einer Datatel-Telemetrieanlage, deren Schema in Bild 19 dargestellt ist.

Bild 18

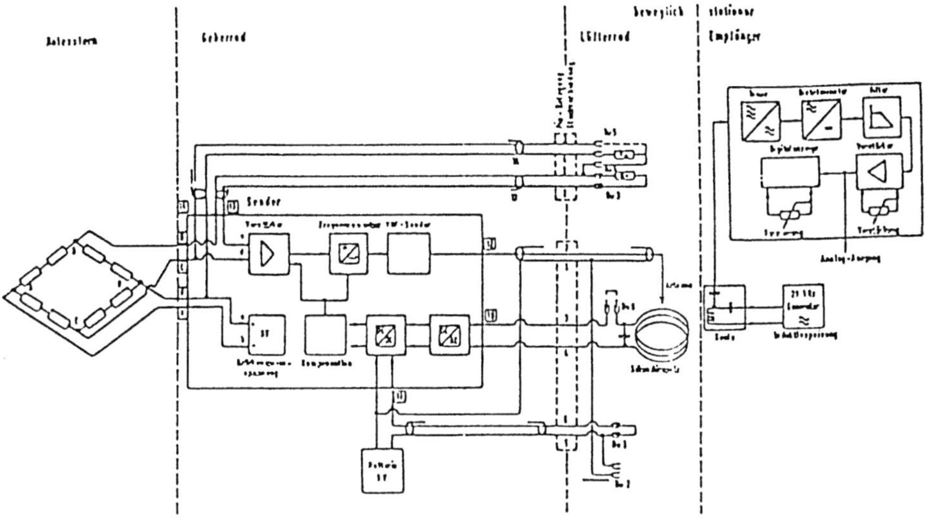

Bild 19 Schematischer Aufbau der Datatel-Telemetrieanlage

Auch diese hochkomplizierte Meßtechnik hat sich hervorragend bewährt. Leider kann ich keine Auswerteergebnisse zeigen, weil die Messungen im Auftrag durchgeführt wurden.

## 4. Zusammenfassung und abschließende Bemerkungen

Die realisierten neuen Meßtechniken ermöglichen die Messung der Dynamik an beliebigen rotierenden Fahrzeugteilen und/oder Maschinen, auch in gekapseltem Zustand.

Möglich ist derzeit die gleichzeitige Datenübertragung von 14 rotierenden Meßstellen. Der Frequenzbereich erstreckt sich von 0 Hz bis zu 10 kHz. Gemessen werden können elektrische, mechanische und thermische Größen (Beschleunigungen, Spannungen, Temperaturen usw.).

Gleichzeitige Beschleunigungs-, Spannungs-, Temperatur- und Bewegungsmessungen an Fahrzeugrädern, am Drehgestell sowie in den Wagenkästen und am Oberbau sowie Luftschallmessungen im Drehgestell, im Fahrzeugkasten und in bestimmten Abständen von der Fahrbahn ermöglichen Erkenntnisse, wie sie bis jetzt nicht möglich waren als Voraussetzung für die Verbesserung der Fahrzeug- und Fahrbahnkonstruktionen in dynamischer und schalltechnischer Hinsicht.

Die neuen Meßtechniken ermöglichen außerdem neue Erkenntnisse bezüglich der Schallentstehung, des Verschleißes sowie der Riffelbildung und gestatten erstmals auch eine Quantifizierung der Stoßbeanspruchung an konstruktiv bedingten Unstetigkeitsstellen der Fahrbahn.

Auch schwingungsdämmende Fahrbahnkonstruktionen, die bis jetzt nur unzureichend beurteilt werden konnten, weil nur die Immissionswerte und nicht gleichzeitig auch die im Kontaktbereich von Rad und Schiene induzierten Emissionswerte gemessen wurden, können jetzt objektiv, weil quantitativ, beurteilt werden.

Zu wünschen wäre, daß die neuen Meßtechniken in dem Maße genützt werden, wie dies notwendig ist, um

- in lauftechnischer und schalltechnischer Hinsicht optimale Fahrzeug- und Fahrbahnkonstruktionen und
- neuartige Oberbau-Unterhaltungsstrategien

realisieren zu können, die sicherstellen, daß u.a. auch Hochgeschwindigkeitszüge ständig mit dem erwünschten Fahrkomfort und geräuscharm bei minimalem Unterhaltungsaufwand verkehren können.

## Schrifttumhinweis


/1/ Krużyński, Marek:
Schwingungsverhalten des rollenden Rades zur Beurteilung des Schienenflächenzustandes.
AET, Archiv für Eisenbahntechnik, Folge 41, 1986.

# Einwirkung von Schwingungen auf den Menschen im Fahrzeug

# Schwingungseinwirkung auf den Menschen im fahrenden Fahrzeug

*von G. Bobbert*

## Einwirkung über die Sinne

Verbindungsstellen zwischen den physikalischen, objektiv meßbaren Vorgängen in der Außenwelt und den im Körper des Menschen dadurch ausgelösten Reaktionen und Wahrnehmungen sind die menschlichen Sinne. Für elektromagnetische Schwingungen im Frequenzbereich des sichtbaren Lichtes z.B. ist es der Gesichtssinn, für bestimmte Ionen in der Atemluft ist es der Geruch. Für mechanische Schwingungen sind zwei menschliche Sinne empfindlich: das Gehör und der Tastsinn. Dabei ist eine weitgehende, aber nicht lückenlose Arbeitsteilung zwischen beiden Sinnen zu beobachten. Luftschwingungen - sofern sie in einen bestimmten Frequenzbereich fallen - werden über das Gehör wahrgenommen. Schwingungen fester Strukturen mit unmittelbarem Körperkontakt im Bereich zwischen etwa 0,1 Hz und 1 kHz können über den Tast- (oder Fühl-)sinn wahrgenommen werden; doch gibt es zwischen beiden Sinnen ein breites Überlappungsgebiet. So ist bekannt, daß intensive Luftschwingungen, z.B. in der Umgebung von Flugtriebwerken, auch bei völliger Dämmung des Gehörs durch Ohrpfropfen und schalldämmende Kopfhauben bei den betroffenen Personen Reaktionen auslösen. Umgekehrt ist das Gehör auch bei defektem Mittelohr in der Lage, die Schwingungen fester Strukturen wahrzunehmen, wenn eine Ankopplung über das Felsenbein (= Teil der Schädeldecke hinter der Ohrmuschel) erfolgt. Reparaturschlosser nutzen diesen Effekt gern zum Abhorchen eines laufenden Motors, indem sie ihr Felsenbein mittels eines Metallstabes an das Motorgehäuse ankoppeln.

## Wahrnehmungsformeln

Schon vor etwa 150 Jahren machte sich der Wittenberger Physiologe Ernst Heinrich Weber (ein Bruder des bekannten Göttinger Physikers Wilhelm Weber) Gedanken über die quantitative Erfassung der Sinnesübertragung. 50 Jahre später führte der

Leipziger Physiker Gustav Fechner Weber's Ansätze weiter und stellte die - häufig fälschlich als Gesetz bezeichnete - Weber-Fechner'sche Hypothese auf. Sie sagt, daß eine kleine Zunahme an Wahrnehmung (dW) von einem Zuwachs an äußerem Reiz (dR) ausgelöst werde, wobei aber der Reizzuwachs dR auf den bereits vorhandenen Reiz $R_o$ zu beziehen sei. Dies heißt mathematisch ausgedrückt:

(1) $$dW = C \frac{dR}{R_o}$$ (C = Proportionalitätsfaktor)

Die Lösung dieser Differentialgleichung ergibt dann mit

(2) $$W = C \ln \frac{R}{R_o}$$

eine logarithmische Abhängigkeit der (subjektiven) Wahrnehmung vom (äußeren) Reiz.

Vor allem in der Akustik erheben sich seit 50 oder 60 Jahren zunehmend Zweifel an der Brauchbarkeit der zur Anwendung bei allen Sinnen gedachten Weber-Fechner'schen Hypothese. Heute verwendet man meist eine von S.S.Stevens und Rosenblith vor etwa 40 Jahren aufgestellte Hypothese mit einer Potenzfunktion als Abhängigkeit der Wahrnehmung vom Reiz:

(3) $$W = C\,(R/R_o)^n$$

mit n als Wahrnehmungsexponent und C als Proportionalitätskonstante. Dies Modell paßt, wie an anderer Stelle dargelegt wurde [1], für alle Sinne, wobei jedoch n sinnspezifische Werte hat. Z.B. ist n = 0,6 für das Gehör, n = 0,5 für das Gesicht, $n \approx 1$ für den Tastsinn. Dabei sagt der Wert n = 1 für die Einwirkung mechanischer Schwingungen auf den Körper nichts anderes, als daß ein linearer Zusammenhang zwischen Wahrnehmung und Reiz besteht. Die gelegentlich erhobene Forderung für die Einwirkung mechanischer Schwingungen auf den Menschen ein logarithmisches Maß (ausgdrückt z.B. in Dezibel) einzuführen ist daher - die Gültigkeit des Modelles vorausgesetzt - unnötig, ja irreführend.

## Belastung und Beanspruchung

Für die Wirkung eines Reizes, der über einen der Sinne auf den Menschen einwirkt, wurde im Vorausgehenden das Wort Wahrnehmung benutzt. Es drückt aus, daß der Mensch den von außen kommenden Reiz bewußt registriert. Die Physiologen haben uns aber seit langem gelehrt, daß es auch beachtliche Einwirkungen auf den menschlichen Körper gibt, die vom Bewußtsein nicht registriert, die also nicht wahrgenommen werden. So schläft der Mensch - um ein akustisches Beispiel zu bringen - bereits unruhig beim Ertönen eines Signals, dessen Pegel die Aufweckschwelle noch nicht erreicht. Für den Fühlsinn gilt Ähnliches beim Krabbeln einer Fliege auf der Haut eines Schläfers. Denn der Schläfer kann ja nicht sein Gehör oder seinen Fühlsinn abschalten, wie er es beim Gesicht durch Schließen der Augenlider tut.

Man hat sich, um dem Rechnung zu tragen, in den letzten Jahren angewöhnt, von der Beanspruchung des Menschen zu sprechen. Es soll damit ausgedrückt werden, daß es bei der Einwirkung von äußeren Reizen oder - zutreffender - Belastungen auf die Mitwirkung des Bewußtseins, und somit auf die Wahrnehmung, primär nicht ankommt. Das ist auch darin begründet, daß die Forschung allmählich neben der bewußten Wahrnehmung weitere Reaktionsmechanismen des menschlichen Körpers findet, die ursächlich mit den Belastungen zusammenhängen. In weiteren Beiträgen dieser Tagung wird darauf näher eingegangen werden.

## Frequenzbewertung

Wenn wir uns im weiteren auf die Belastung des Menschen durch mechanische Schwingungen bei deren Einleitung über bestimmte Körperstellen beschränken, so ist festzuhalten, daß es nur innerhalb eines bestimmten Frequenzbereiches zu Beanspruchungen kommt. Dies hängt neben der Frequenz in starkem Maße von der Einleitungsstelle in den Körper und von der Schwingungsrichtung ab. Um Ordnung in diese Parameter zu bringen, wurden schon vor 15 oder 20 Jahren auf den Menschen bezogene und für die Haupteinleitungsstellen geltende Koordinatenrichtungen international vereinbart (s. Bilder 1 bis 4).

Ähnlich den Kurven gleicher Hörwahrnehmung (Isophonen) in der Akustik hat man für die Schwingungen seit langem versucht Kurven gleicher Schwingungseinwirkung (Isopalsen) zu finden und zu definieren. Es würde hier zu weit führen, auf diese Bemühungen, mit denen Meister [2] vor 55 Jahren begann, im einzelnen einzugehen. Den heutigen Stand des Wissens geben die Kurven in den Bildern 5 bis 8 wieder. Sie sind national und international [3,4,5] vereinbart, doch sei ausdrücklich bemerkt, daß z.Zt. an verschiedenen Stellen im In- und Ausland an Verbesserungen dieser Kurven gearbeitet wird. Über kurz oder lang wird es daher sicher zu Korrekturen kommen.

Bei der Betrachtung der Kurven der Bilder 5 bis 8 fällt auf, daß nur Belastungen in sehr schmalen Frequenzbereichen zu Beanspruchungen führen. Höherfrequente Schwingungen bleiben in der Kleidung, im Schuhwerk und in den äußeren Hautschichten sozusagen stecken und erreichen den menschlichen Körper nicht. Bei Einleitung über die Hände und den Kopf liegt diese Grenze höher, bei anderen Einleitungsstellen tiefer. Bei den sehr tieffrequenten Schwingungen (unter 0,1 bis 1 Hz) tritt eine ganz andere Art von Beanspruchung, die Kinetosis, auf. Sie wird im Deutschen häufig als See- oder Luftkrankheit bezeichnet. Hierüber sind die Kenntnisse noch sehr begrenzt. Für Schwingungen in z-Richtung führte die Auswertung von unabhängig bei der japanischen Handelsmarine und bei der britischen Royal Air Force durchgeführten Untersuchungen immerhin dazu, auch für die Kinetosis Frequenzbewertungskurven festzulegen (s.Bild 9)[6]. Für Schwingungen in x- und y-Richtung, die z.B. auf hohen Türmen und auf in der See aufgestellten Bohrinseln vorkommen, wurden die in Bild 10 aufgestellten Kurven vereinbart[7].

## Bewertete Schwingstärke

Um ein Maß für die Beanspruchung des Menschen bei der Einwirkung mechanischer Schwingungen zu bekommen, werden die Schwingungen - wie oben beschrieben - je nach Schwingungsrichtung, Einwirkstelle und Frequenz bewertet. Bei periodischen Schwingungen, die sich aus einer, mehreren oder vielen Harmonischen zusammensetzen, bei stochastischen Schwingungen und auch bei transienten Vorgängen hat sich der Effektivwert der Schwingungsgröße als am praktikabelsten und als am brauchbarsten erwiesen. Der frequenzbewertete Effektivwert der Schwingungsgröße wird als Bewertete Schwingstärke bezeichnet. Wenn bei der Bewertung die in den Bildern 5 bis 10 dargestellten Bewertungskurven benutzt werden, ist von der Schwingbeschleunigung als Schwingungsgröße auszugehen. Liegt stattdessen die Schwinggeschwindigkeit als Meßgröße vor, sind die Kurven durch Division ihrer Ordinaten mit der Kreisfrequenz $\omega$ umzuzeichnen. Wegen des für die Bewertete Schwingstärke üblich gewordenen Formelzeichens K wird sie häufig auch kurz als K-Wert benannt. Gelegentlich, vor allem im ausländischen Schrifttum, wird auch der Ausdruck Bewertete Beschleunigung $a_w$ verwendet. Er sollte jedoch vermieden werden, da die Maßzahl - wie ein Blick auf die Bewertungskurven zeigt - nur in Teilen des Frequenzbereiches wirklich eine Beschleunigung ist. Bei höheren Frequenzen ist K (mit Ausnahme der Einwirkung in x-Richtung im Liegen) der Schwinggeschwindigkeit proportional.

Um den K-Wert für die einzelnen Einwirkarten besser kenntlich zu machen, fügt man weitere Buchstaben hinzu und schreibt z.B. KZ für die Einwirkung von Schwingungen über Füße und Gesäß in z-Richtung, KLX für die Einwirkung im Liegen in x-Richtung oder KH für die Einwirkung über die Hände.

Schwierigkeiten bei der Bildung und Angabe des Effektivwertes der bewerteten Schwingungen gibt es, wenn diese zeitlich schwanken. Zur besseren Handhabung wurde anstelle des (zeitlich) konstanten Effektivwertes bei periodischen Schwingungen

$$(4) \qquad K = \sqrt{\lim_{T\to\infty} 1/T \int_0^T K(t)^2 dt}$$

der gleitende (zeitlich veränderliche) Effektivwert $K_\tau(t)$ definiert:

$$(5) \qquad K_\tau(t) = \sqrt{1/\tau \int_{\xi=0}^{t} e^{(t-\xi)/\tau} \cdot K(\xi)^2 d\xi}$$

Dabei ist

t der Zeitpunkt der Messung

$\tau$ die Integrationskonstante

$\xi$ die laufende Zeitkoordinate

Als Wert der Integrationskonstanten wird heute für die Einwirkung über Füße, Gesäß und Rücken $\tau$ = 125 ms, für die Einwirkung über die Hände $\tau$ = 1000 ms empfohlen. Aber auch hier sind künftige Korrekturen nicht auszuschließen.

Mit der Bildung des gleitenden Effektivwertes $K_\tau(t)$ ist eine starke Datenreduzierung verbunden. Die z.B. bei der Fahrt in Landfahrzeugen meist starken Schwankungen des Zeitsignals werden nicht nur gleichgerichtet, sondern in Abhängigkeit der Größe von $\tau$ weniger oder mehr geglättet. $K_\tau(t)$ bleibt aber dabei eine zeitabhängige Größe, deren Wert nur für den Augenblick der Beobachtung gilt. Häufig wird jedoch ein über eine bestimmte Zeitspanne gemitteltes Urteil benötigt, wobei natürlich zuvor über die Art der Mittelung zu entscheiden ist. Am naheliegendsten, und daher üblicherweise benutzt, ist die energetische Mittelung, die zur energieäquivalenten Bewerteten Schwingstärke $K_{eq}$ führt:

(6) $$K_{eq} = \sqrt{1/T_e \int_0^{T_e} K_\tau(t)^2 dt}$$

Dabei ist $T_e$ die Einwirkungsdauer, über die gemittelt wird. Wenn die zeitlichen Schwankungen von $K_\tau(t)$ während der Beobachtungsdauer $T_e$, z.B. während der Fahrt in einem Landfahrzeug über eine bestimmte Strecke, sich in Grenzen halten, etwa den Bereich von $K_{eq} \pm 60$ % nicht verlassen, läßt sich $K_{eq}$ als gute Kennzahl für die Beurteilung der Beanspruchung verwenden. Kommen aber extreme Schwankungen vor, sollte neben $K_{eq}$ auch der maximale Effektivwert $K_{\tau max}$, der während der gesamten Beobachtungsdauer erreicht wird, angegeben werden.

Soll die Gesamtbeanspruchung während einer längeren Zeitspanne, z.B. einer längeren Überlandfahrt oder einer Arbeitsschicht, beurteilt werden, müssen natürlich auch etwaige Pausen oder in sich geschlossene Zeitabschnitte stärkerer oder geringerer Belastung in ihrer Wirkung miterfaßt werden. Dem trägt die Bildung der Beurteilungsschwingstärke $K_r$ Rechnung mit

$$(7) \qquad K_r = \sqrt{1/T_r \sum_i (K_{eq,i}^2 \cdot T_{e,i})}$$

wobei $T_{e,i}$ die Teildauern der Gesamtdauer $T_r$ sind, für die die zugehörigen Werte $K_{eq,i}$ beobachtet wurden. Auch hier ist wieder zu bedenken, daß eine abweichende Beurteilung notwendig wird, wenn während weniger Teilzeitabschnitte $T_{e,i}$ extreme Werte $K_{eq,i}$ vorkommen.

Das Fahrzeug als Schwingungssystem

Schnelle Landfahrzeuge haben im allgemeinen zwei miteinander gekoppelte Federsysteme, nämlich Luftreifen und Achsfederung beim Automobil oder Achs- und Wiegenfederung der Drehgestelle von Eisenbahnwagen. Im Fahrzeug selbst sind als weitere Federung die gepolsterten Sitze der mitfahrenden Personen vorhanden, wobei die Kopplung dieser dritten Systeme mit den beiden anderen meistens sehr lose ist. Am Rande sei vermerkt, daß bei kleineren Automobilen die elastische Aufhängung des Antriebsmotors im Fahrzeug eine deutliche Rückwirkung auf die anderen Schwingungssysteme haben kann.

Auch die Personen auf den Sitzen können als kompliziertes Schwingungssystem aufgefaßt werden. Die Eingangsimpedanz des Menschen ist vielfach untersucht worden. Seit einigen Jahren ist ein äquivalentes Schwingungsmodell des "mittleren" Menschen national und international genormt [8,9].

Bei Vorliegen aller einschlägigen Daten könnte die Belastung der in einem Fahrzeug fahrenden Personen aus den Fahrbahnunebenheiten unter Berücksichtigung der Fahrgeschwindigkeit errechnet werden. Wegen der vielen Einflußgrößen, die dabei zu erfassen wären, und - wie Federsteifen und Dämpfungen - von der Frequenz und der Auslenkung abhängen können, sind derartige Rechnungen bisher wohl nur für Teilsysteme durchgeführt worden und bekannt. So wurden z.B. schon vor einiger Zeit die Federungseigenschaften herkömmlicher Sitze untersucht [10]. Danach sind vier Fälle zu unterscheiden:

A Federung tiefabgestimmt ($f_0 \approx 2,5$ Hz), Dämpfung gering ($D_0 \approx 0,1$)
B " " " " stark ($D_0 \approx 0,3$)
C " hochabgestimmt ($f_0 \approx 4$ Hz), Dämpfung gering ($D_0 \approx 0,1$)
D " " " " stark ($D_0 \approx 0,3$)

Dabei ist $f_0$ die Resonanzfrequenz des Systemes Sitz-Mensch. $D_0$ ist die auslenkungsabhängige Dämpfung des Schwingungssystemes. Daneben geht in die Rechnung noch die geschwindigkeitsabhängige Dämpfung $D_1$ , die sogenannte lineare Dämpfung, ein. Sie liegt bei den üblichen Sitzen immer bei etwa $D_1 = 0,1$.

Während $f_0$ aus der Federsteife des Sitzes und der Masse des den Sitz belastenden Menschen (nicht identisch mit seinem Körpergewicht) ziemlich genau vorausberechnet werden kann, sind $D_1$ und $D_0$ reine Rechengrößen. Ihre Bestimmung ist nur durch den Vergleich zwischen Rechnung und experimentellem Befund bei Prüfung auf einem Schwingtisch möglich. Der Grund liegt sicherlich darin, daß die leicht zu messende Dämpfung der Sitzfederung und -polsterung $D_p$ nur eine untergeordnete Rolle für das Gesamtsystem spielt. Im Körper des Menschen wird durch praktisch nicht meßbares Schwingen einzelner Organe, z.B. des Magens, der eingeleiteten Schwingung Energie entzogen, deren Vernichtung mit den Größen $D_1$ und $D_0$ erfaßt wird. Hieraus ergibt sich auch, daß es ein Kardinalfehler wäre, den Menschen bei der experimentellen Entwicklung von Fahrzeugsitzen durch aufgelegte starre Massen oder gar durch Sandsäcke zu simulieren. Auch die üblichen Puppen oder Dummies sind unbrauchbar. $D_1$ und $D_0$ (nicht $f_0$) bekämen dann völlig andere Werte, und die Meßergebnisse wären irrig.

Zu diskutieren ist nun, wie die oben genannten vier Fälle A bis D die Schwingungseinwirkung auf den im fahrenden Fahrzeug sitzenden Menschen beeinflussen. Am Beispiel eines Kleinwagens ist in Bild 11 die die von der Sitzfläche in das Gesäß des Menschen eingeleitete Schwingkraft in kp ( 1 kp = 9,81 N) in Abhängigkeit von der Fahrgeschwindigkeit aufgetragen, und zwar in der linken Bildhälfte für eine relativ gute, in der rechten für eine schlechte Meßstrecke. Die Schwingkraft ist dabei überlappend in die spektralen Bereiche 0,2 bis 8 Hz und und 5,6 bis 30 Hz unterteilt.

Im unteren Frequenzbereich übertragen die beiden schwach gedämpften Sitze A und C etwa das 1,3 fache der Schwingkraft, die bei den beiden stark gedämpften Sitzen eingeleitet wird. Im oberen Frequenzbereich sind die Ergebnisse differenzierter. Am günstigsten ist hier der Fall A. Um den Faktor 2 schlechter sind die Fälle B und C, während D nochmals um einen Faktor 2 ungünstiger abschneidet.

Von einem schwingungstechnisch guten Sitz sollte man verlangen, daß er im unteren Bereich eine möglichst geringe Schwingkraft überträgt, da hier - wie ein Blick auf die Frequenzbewertungskurve in Bild 5 zeigt - der wichtigste Bereich ist. Daneben soll die Krafteinleitung im oberen Bereich nicht zu groß werden. Diesen Forderungen kommt, wie Bild 11 ausweist, der Fall B am nächsten. Derartige Sitze sind in der Praxis auch durchaus üblich. Wesentliche Verbesserungen sind allerdings zu erwarten, wenn es gelingt Sitze mit aktiver Dämpfung bei erschwinglichem Aufwand zu konstruieren. Aktive Dämpfung heißt dabei, daß im Sitz Kräfte wirksam werden, die die von den Fahrbahnunebenheiten herrührenden Schwingkräfte kompensieren. In der Waffentechnik, z.B. beim Panzer Leopard 2, sind solche Systeme bereits mit hoher Perfektion eingeführt, nur sprengt der dazu notwendige Aufwand den Rahmen herkömmlicher Gebrauchsfahrzeuge.

## Zusammenfassung

Im Vorstehenden wurde eine allgemeine Einführung in die Zusammenhänge zwischen äußerer Belastung und der dadurch ausgelösten Beanspruchung des Menschen gegeben. Unter Beschränkung auf den Fühl- oder Tastsinn wurde erläutert, welchen Einfluß die Parameter Schwingungsgröße (Beschleunigung, Geschwindigkeit), Frequenz und Schwingungsrichtung bei der Einwirkung mechanischer Schwingungen haben. Alsdann wurde die spezielle Situation bei den Schwingungen behandelt, die fahrenden Fahrzeug durch die Fahrbahnunebenheiten entstehen und auf die mitfahrenden Personen übertragen werden. Eine besondere Rolle kommt dabei dem Sitz zu, da er in seinen Eigenschaften allein auf die spezifischen Bedürfnisse der Mitfahrer ausgerichtet werden kann, während die Auslegung der Fahrzeugfederung in erster Linie auf Fahrsicherheit, Spurhaltung und dergl. zu achten hat.

Auf viele Einzelheiten, z.B. die Wirkung von Stößen, die Bewertung bei Schwingungen mit hohem Scheitelfaktor, das Zusammenwirken von gleichzeitiger Einwirkung, Hände und Gesäß konnte nicht oder nicht ausführlich eingegangen werden, um den vorgegebenen Rahmen der Abhandlung nicht zu sprengen. Interessenten müssen auf die Spezialliteratur verwiesen werden. Besonders sei nochmals hervorgehoben, daß es sich hier um eine junge Wissenschaft handelt, und daß sich der Stand des Wissens z.Zt. schnell verändert.

## Schrifttum

1 Bobbert, G.: Objektiver Reiz und Sinneswahrnehmung; Plenarvorträge und Kurzreferate der DAGA Berlin 1970, S.619-624, VDI-Verlag

2 Reiher, H. und F.J.Meister: Die Empfindlichkeit des Menschen gegen Erschütterungen; Forschg. auf d.Gebiete des Ing.wesens 2(1931)S.381-386

3 ISO 2631/1: Evaluation of human exposure to whole-body vibration - Part 1: General requirements

4 ISO 5349: Mechanical vibration - Guidelines for the measurement and assessment of human exposure to hand-transmitted vibration

5 VDI-Richtlinie 2057 Blatt 2: Einwirkung mechanischer Schwingungen auf den Menschen - Bewertung

6 ISO 2631/3: Evaluation of human exposure to whole-body vibration Part 3: Evaluation of exposure to whole-body z-axis vertical vibration in the frequency range 0,1 to 0,63 Hz

7 ISO 6897: Guide to the evaluation of the response of occupants of fixed structures, especially buildings and offshore structures, to low frequency horizontal motion (0,063 to 1 Hz)

8 DIN 45676: Mechanische Eingangsimpedanz und Übertragungsfunktion des menschlichen Körpers

9 ISO 5982: Vibration and shock - Mechanical driving point

impedance of the human body
10 Winkelholz, E.A.: Über eine mechanische Ersatzanordnung für das System Fahrzeugsitz - Mensch; Diss. d. T.H. Carolo Wilhelmina Braunschweig 1967

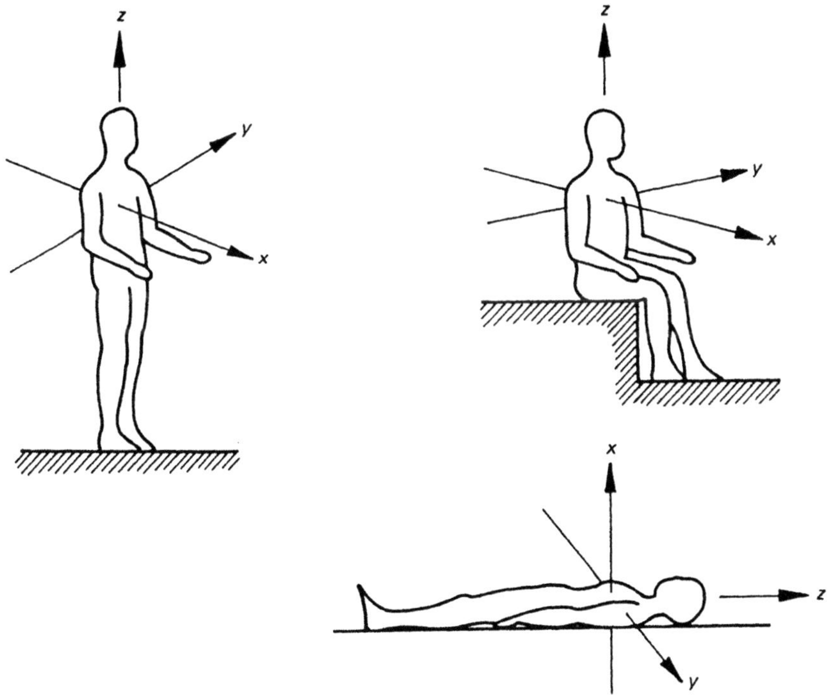


Bild 1 - 3: Koordinatensystem für die Schwingungsrichtungen x, y und z bei Einwirkung auf den menschlichen Körper im Stehen, Sitzen und Liegen

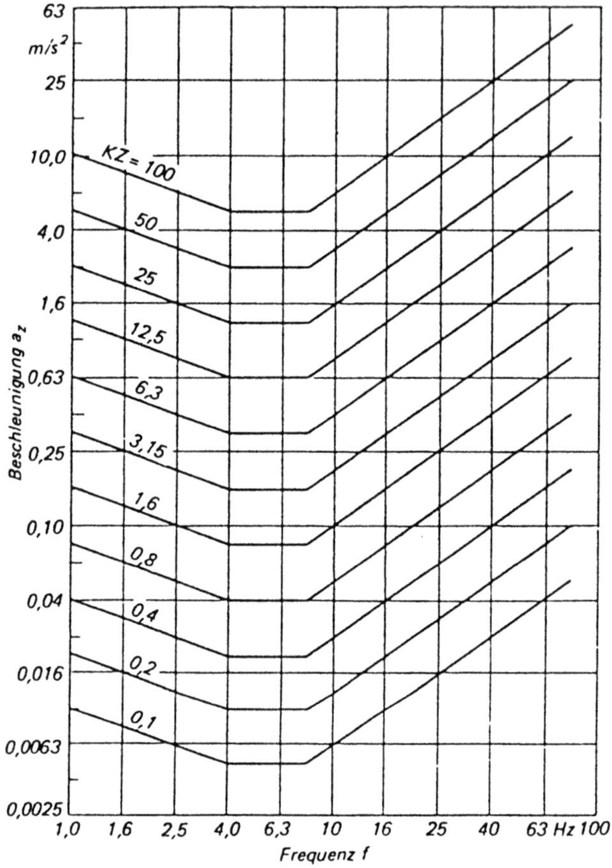


Bild 5:
Kurven gleicher Bewerteter Schwingstärke KZ in Abhängigkeit von Frequenz und Schwingbeschleunigung bei Einwirkung in z-Richtung für den sitzenden und stehenden Menschen.

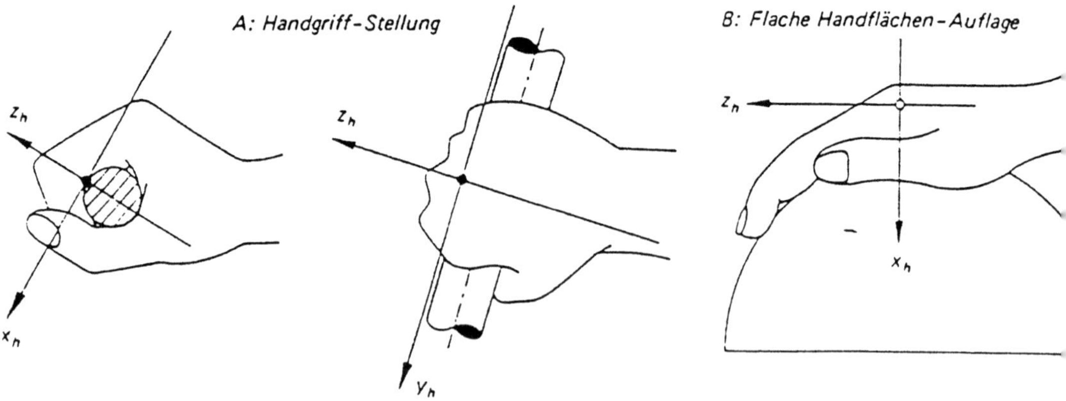


Bild 4: Koordinatensystem für die Schwingungsrichtungen x, y und z bei Einwirkung auf das Hand - Arm System

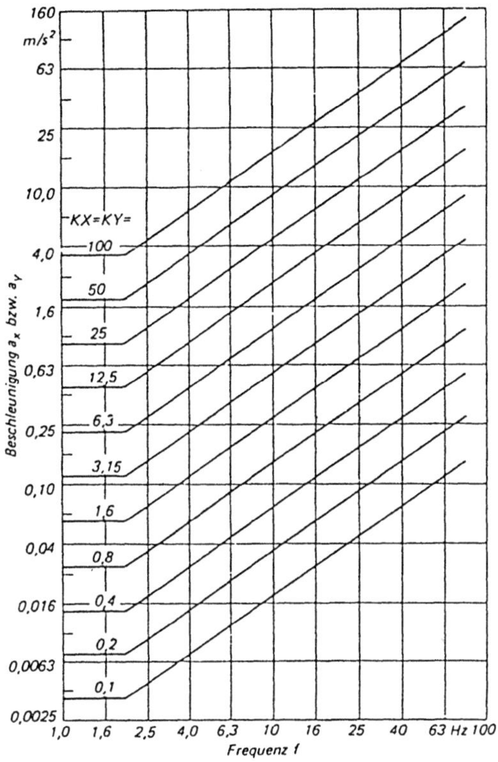


Bild 6: Kurven gleicher Bewerteter Schwingstärken KX und KY in Abhängigkeit von Frequenz und Schwingbeschleunigung bei Einwirkung in x- oder y-Richtung für den sitzenden und stehenden Menschen. Zugleich für KYL und KZL für den liegenden Menschen in y- oder z-Richtung

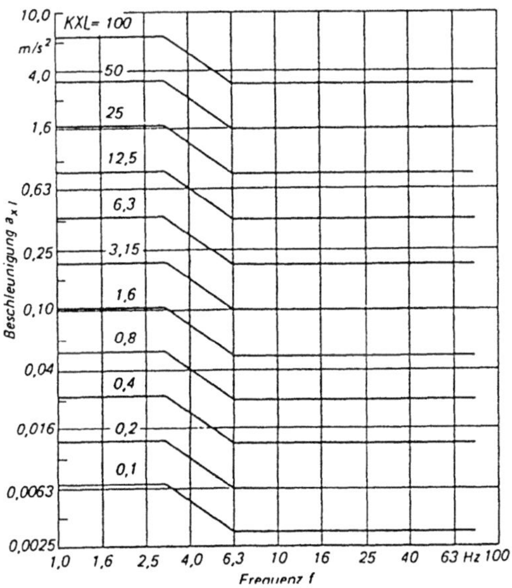


Bild 7: Kurven gleicher Bewerteter Schwingstärke KXL in Abhängigkeit von Frequenz und Schwingbeschleunigung bei Einwirkung in x-Richtung auf den liegenden Menschen.

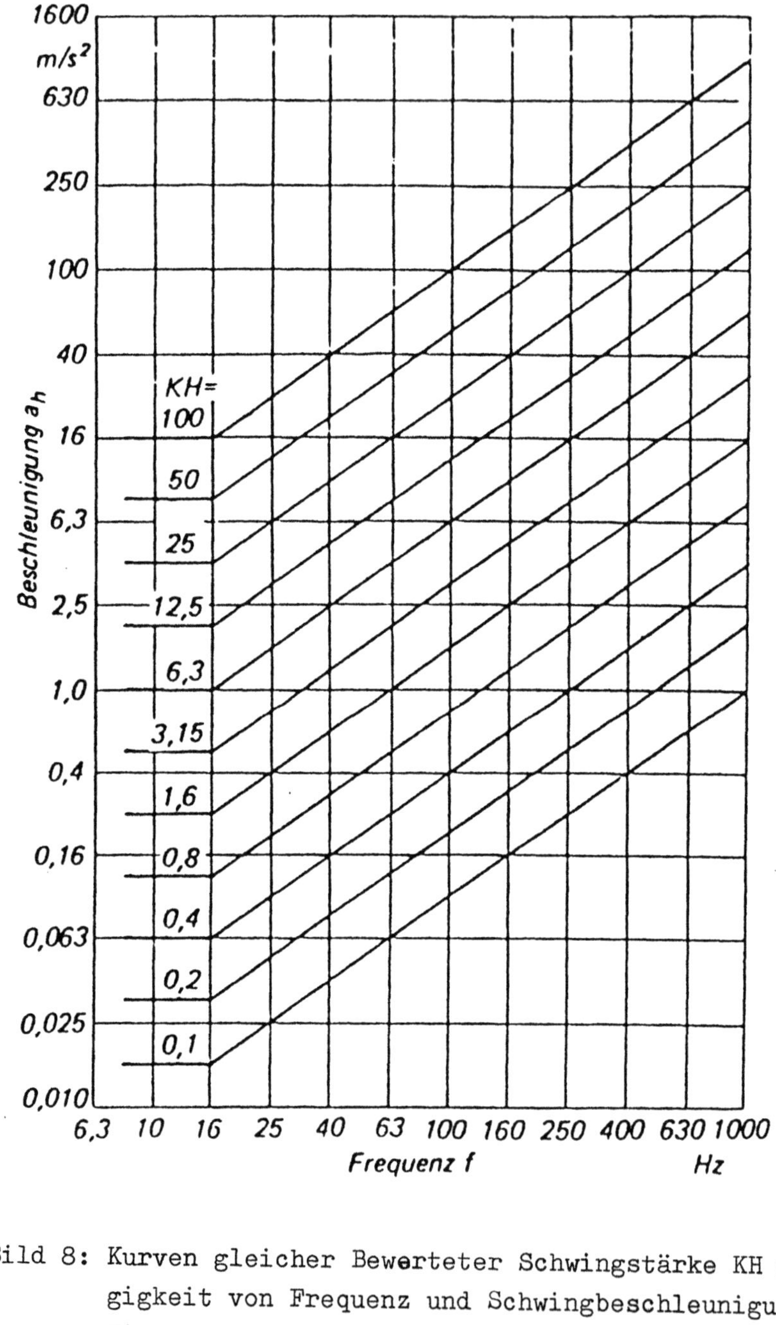


Bild 8: Kurven gleicher Bewerteter Schwingstärke KH in Abhängigkeit von Frequenz und Schwingbeschleunigung bei Einwirkung über das Hand-Arm-System

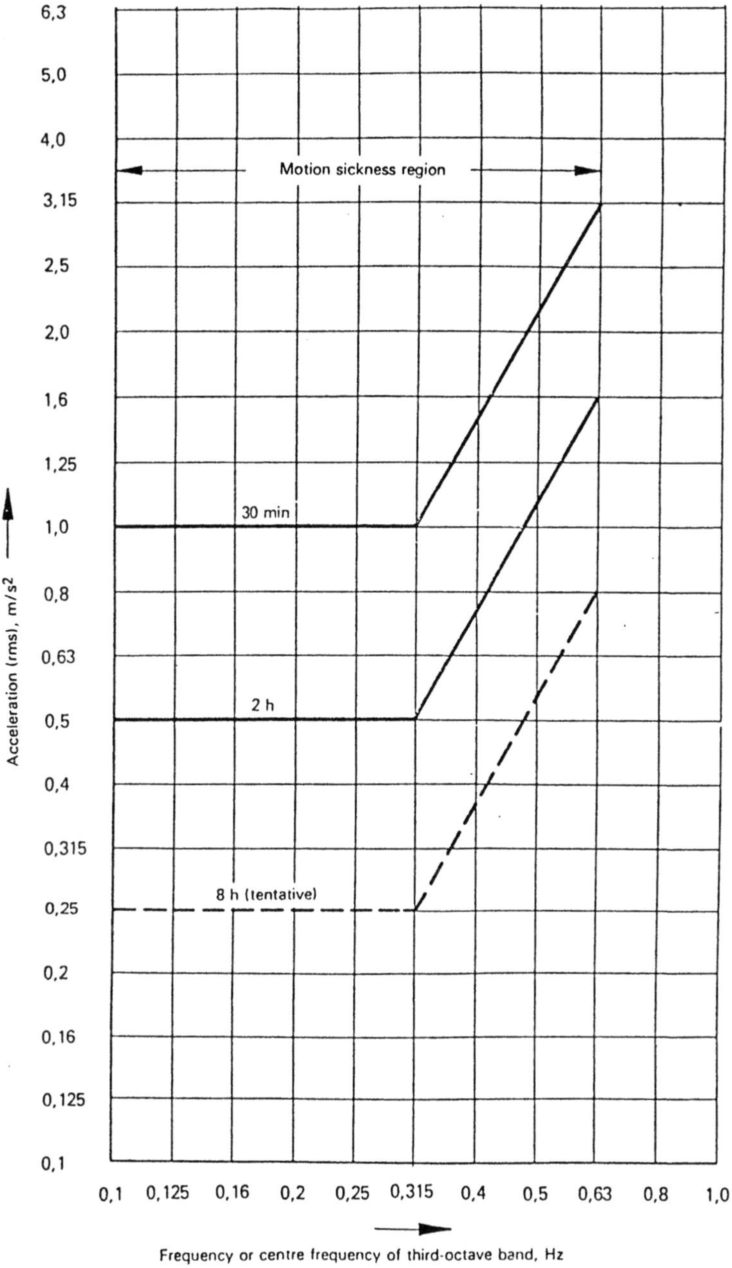


Bild 9: Kurven für gleiche "schwere Unpäßlichkeit" in Abhängigkeit von der Frequenz mit der Einwirkdauer als Parameter bei Einwirkung in z-Richtung

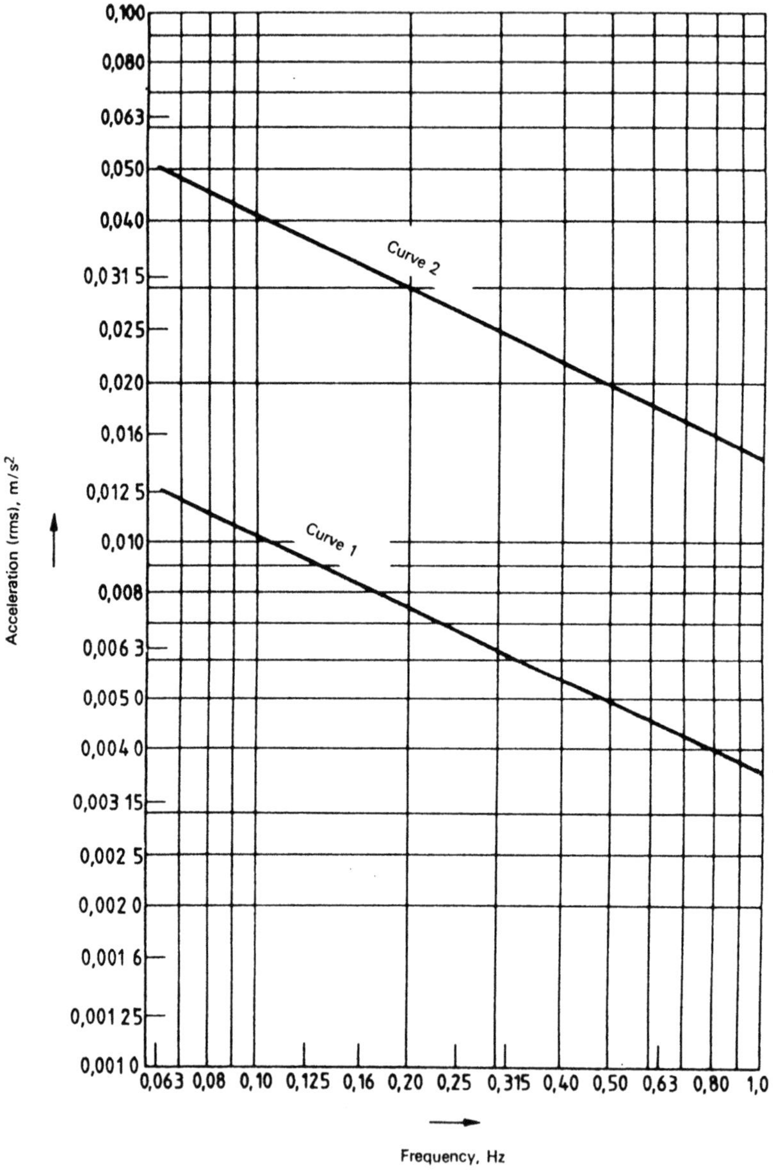


Bild 10: Mittlere Fühlschwelle (Kurve 2) und Fühlschwelle sehr empfindlicher Personen (Kurve 1) in Abhängigkeit von der Frequenz bei Einwirkung von Schwingungen in x- oder y-Richtung mit sehr tiefen Frequenzen

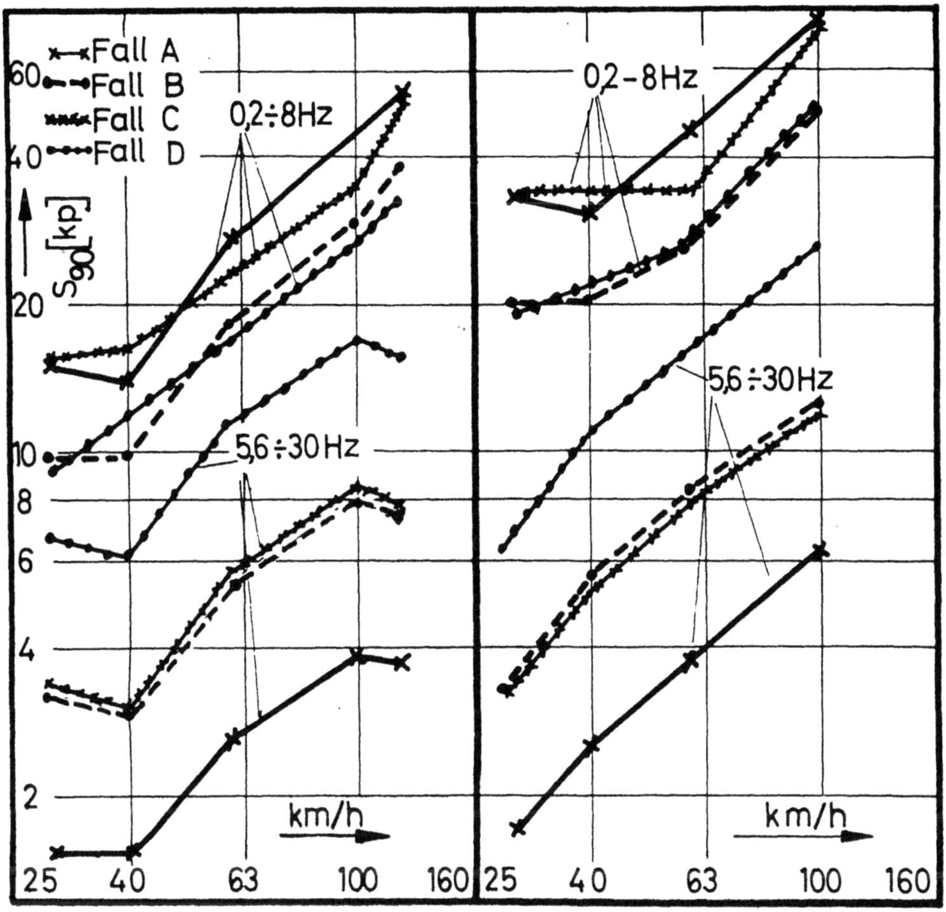


Bild 11: Von der Sitzfläche in das Gesäß eingeleitete Schwingkraft (in kp), unterteilt in die spektralen Bereiche 0,2 bis 8 Hz und 5,6 bis 30 Hz, in Abhängigkeit von der Fahrgeschwindigkeit. Messungen mit Sitzen entsprechend den im Text erläuterten Federungen A bis D mit derselben Versuchsperson in demselben Kleinwagen in der linken Bildhälfte auf mittelguter, in der rechten Bildhälfte auf schlechter Fahrbahn

# Messung von Humanschwingungen

*von H. J. Bress*

Umsetzung von Beurteilungskriterien in meßtechnische Anforderungen, Normen und Meßgeräte - Schwingungsaufnehmer, Ankoppelung, Signalverarbeitung, Fehlerquellen

## 1. Das Dilemma der menschbezogenen Normung

Überall, wo es darum geht, die Wirkung von Umweltfaktoren auf den Menschen - oder allgemeiner: die Wechselbeziehungen des Menschen mit seiner Umgebung - zu quantifizieren, stehen wir vor dem gleichen Dilemma. Einerseits streuen wegen der Vielfalt der individuellen Eigenschaften und der sich überlagernden äußeren Einflüsse die Ergebnisse wissenschaftlicher Untersuchungen sehr breit und lassen Abhängigkeiten von vermuteten Einflußgrößen häufig nur mühsam erkennen. Andererseits besteht aber ein dringendes gesellschaftliches Interesse an einer einheitlichen, exakt reproduzierbaren, wirkungsgerechten Beurteilung der Einflußgrößen mit dem Ziel, mögliche nachteilige Wirkungen auf den Menschen zu prognostizieren, zu limitieren und - wenn es sein muß - zu alimentieren.

Wegen derartiger - z.T. rechtserheblicher - Folgen muß die Beurteilung ein Höchstmaß an Sicherheit aufweisen - trotz aller Unsicherheiten in den zugrundeliegenden Erkenntnissen und der menschlichen Individualität.

Zur Auflösung dieses Dilemmas ist die Normung herausgefordert. Sie steht unter der Prämisse: Einheitlichkeit geht über Richtigkeit im Sinne von Wirkungsäquivalenz. Der in manchen Normen zu findende entschuldigende Hinweis, daß bestimmte Zusammenhänge noch nicht völlig geklärt seien, drückt letztlich nur eine Illusion aus.

## 2. Normung

### 2.1 Grundsätzliche Vorgehensweisen

Die Normung im Bereich Mensch/Umwelt - z.B. Lärm, Vibrationen - ist ein äußerst komplizierter Prozeß. So mancher Irr- und Umweg wurde schon beschritten. Es ist hilfreich, sich an einem Schema zu orientieren, wie in Bild 1 gezeigt.

So schön geradeaus geht es allerdings in der Regel nicht, sondern es werden gewöhnlich viele Schleifen durchlaufen. Z.B. sah man sich bei der seit Jahren laufenden Langzeitrevision der ISO 2631 (Evaluation of human exposure to whole-body vibration) letzthin wieder genötigt, von der 2. unter die 0. Stufe zurückzugehen, um zu bestimmten Aspekten neue, gezielte Untersuchungen in Gang zu setzen. Das vorliegende Datenmaterial war nicht ausreichend, weil es unter anderen als für die Normung relevanten Fragestellungen und wohl auch mit unzureichenden apparativen Mitteln gewonnen worden war. Die zweckmäßige Fragestellung und die begrifflichen Strukturen kristallisieren sich wiederum erst auf den höheren Stufen heraus. Der ganze Ablauf ist folglich eine Art iterativer Prozeß. Dieser bedarf der Mitwirkung verschiedener Fachleute: Physiologen, Mediziner, Ingenieure ..., die z.T. verschiedene Fachidiome sprechen, und er wird zusätzlich erschwert durch Beteiligte mit verschiedenen Eigeninteressen: Verursacher, Betroffene, Gutachter, Entschädiger, Equipmenthersteller. Im folgenden sollen einige wichtige Anschnitte aus Bild 1 näher beleuchtet und konkretisiert werden.

## 2.2 Frequenzbewertung

Aus mehreren publizierten Untersuchungsergebnissen war bekannt, daß die Stärke der Wahrnehmung (an der Schwelle wie auch überschwellig) einer harmonischen Schwingung erheblich von der Schwingungsfrequenz abhängt (neben der Amplitude natürlich), außerdem von der Richtung, von der Einleitungsstelle und von der Körperhaltung. Die exakten Bedingungen waren z.T. nicht dokumentiert, und die Ergebnisse streuten erheblich. (Stufe 0); (Bild 2).
Die Normung begann mit der Fixierung grob schematischer Frequenzabhängigkeiten der Amplitude bei gleicher Wahrnehmungsstärke in Form von Geradenabschnitten (in doppeltlogarithmischer Darstellung), und zwar unterschiedlich für einige wichtige Kombinationen der Schwingungsrichtung, Körperhaltung und Einleitungsstelle bzw. betroffener Körperteil/Organ. (1. Schritt).

Für folgende Kombinationen sind bis heute unterschiedliche Frequenzabhängigkeiten fixiert worden (Bild 3):

Ganzkörper - Stehen/Sitzen - vertikal
Ganzkörper - Stehen/Sitzen/Liegen - horizontal
Ganzkörper - Liegen - vertikal
Hand/Arm (unabhängig von Haltung und Richtung)
Ganzkörper, bauwerksbezogen (unabhängig von Haltung und Richtung)
Ganzkörper "severe discomfort" - Stehen/Sitzen - vertikal .

Letztere zielte von vornherein nicht auf die Wahrnehmbarkeit, sondern auf das durch tieffrequente Schwingungen möglicherweise ausgelöste Unwohlsein.
Auch für die übrigen Frequenzabhängigkeiten wurde das ursprüngliche Beurteilungsziel Stärke der Wahrnehmung im Laufe der Zeit ergänzt oder abgelöst durch die Kriterien Komforteinbuße, Leistungsminderung und Gesundheitsrisiko. Die Frequenzabhängigkeiten wurden aber ungeachtet des Beurteilungsziels - und damit der Stärke der Schwingung - beibehalten. Anstelle der raumbezogenen Richtungen (horizontal, vertikal) werden gewöhnlich körperbezogene Richtungen angegeben.

Solange es nur um harmonische Dauerschwingungen in dem festgelegten Frequenzbereich ging, reichten die schematisierten, geknickten Geraden oder Geradenscharen zur Beurteilung völlig aus. Die Frequenzbewertung und die Entscheidung zulässig/unzulässig waren zu einem Vorgang zusammengefaßt. Eine Beurteilungsgröße war nicht erst zu bilden. Das führte geradewegs zu dem sog. "Rating"-Verfahren für Schwingungen mit mehr als einer Frequenzkomponente. Diese wurden jede für sich so behandelt, als existierten die anderen nicht, und die Ja/Nein-Entscheidung hing nur an derjenigen spektralen Komponente, die - an der Grenzlinie gemessen - am höchsten aufragte. (2. Schnitt).

In Konkurrenz dazu stand das "Weigting"-Verfahren, bei dem der Effektivwert des frequenzbewerteten Schwingungssignals, m.a.W. die Wurzel aus der Quadratsumme der frequenzbewerteten spektralen Komponente, zur Beurteilung herangezogen wird. Die solchermaßen gebildete objektive Beurteilungsgröße wurde ursprünglich - ungeachtet des Beurteilungsziels - "Wahrnehmungsstärke" genannt, die ja eigentlich nach dem Wortsinn eine subjektive Beurteilung voraussetzen würde. Später wurde sie umbenannt in "Bewertete Schwingstärke".

Das Verfahren trennt also ganz klar zwischen der Bildung einer eindimensionalen Beurteilungsgröße unter Berücksichtigung der physiologisch begründeten Frequenzabhängigkeit (spiegelbildlich zu den Grenzlinien des "Ratings") und dem Vorgang des Beurteilens, d.h. der Feststellung, ob vorgegebene Zumutbarkeitsgrenzen über- oder unterschritten sind.
Die Verwandtschaft mit dem "Rating"-Verfahren wird deutlich, wenn man auch dieses zu einem Ein-Zahl-Kriterium umformuliert. Die Beurteilungsgröße ist dann nicht die Wurzel aus der Quadratsumme, sondern die maximale der frequenzbewerteten spektralen Komponenten. Beide Beurteilungsgrößen nähern sich einander um so mehr, je stärker eine einzelne Komponente dominiert. Nur bei annähernder Gleichheit mehrerer Komponenten unterscheiden sie sich nennenswert.

Anmerkung: Für jedes eindeutige Beurteilungskriterium läßt sich eine eindimensionale Beurteilungsgröße definieren. Das hat nicht nur den vorgenannten Vorteil, daß scheinbar ganz unterschiedliche Verfahren ihre Verwandtschaft offenbaren. Sondern es lassen sich auch die verschiedensten Einwirkungen - hier Schwingungsereignisse - oder Verursacher - z.B. Kraftfahrzeuge oder Maschinen unterschiedlicher Bauart - in eine eindeutige Rangfolge einordnen.

Außerdem sollen internationale Normen heute keine Zumutbarkeitsgrenzen mehr enthalten, sondern nur die Bildung von Beurteilungsgrößen und evtl. Zusammenhänge mit prognostizierten Wirkungen beschreiben. Eine Vermengung der Signalverarbeitung mit der Zumutbarkeitsbeurteilung - wie noch in der geltenden Norm ISO 2631 (Evaluation of human exposure to whole-body vibration) - darf es in neuen ISO-Normen folglich nicht mehr geben. Die Zumutbarkeit ist Sache nationaler Regelungen.

Die Frequenzbewertung kann grundsätzlich mit oder ohne spektrale Zerlegung (Frequenzanalyse) erfolgen. Im ersten Fall sind gewisse Diskontinuitäten unvermeidbar. Diskrete Frequenzen an den Bandgrenzen benachbarter Analysierfrequenzbänder können erheblich fehlbewertet werden.

Im zweiten Fall - kontinuierliche Frequenzbewertung des Schwingungssignals im Zeitbereich durch analoge oder digitale Filter - tat man sich zunächst mit den scharfen Ecken und abrupten Enden der schematisierten Bewertungskurven (gespiegelte Grenzgeraden) schwer - nach dem Prinzip: je eckiger desto richtiger. Es kostete Mühe, stattdessen an den Ecken und Enden abgerundete, mit einfachen Mitteln prinzipiell exakt realisierbare Bewertungskurven (beschrieben durch mathematische Funktionen) einzuführen. Sie entsprechen den physio-physikalischen Gegebenheiten und dem ursprünglichen Datenmaterial gewiß besser als die schematisierten, geknickten Geraden. Für die Bewertung wurden im wesentlichen zweipolige Filter zugrundegelegt, die sich analog zu einfachen mechanischen Schwingungssystemen verhalten. (Bild 4).

Um mit den vorher angewandten Verfahren konsistent zu bleiben, wurden die freien Parameter der Filterfunktionen so optimiert, daß die resultierenden Frequenzgangkurven von den schematisierten Vorgaben im quadratischen Mittel minimal abweichen. Die Abweichungen machen höchstens etwa 1 dB aus. (Bild 5).

Auch für die Frequenzbandbegrenzung am unteren und oberen Ende des für die Beurteilung herangezogenen Frequenzbereichs wurde - in Ansehung der Datenbasis und der natürlichen Gegebenheiten - ein relativ sanfter Abfall gewählt

( 2polige Hoch- und Tiefpaßfilter nach Butterworth mit Grenzfrequenzen von 1 Terz außerhalb des nominellen Frequenzbereichs). Die Bandbegrenzungen sind auch zur eindeutigen Definition und einheitlichen Messung der Beurteilungsgröße unbedingt nötig. Ihre Lage - gerade am unteren Ende des Ganzkörperbereichs 1 - 80 Hz (nominell) ist nach wie vor umstritten. Es gibt Bestrebungen, 2/3 bis 1 Oktave weiter unten zu beginnen, also bei 0,5 oder 0,63 Hz nominell, d.h. mit Grenzfrequenzen (3 dB Abfall; Schnittpunkt der Asymptoten) von 0,4 bzw. 0,5 Hz und womöglich gar mit einer erhöhten Bewertung zwischen etwa 0,5 und 1 Hz. (Bild 6).
Dieser Bereich hat gerade für die Automobiltechnik große Bedeutung, weil ein weich gefederter Wagen hauptsächlich solche tieffrequenten Anteile auf die Insassen überträgt. Damit können Unterschiede in der Fahrwerksabstimmung für die Beurteilungsgröße mehr oder weniger ausschlaggebend sein, je nachdem, wo die untere Frequenzgrenze liegt.

Teilweise argumentiert man, die Art der Beeinträchtigung bei solchen tiefen Frequenzen sei eine grundsätzlich andere (Unwohlsein) als bei höheren Frequenzen ( > 1 Hz), und beide Effekte dürfe man nicht vermengen.
In solchen Situationen ist natürlich eine Frequenzanalyse - zusätzlich zur Messung der frequenzbewerteten Schwingstärke - sehr hilfreich.
Auch zur Beurteilung von Hand/Arm-Schwingungen (über die Hand auf das Hand/Arm-System wirkend) findet man teilweise widersprüchliche Angaben über die unteren und oberen Frequenzbandgrenzen. Diese Unterschiede beruhen aber nur auf der früher unscharfen Festlegung der Frequenzgrenzen und auf der Frequenzanalyse mittels Oktavfiltern, die keine feinere Abstufung zulassen. Heute sind nominelle Grenzen von 8 Hz und 1 kHz sowie 3-dB-Frequenzen von 6,3 Hz und 1,25 kHz mit einem wohldefinierten Verlauf in allen relevanten Normen festgeschrieben.

## 2.3 Zeitbewertung, Mittelung

Bis hierher war stillschweigend vorausgesetzt, daß es sich um stationäre Dauerschwingungen handelt, für die der Effektivwert ohne nähere Erläuterung ausreichend definiert schien. Lange Zeit herrschte große Unsicherheit, wie nichtstationäre Schwingungen zu beurteilen seien, die in der Praxis einen breiten Raum einnehmen: an- und abschwellende oder von Pausen unterbrochene Schwingungen, transiente Schwingungen bis hin zu einzelnen oder wiederholten Stößen - evtl. unterlagert von stationären Schwingungen -, völlig regellose, nichtdeterministische Schwingungen ohne stabile statistische Kennwerte.

Ein Ansatz zur Lösung der Problematik führte über eine differenziertere Definition des Effektivwertes. So benutzt man heute den "gleitenden" Effektivwert mit bestimmten Zeitkonstanten zur Beurteilung der Kurzzeitwirkung, während der über eine feste Dauer gebildete "Intervall"-Effektivwert als Ausgangsbasis für eine Langzeitbeurteilung dient. Letzterer läßt sich auch aus ersterem durch nochmalige Effektivwertbildung gewinnen.

Die Bildung des gleitenden Effektivwertes wird auch als Zeitbewertung bezeichnet, sie beinhaltet eine mit der Zeit exponentiell abnehmende Gewichtung (Bewertung) vergangener Energieanteile. Als Zeitkonstanten sind im Gebrauch: 1/8 s für Ganzkörperschwingungen, 1s für Hand/Arm-Schwingungen.

## 2.4 Langzeitbeurteilung von Stößen

Ein großes Problem bildet nach wie vor die Langzeitbeurteilung stoßhaltiger oder stoßartiger Schwingungen - insbesondere im Hinblick auf Komforteinbuße und Gesundheitsrisiko, und zwar primär bei Ganzkörperschwingungen. Durch verschiedene Untersuchungen ist belegt, daß Stöße (Schocks) durch den Intervall-Effektivwert im Vergleich zu Dauerschwingungen zu milde beurteilt werden. Ein aus der Akustik entlehntes Verfahren der Impulsdehnung (angewandt auf den gleitenden Effektivwert mit nachfolgender Bildung des Intervall-Effektivwertes) soll diesen Mangel beheben. Es ist in deutschen Normentwürfen (DIN 45669T.3) näher definiert und wurde auch in die internationale Normung eingebracht. Hier konkurriert es mit einem aus England stammenden Verfahren, bei dem die Quadrierung des frequenzbewerteten Signals im Rahmen der Effektivwertbildung doppelt ausgeführt wird. Es wird also über die vierte Potenz integriert, wodurch hohe Signalspitzen ein erheblich höheres Gewicht erhalten als bei der gewöhnlichen Effektivwertbildung. (ISO/DIS 2631/2).

Wegen der verbreiteten Unsicherheit über das "richtige" Verfahren wurden - wie eingangs erwähnt - von der ISO neue experimentelle Untersuchungen unter dieser Fragestellung initiiert. (Auch über die Frequenzbewertung im tieffrequenten Bereich erhofft man sich bei dieser Gelegenheit zusätzliche Erkenntnisse.)

Beiden konkurrierenden Verfahren gemeinsam ist, daß sie für jede Signalart eine wohldefinierte Beurteilungsgröße liefern und daß sie sich mit den heutigen Mitteln der Signalverarbeitung im Prinzip auf einfache Weise realisieren lassen. Verfahren, die eine Fallunterscheidung je nach Signalart voraussetzen, stehen derzeit nicht mehr ernstlich zur Diskussion.

## 2.4 Normierung

International werden die Beurteilungsgrößen schlicht als bewertete Beschleunigungen in der Maßeinheit $m/s^2$ angegeben, obwohl das Schwingungssignal nach der Frequenzbewertung für die meisten Bewertungsfunktionen eher mit der Geschwindigkeit als mit der Beschleunigung verwandt und eigentlich keiner physikalischen Größe richtig zuzuordnen ist. In den deutschen Normen geht man deshalb einen Schritt weiter und macht das Signal durch "Normierung" dimensionslos. Man erhält das sog. K-Signal und daraus den K-Wert als Beurteilungsgröße.

Die Normierung ist eine Division durch eine festgelegte Beschleunigung, und zwar unterschiedlich für die verschiedenen Frequenzbewertungen. Die Zahlenwerte sind so festgelegt, daß die unterschiedlichen K-Werte bezüglich ihres Wirkungspotentials miteinander annähernd vergleichbar sind.
So lassen sich z.B. K-Werte für gleichzeitig einwirkende horizontale und vertikale Schwingungen, die ja unterschiedlich bewertet und normiert werden, unmittelbar vektoriell addieren. Nach ISO 2631 geht das nur mit Gewichtsfaktoren (die quantitativ das gleiche bewirken wie die Normierung).

## 2.5 Anforderungen an Meßeinrichtungen

Ergänzend zu den Soll-Vorgaben - entsprechend den zur Beurteilungsgröße führenden Signalverarbeitungsverfahren - enthalten Gerätenormen vor allem Grenzen für zulässige Meßabweichungen, also Toleranzangaben. Sie gelten in der Regel für die gesamte Meßeinrichtung - von der mechanischen Schnittstelle des Schwingungsaufnehmers bis hin zur Ausgabe der Beurteilungsgröße.

Die Festlegung von Toleranzen ist heikel, weil zwischen dem technisch Machbaren und dem ökonomisch Vertretbaren abzuwägen ist. (3. Schritt nach Bild 1.)
Ein technisch allzu perfektes Gerät wäre zu teuer, als daß es von den Anwendern akzeptiert würde und umgekehrt. Wie diese prinzipiell gegensätzlichen Forderungen sich u.U. doch miteinander vereinbaren lassen, sei am Beispiel der Frequenzbewertung demonstriert.

Die Frequenzgangkurven entstanden - wie schon ausgeführt - ursprünglich durch Spiegelung oder Invertierung der schematisierten, geknickten Grenzlinien. Das Idealbild einer solchen, prinzipiell nicht realisierbaren Bewertungskurve mit scharfen Ecken bestimmte zunächst auch den Verlauf der Toleranzlinien. Im Bereich der Ecken war das Toleranzfeld aufgeweitet, um mit noch vertretbarem Schaltungsaufwand die Kurve zu schaffen. (Bild 7).

Die Polzahl der Filter hing ab vom Ehrgeiz des Herstellers und kannte prinzipiell keine Grenzen, ohne Rücksicht auf den Phasengang. Der ist für den gleitenden Effektivwert von Impulsen mit Dauern in der Größenordnung der Zeitkonstante durchaus relevant, insbesondere wenn sich das Verfahren der Impulsdehnung anschließt. Mit Einführung der gerundeten, realisierbaren Bewertungskurven - sowohl für die Knickpunkte im Arbeitsfrequenzbereich als auch für die Bandbegrenzungen am unteren und oberen Ende - konnte man das Toleranzfeld viel enger um die Sollkurve herum drapieren und zugleich den Aufwand senken. (Bild 8).
Damit wurde implizit auch der Phasengang weitgehend vereinheitlicht. Das ist unabdingbar für die Messung von Spitzenwerten, die zwar in Deutschland nicht zur Beurteilung der Einwirkung auf Menschen herangezogen, aber häufig als Zusatzinformation angegeben werden.

Die Toleranzen in Gerätenormen betreffen nicht nur Unvollkommenheiten bei der Messung echter Signale, sondern auch unechte Anzeigen ohne Signal. Beide Fehlereinflüsse können ihre Ursache in der Meßeinrichtung selbst oder in der Umwelt haben. Z.T. sind verschiedene Genauigkeitsklassen mit unterschiedlich breiten Toleranzen vorgesehen (ISO 8041), um ökonomischen Erwägungen auch nachträglich Raum zu geben oder um den Anforderungen an verschiedenen Einsatzorten (z.B. Labor, Arbeitsplatz) bezüglich Umweltverträglichkeit gerecht zu werden.

## 2.6 Meßdurchführung, Fehlerabschätzung

Gerade im Humanschwingungsbereich sind - abhängig von der Anwendung oder Aufgabenstellung - detaillierte Festlegungen zur Meßdurchführung erforderlich, um reproduzierbare Resultate zu erhalten. Ähnlich wie in der Akustik gilt hier, daß die Meßunsicherheiten in höherem Maße durch die Wahl von Meßzeit und Meßort - hier zu ergänzen durch Meßrichtung - bestimmt sind als durch Unvollkommenheiten der Geräte.
Bezüglich des Meßortes und der Meßrichtung ist der Ausführende zwar in der Regel durch die Aufgabenstellung grundsätzlich von vornherein festgelegt, aber schon geringe Unterschiede in der Plazierung und Ankoppelung des Schwingungsaufnehmers können recht erhebliche Abweichungen im Meßergebnis zur Folge haben.
Grundsätzlich soll - außer bei bauwerksbezogenen Schwingungen - direkt an der Schnittstelle Körper/Schwingungsübertrager - z.B. Sitz, Rückenlehne, Fußboden, Lenkrad - gemessen werden. Das ist jedoch infolge der endlichen Größe eines Aufnehmers häufig unmöglich.

Deshalb ist diese Grundsatzforderung durch Anweisungen für die praktische Durchführung zu ergänzen. Dabei ist zu berücksichtigen, daß nicht alle Punkte der Berührfläche nach Betrag, Richtung und Phase gleichartig schwingen und daß viele andere Einflußgrößen mitbestimmend sein können.
Besonders bei der Messung von Hand/Arm-Schwingungen an handgehaltenen Maschinen wird deutlich, wie stark die Schwingungen vom Probanden zu beeinflussen sind: Greifkraft, Andruckkraft, Winkelstellung der Gelenke, Körperhaltung, Muskelanspannung, ... sind entscheidende Faktoren. Darüber hinaus kommt es natürlich allgemein bei der Spezifikation von Maschinen, Kraftfahrzeugen usw. bezüglich der von ihnen ausgehenden Schwingungen auch auf die Anzahl und Auswahl der Versuchspersonen nach Konstitution und Gewicht an.

Um all diese menschbedingten Unsicherheiten auszuschalten, geht man teilweise einen ganz anderen Weg: Der Mensch selbst wird in seinen relevanten Eigenschaften genormt, d.h. in seinen mechanischen Admittanzen oder Impedanzen als Funktion der Frequenz für bestimmte Orte und Richtungen der Schwingungseinleitung. Dann läßt sich der Mensch im Rahmen einer Spezifikationsmessung durch ein mechanisch äquivalentes Modell ersetzen oder seine Rückwirkung auf den Schwingungsträger rechnerisch berücksichtigen. (Bild 9).

Meßunsicherheiten aufgrund regelloser Schwankungen im zeitlichen Schwingungsverlauf werden abschätzbar, indem man eine Folge von Wiederholungsmessungen in solchen zeitlichen Abständen ausführt, daß die Ergebnisse als statistisch unabhängig gelten dürfen. Die Schwankungen werden nach statistischen Methoden ausgewertet. So erhält man Vertrauensgrenzen für ein vorgegebenes Vertrauensniveau. ( DIN 1319 Teil 4 und DIN 55350).

## 3. Schwingungsaufnehmer

Im Automobil werden Schwingungen in erster Linie über die Sitzpolster, den Fußboden und das Lenkrad auf die Insassen übertragen. Für alle drei Einleitungsstellen werden piezoelektrische Beschleunigungsaufnehmer aufgrund ihrer geringen Baugröße und Masse sowie ihres weiten Frequenz- und Dynamikbereiches bevorzugt eingesetzt. (Bild 10).

Spezielle Bauformen und Ankopplungshilfen erleichtern die Messung unmittelbar an den Berührflächen: Der sog. Sitzbeschleunigungsaufnehmer ist in ein flaches, halbhartes Gummikissen eingebaut. (Bild 11 ). Er eignet sich nicht nur für Messungen an Sitz und Rückenlehne, sondern auch auf dem Fußboden; insbesondere wenn dieser mit einem weichen Belag versehen ist, so daß die Schwingungen unter dem Fuß und daneben stark differieren können.

Seine Eigenschaften sind durch Normen festgelegt. (DIN ISO 7096, VDI 2057 Blatt 4.2 und 4.3) (Bild 11).

Auch für Hand/Arm-Schwingungen gibt es spezielle Hand- oder Griffadapter zur Ankoppelung der Beschleunigungsaufnehmer derart, daß die Schwingung von der Schnittstelle Hand/Griff (Lenkrad) auf den Aufnehmer übertragen wird. (Bild 12). Diese Adapter sind jedoch bislang nicht genormt. Die Anwendung der Adapter auf weichen Griff-Überzügen ist allerdings problematisch, da sie in ihrer allseits elastischen Lagerung zu Eigenschwingung mit Frequenzen innerhalb des angestebten Übertragungsbereichs 6,3 - 1250 Hz angeregt werden könnten.

Diese Gefahr ist beim Sitzbeschleunigungsaufnehmer wesentlich geringer, weil
a) die obere Frequenzgrenze für Ganzkörperschwingungen nur bei 100 Hz liegt,
b) das Massenverhältnis zwischen Aufnehmer und Rumpf günstiger ist und
c) der Aufnehmer selbst in der Schnittstelle angeordnet und nicht über einen hebelartigen Adapter angekoppelt ist.

Als weitere mögliche Fehlereinflüsse oder Auswahlkriterien für den Aufnehmer seien genannt:

a) Gleichsignale (Offset, DC-Shift) aufgrund schneller Temperaturwechsel oder Überlast;
b) Störsignale aufgrund von Kabelbewegungen;
c) Störsignale aufgrund zu geringer Meßempfindlichkeit (Übertragungsfaktor) des Aufnehmers;
d) Temperaturabhängigkeit des Übertragungsfaktors;
e) Amplituden- und Phasenfrequenzgang an den Bandgrenzen, verursacht durch zu enge Frequenzgrenzen des Aufnehmers (in Verbindung mit der Eingangsschaltung der Meßeinrichtung).

Alle genannten Einflüsse sind durch sachgerechte Auswahl und Handhabung der Schwingungsaufnehmer beherrschbar; aber man sollte sich dieser Fehlerquellen stets bewußt sein. Teilweise wird auch in den Anwendungsnormen darauf hingewiesen.

## 4. Elektronische Meßeinrichtung

### 4.1 Digitalisierung

Mit den heute verfügbaren Mitteln der digitalen Signalverarbeitung ist es im Prinzip möglich, das vom Aufnehmer (auch mehreren) kommende(n) Schwingungssignal(e) nach Konditionierung und A/D-Wandlung in Echtzeit vollständig digital weiterzuverarbeiten - bis hin zur Ausgabe der Beurteilungsgröße oder Klassierung in Prognose-Bereiche oder in zumutbar/unzumutbar.

Die Konditionierung beinhaltet in der Regel eine Signalverstärkung sowie Frequenzbandbegrenzungen durch Hoch- und Tiefpaßfilter.
An der unteren Grenze wird man nach Möglichkeit die durch Normen vorgegebene Charakteristik - wie zuvor beschrieben - durch ein zweipoliges Butterworth-Hochpaßfilter realisieren. Damit kann eine digitale Nachbehandlung an der unteren Grenze entfallen.

An der oberen Grenze muß man zur Vermeidung von Spiegelfrequenzen bei der Stichprobennahme (Aliasing) u.U. - je nach dem Verhältnis Taktfrequenz (Sampling-Frequenz) zur höchsten interessierenden Signalfrequenz - wesentlich steiler filtern als nach den Normen vorgegeben. Mit Rücksicht darauf öffnen sich die Toleranzfelder 1 Oktave oberhalb der nominellen Frequenzgrenze unbeschränkt nach unten.
Der Sollverlauf innerhalb des noch engen Toleranzschlauches im Bereich der oberen Frequenzgrenze läßt sich sowohl analog als Teil der Konditionierung wie auch digital realisieren.

## 4.2 Fourieranalyse

Unter digitaler Signalverarbeitung werden häufig - sehr verengt - nur die Fourieranalyse und die darauf basierenden Verfahren verstanden. Eine spektrale Zerlegung zum Zwecke der Frequenzbewertung ist aber aus zwei Gründen nachteilig:

a) Die Bewertung kann - wie schon erwähnt - nur für die jeweilige Bandmitte einer jeden "Spektrallinie", die ja eine endliche Breite besitzt, korrekt sein.
b) Die Zeitstruktur des Signals geht bei der üblichen energetischen Summation über der Frequenz verloren, und zwar um so mehr, je feiner man die Analyse (wegen a) ausführt. Vermeidbar wäre dieser Nachteil theoretisch durch eine amplituden- und phasengerechte Bewertung des komplexen Spektrums mit anschließender Rücktransformation in den Zeitbereich. Das ist jedoch mit den heutigen Mitteln nicht in Echtzeit zu bewältigen und wäre auch viel zu kompliziert im Vergleich zu dem nachfolgend beschriebenen Digitalfilter-Verfahren.

Ungeachtet dessen aber kann eine Frequenzanalyse nach Fourier (FFT = Fast-Fourier-Transformation) natürlich wertvolle zusätzliche Informationen liefern, die über den Zweck einer bloßen Beurteilung des Ist-Zustandes hinausgehen: Aufdecken von Ursachen und Übertragungswegen, Reduzieren der Schwingungsbelastung, Dimensionieren von Abhilfen.

## 4.3 Digitale Filterung

Durch Addition unterschiedlich verzögerter und verstärkter/abgeschwächter Signalanteile - rekursiv (mit Signalschleifen) oder nichtrekursiv (geradeaus) - läßt sich prinzipiell jeder Frequenzgang beliebig annähern. (Bild 13). Angewandt auf digitalisierte Signale, eignet sich diese "Digitalfilter"-Technik zur besonders einfachen Realisierung der anhand analoger Schaltkreise definierten Bewertungs- und Bandbegrenzungsfunktionen. Auch die Bildung von gleitenden oder Intervall-Effektivwerten oder eine Vektorsummation läßt sich in einfacher Weise anschließen. Es ist jedoch derzeit kein für Humanschwingungen programmiertes Signalverarbeitungssystem bekannt. Deshalb wird man heute doch noch auf die herkömmliche Analogtechnik zurückgreifen müssen. Lediglich Echtzeit-Spektrumanalysatoren in Digitalfiltertechnik sind am Markt. Für deren Einsatz gilt im Prinzip das gleiche, wie zu den Fourieranalysatoren ausgeführt.

## 4.4 Analoge Signalverarbeitung

Der Aufbau analoger Frequenzbewertungs- und Bandbegrenzungsfilter ergibt sich beinahe unmittelbar aus den Angaben in den Normen unter Beachtung der bekannten Konstruktionsprinzipien. Besonderes Augenmerk erfordern folgende Punkte:

a) Die untere Bandbegrenzung - als zweipoliges Butterworth-Hochpaßfilter definiert - kann durch mehrfache AC-Koppelung zwischen einzelnen Stufen leicht verdorben werden. Zwar öffnet sich mit Rücksicht darauf die untere Toleranzgrenze 1 Oktave unterhalb der nominellen Frequenzgrenze, aber Sorgfalt ist trotzdem geboten. Zu tiefe Koppelungsfrequenzen verhindern andererseits eine schnelle Erholung nach Übersteuerungen.
b) An der oberen Bandgrenze ist im Gegensatz zur digitalen Signalverarbeitung nicht die untere, sondern die obere Toleranzgrenze kritisch. Ein eventueller Anstieg des Frequenzgangs durch die mechanische Aufnehmer- oder Ankoppelungsresonanz muß durch zusätzliche Tiefpaßfilterung beseitigt werden. Allerdings erweitern sich (DIN) bzw. enden (ISO) auch die oberen Toleranzgrenzen bei hohen Frequenzen.
c) Die Aussteuerungsgrenzen müssen an allen kritischen Schaltungspunkten überwacht werden.
d) Der Effektivwertbildner muß auch kurze Impulse (Stöße) und Dauersignale mit hohen Scheitelfaktoren einwandfrei verarbeiten, und zwar über einen großen Dynamikbereich, insbesondere wenn sich eine Langzeitmittelung anschließt.

e) Der Temperaturgang kann besonders für solche Schaltungsteile kritisch sein, die Halbleiterkennlinien zur Nachbildung bestimmter Funktionen ausnutzen, z.B. Effektivwertdetektoren.

Eigentlich sind ja alle diese Punkte durch entsprechende Anforderungen in den Normen ausreichend abgedeckt. Aber in Ermangelung von Meßeinrichtungen, die als Ganzes nach den geltenden Normen oder veröffentlichten Normentwürfen spezifiziert sind, arbeitet man vielfach mit zusammengesuchten Geräten oder man behilft sich mit Einzelanfertigungen, die nicht alle Prüfungen durchlaufen haben.

## 4.5 Signalspeicherung

Obschon es direktanzeigende Humanschwingungsmesser für den mobilen Einsatz, z.B. in Kraftfahrzeugen, gibt, ist eine Zwischenspeicherung der Signale häufig zweckmäßig. Diese lassen sich dann nicht nur nach allen Regeln der gegenwärtigen Methodik auswerten, sondern auch archivieren, um später evtl. neue Verfahren der Signalverarbeitung darauf anwenden zu können.

Während nun bei der herkömmlichen analogen Aufzeichnungstechnik (z.B. FM-Bandaufzeichnung) Qualitätseinbußen - selbst mit anerkannt hochwertigen Geräten - nie ganz vermeidbar waren, ist das bei der schnell vordringenden digitalen Aufzeichnungstechnik (PCM) grundlegend anders. Auch wiederholte Überspielungen schaden nichts. Und selbst der finanzielle Aufwand wird sich reduzieren lassen, da die in großen Stückzahlen produzierten Geräte der Konsumelektronik sich auch als Basis für Meßdatenspeicher eignen.

## 5. Zusammenfassung, Ausblick

Die Umsetzung wissenschaftlicher Erkenntnisse über die Wirkung mechanischer Schwingungen auf den Menschen - auf sein Wohlbefinden, seine Leistungsfähigkeit und seine Gesundheit - in Ursache-Folge-Relationen, in prognostische Beurteilungsgrößen, in Signalverarbeitungsverfahren, in Meßeinrichtungen und in Meßverfahren ist ein äußerst komplizierter Prozeß. Trotz jahrzehntelanger Bemühung ist noch vieles offen, und ständig wird Festgeschriebenes wieder in Zweifel gezogen. Immerhin haben die heute gültigen oder als Entwürfe vorliegenden Normen einen Stand erreicht - und zwar auf nationaler und internationaler Ebene weitgehend übereinstimmend -, der eine einheitliche, reproduzierbare Beurteilung in fast allen praktisch bedeutsamen Fällen erlaubt.

Die noch verbliebenen Lücken werden hoffentlich in naher Zukunft zu schließen sein. Denn die bisher gesammelten Erfahrungen, die bewährten Ordnungsprinzipien, das hochentwickelte Begriffsgebäude, die Möglichkeiten einer flexiblen Signalverarbeitung und die heute verfügbaren Apparaturen verkürzen erheblich den Weg von der Intuition über eine Arbeitshypothese, deren Verifikation bis hin zum praktikablen Verfahren, dessen Normung und Umsetzung in Meßeinrichtungen.

**Bild 1. Typischer Normungsablauf im Bereich Mensch - Umwelt**

| | |
|---|---|
| Ausgangsbasis Stufe 0 | Datenmaterial, Ergebnisse der Wirkungsforschung (retrospektiv/epidemiologisch oder experimentell); gesellschaftliche Forderungen |
| 1. Schritt | Reduktion auf wesentliche Zusammenhänge und Trends |
| Stufe 1 | Schematisierte Abhängigkeiten zwischen bestimmten Einflußfaktoren und Wirkungen/Reaktionen; Ursache-Folge-Relationen |
| 2. Schritt | Definition eindeutiger, objektiver Beurteilungsverfahren und/oder-größen |
| Stufe 2 | Verfahren der Signalverarbeitung, Beurteilungsgrößen; vorzugsweise in mathematischer Formulierung, ggf. implizit unter Einbeziehung gebräuchlicher Verfahrensschritte |
| 3. Schritt | Berücksichtigung der meßtechnischen Möglichkeiten unter ökonomischen Aspekten |
| Stufe 3 | Anforderungen an Meßeinrichtungen, Begrenzung von Meßabweichungen über alles oder für einzelne Verfahrensschritte |
| 4. Schritt | Berücksichtigung anwendungsrelevanter, praktischer Erfordernisse |
| Stufe 4 | Festlegungen für die Meßdurchführung und die Abschätzung von Meßunsicherheiten |

Bild 2. Kurven gleicher Wahrnehmungsstärke nach verschiedenen Autoren

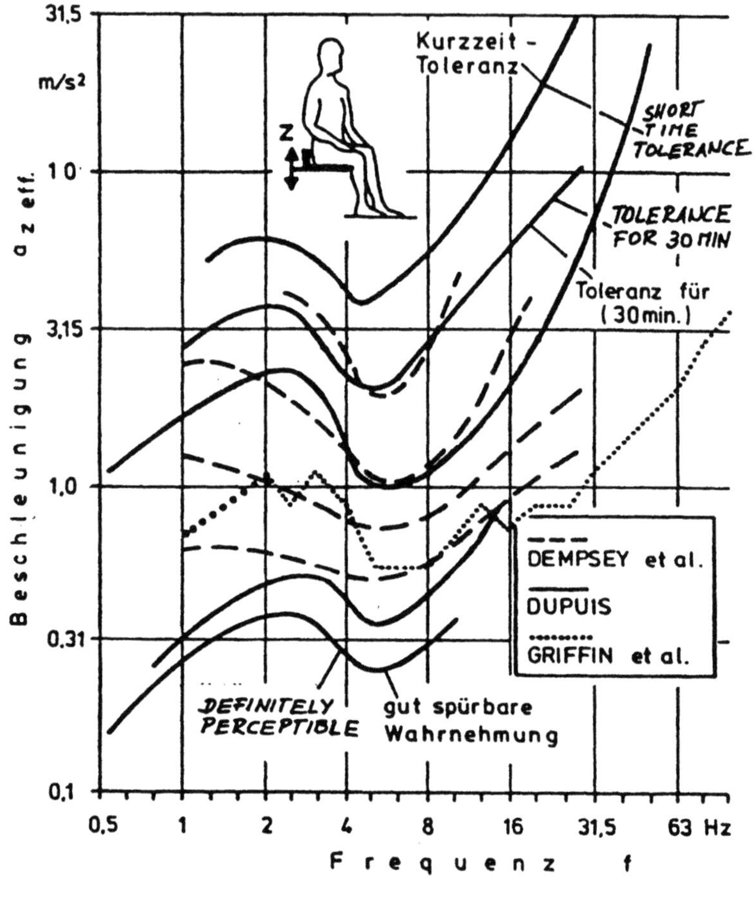

Bild 3. Schematisierte Kurven gleicher Bewerteter Schwingstärke für den stehenden und sitzenden Menschen sowie bei nicht vorgegebener Körperhaltung

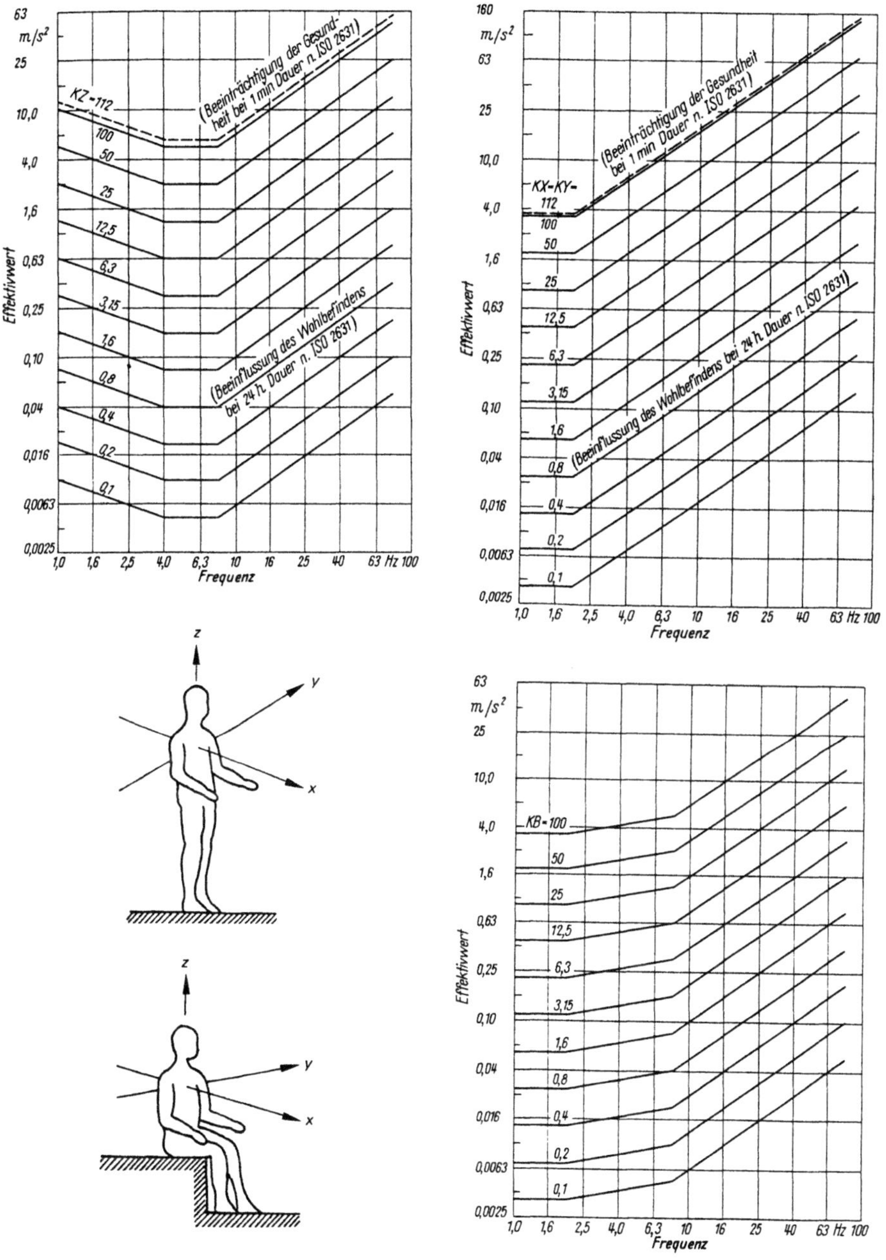

**Bild 4. Realisierbare Bewertungskurve (Z) ohne Bandbegrenzung**

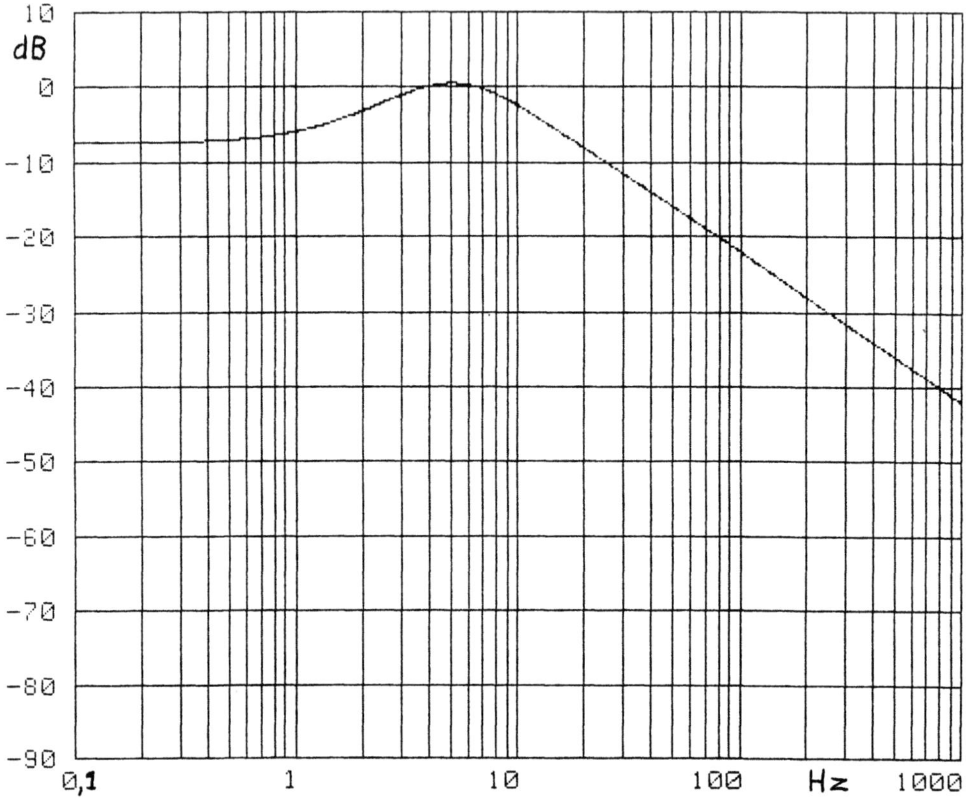

Bild 5. Realisierbare Bewertungskurve (Z) mit Bandbegrenzungen sowie schematisierter Polygonzur. (Aus E-DIN 45 671 Teil 1)

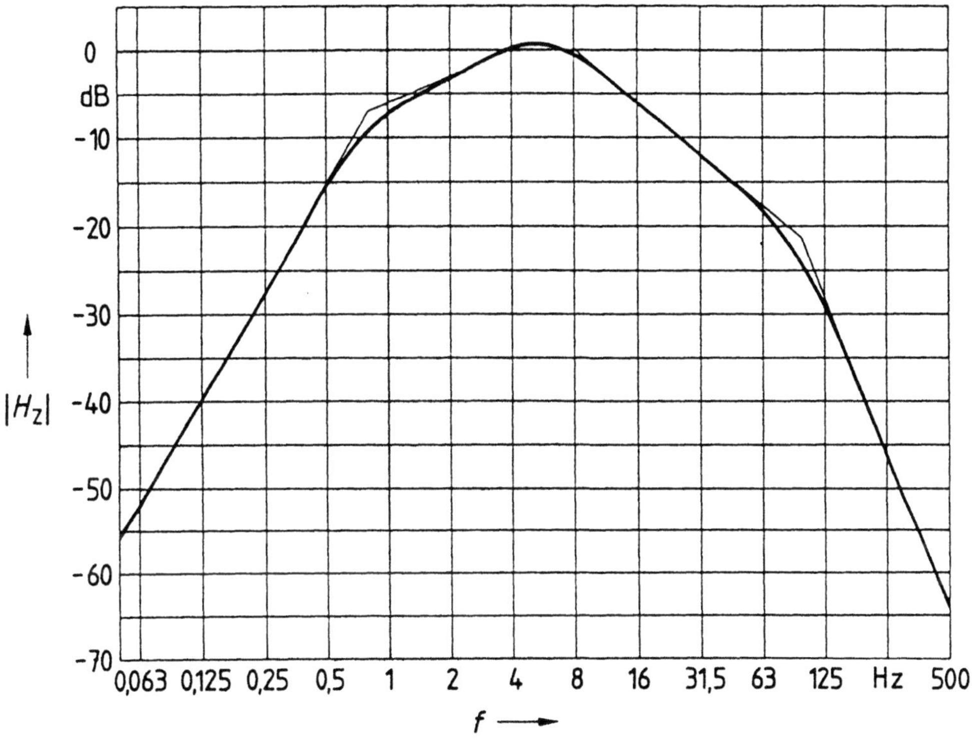

Bild 6. Modifizierte Bewertungskurve (Z) mit 0,5 Hz unterer Frequenzgrenze (nominell)

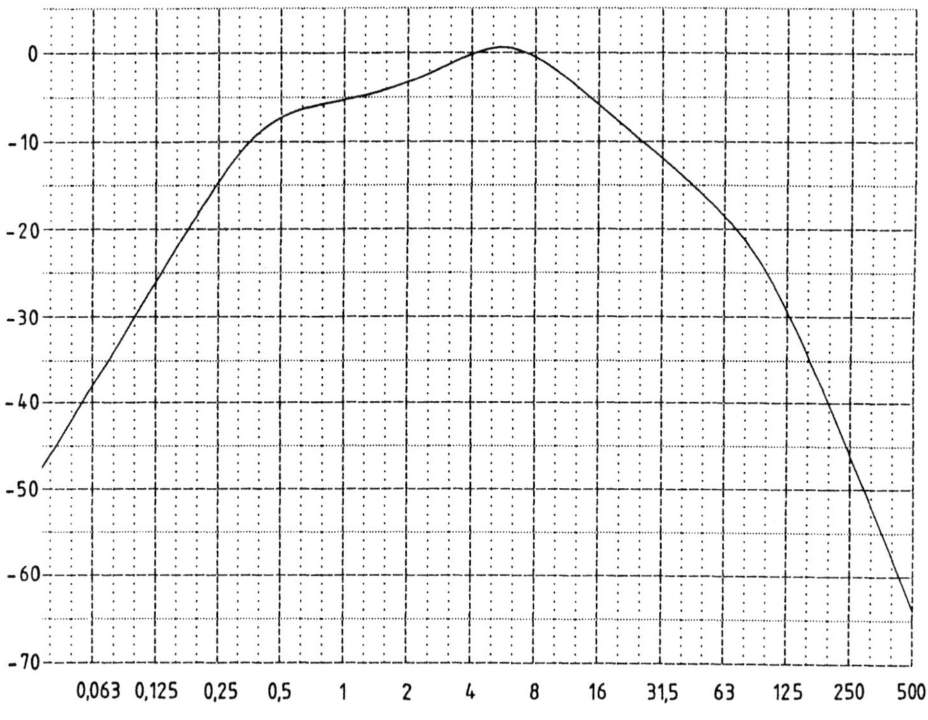

**Bild 7.** **Toleranzfeld für eine eckige Bewertungskurve (überholt)**

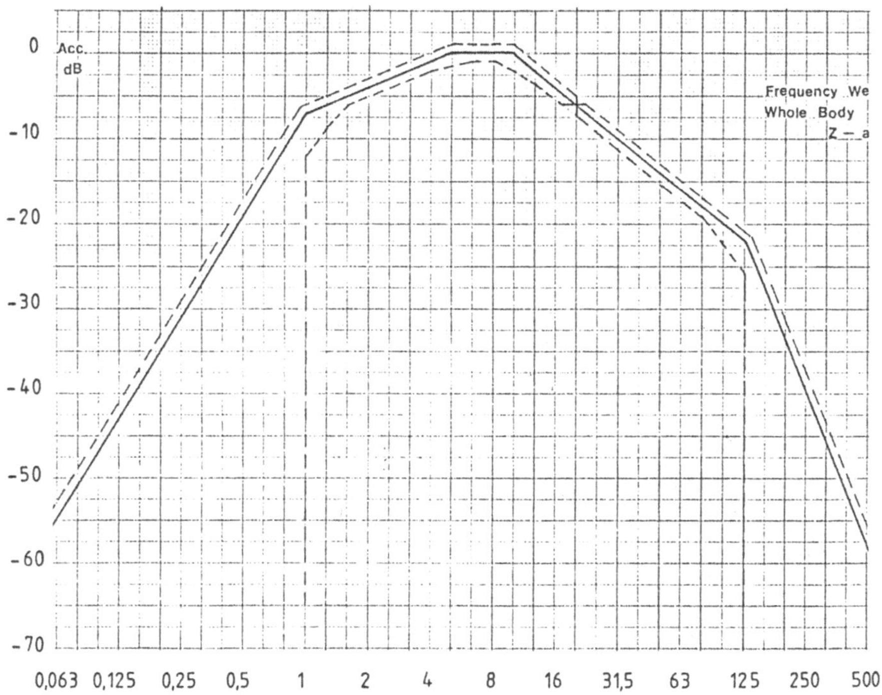

Bild 8. Toleranzfeld für eine realisierbare Bewertungskurve (Z). Gestrichelt: Bewertung ohne Bandbegrenzung. (Aus ISO/DIS 8041)

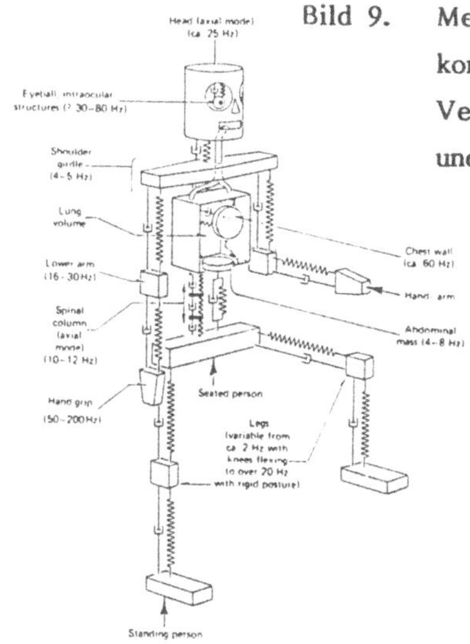


Bild 9. Mechanisches Modell des Menschen aus konzentrierten Elementen sowie genormte Vereinfachung für den stehenden Menschen und zugeordnete Impedanzkurve. (Aus ISO/DIN 5982)

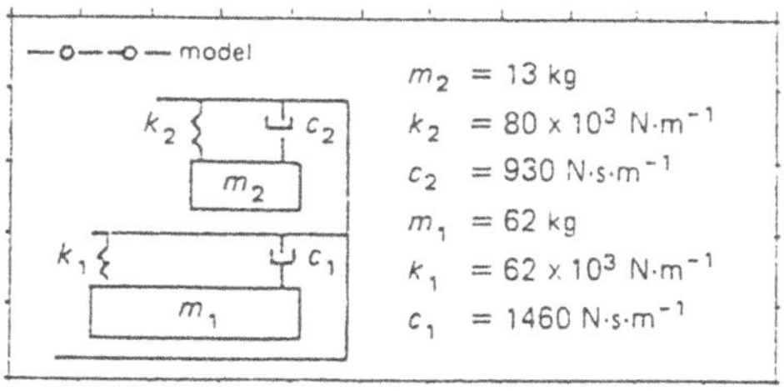


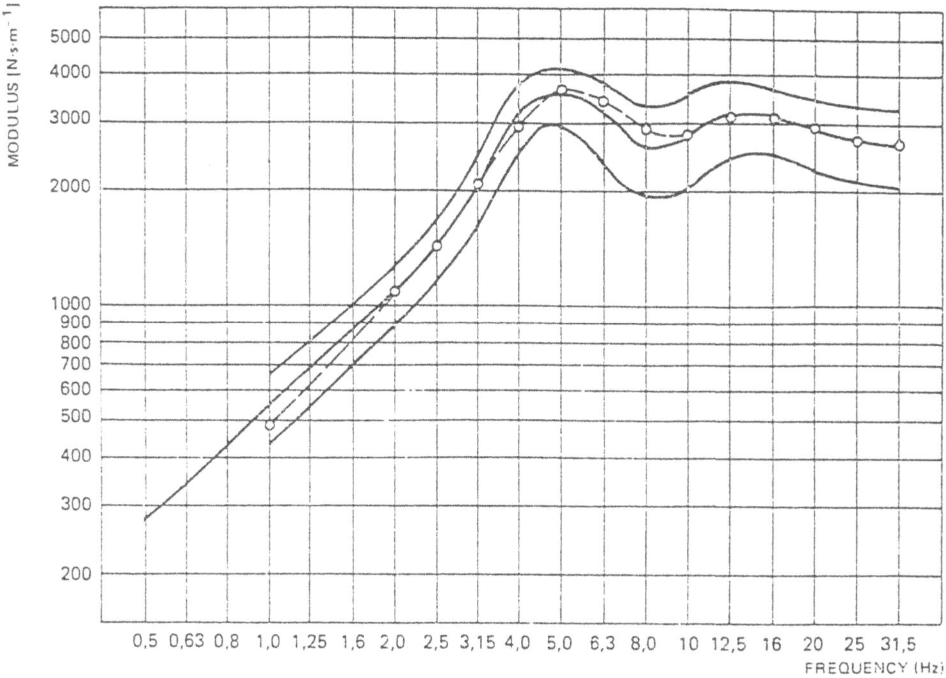

Bild 10. Beschleunigungsaufnehmer in verschiedenen Bauformen

Bild 11. Sitzbeschleunigungsaufnehmer und seine genormten Maße. (Aus (DIN) ISO 7096)

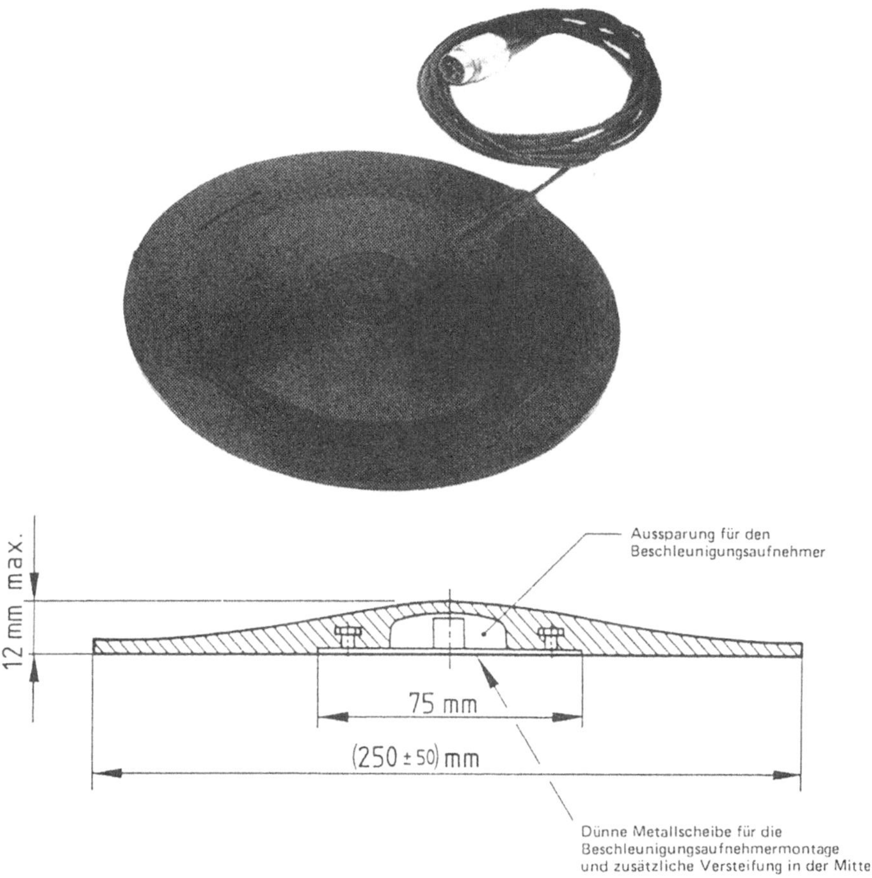

Bild 12. Griff- und Handadapter für Messungen an handgehaltenen, vibrierenden Griffen

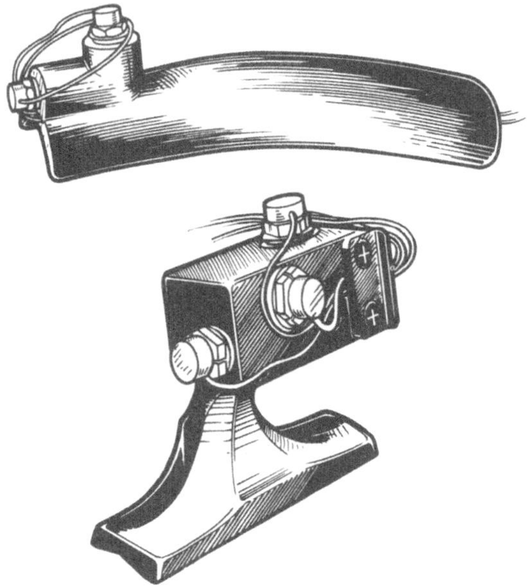

**Bild 13. Funktionsschema eines Digitalfilters**

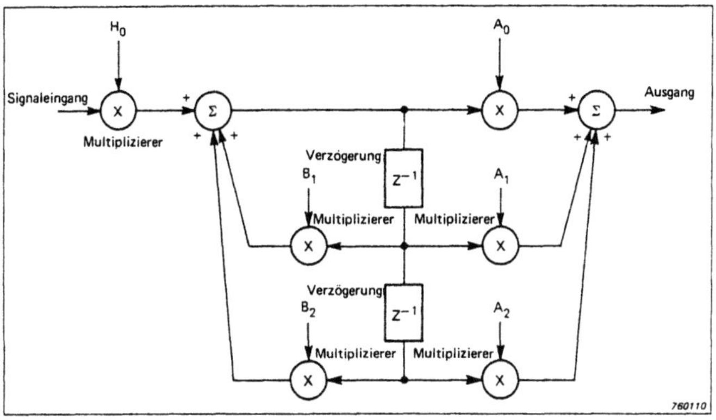


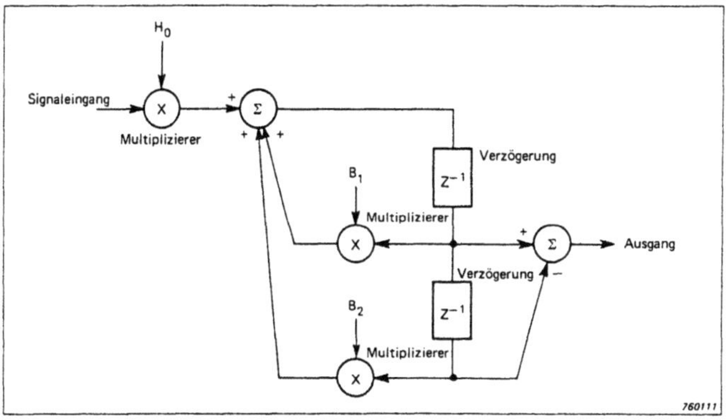

# Biomechanische Modelle als Studienobjekt der Reaktionen des menschlichen Körpers und seiner Organe auf Schwingungen

*von O. Krettek und M. Nader*

## 1. Zur Frage der Erforderlichkeit biomechanischer Modelle

Kein Gleis läßt sich so verlegen, daß es exakt der Gleisachse folgen würde. Vielmehr weicht es selbst bei bester Fahrbahnverlegung vertikal wie auch horizontal quer von der Ideallage ab. Im einzelnen entstehen dadurch vier Arten von Fehlern: Höhenlagefehler, Höhendifferenzen, Abweichungen aus der Gleisachse bei konstantem Spurmaß sowie Spurmaß - Abweichungen. Hinzu kommen variable Elastizitäten aufgrund unterschiedlicher Bodenverhältnisse und auch Differenzen in der Schotterstopfung. Diese Fehler regen in ihrer Gesamtheit ein darüber fahrendes Fahrzeug sowohl zu Vertikal- als auch Querschwingungen an. Lokomotiven neigen dabei aufgrund ihrer kurzen Baulängen zu besonders heftigen Reaktionen. Messungen an modernen Triebfahrzeugen haben gezeigt, daß selbst bei guter Gleislage die Wz-Zahlen sowohl vertikal als auch horizontal quer im schlechtesten Falle Werte von ca. 5 annehmen können. So wurden beispielsweise an einer Lokomotive der Österreichischen Bundesbahnen (ÖBB) vom Typ 1044 bei V = 180 km/h am Fußboden vertikal wie horizontal quer Maximalwerte von 3,4 gemessen. Auf einer SBB Lokomotive des Typs Re 4/4 registrierte man im Abschnitt Zürich - Bern in vertikaler Richtung sogar Wz-Zahlen von 4,19 (Kv = 29,9) und in horizontaler Querrichtung Wz-Zahlen von 4,96 (Kh = 64). Selbst auf der sechsachsigen Schnellfahrlokomotive der DB-Baureihe 103 erreichen die Wz-Ziffern bei 200 km/h in Horizontal-Querrichtung Werte von 2,2, in Vertikalrichtung von 2,9. In allen drei Fällen liegen somit die Führersitzreaktionen in einer Größenordnung, die den Fahrzeugführer stark belasten und ihn bei längerer Einwirkung sogar ermüden können.

Das Auftreten von Unwohlsein bzw. Ermüdungserscheinungen resultiert dabei unmittelbar aus den Vibrationen, in die der menschliche Körper versetzt wird. Dieser reagiert aufgrund unzureichender Dämpfung bis zu Frequenzen von 80 Hz ähnlich einem komplexen Mehrmassensystem, dessen einzelne Massen untereinander mit Feder- und Dämpfungselementen verbunden sind. Unterhalb von 30 Hz übertragen sich derartige Vibrationen auch auf die inneren Organe und das Knochengerüst. Aufgrund dieser Verhaltensweise können im Körper bei Schwingungseinleitung Relativbewegungen der verschiedenen Massen gegeneinander erzeugt werden, wobei in Teilbereichen auch Resonanzerscheinungen auftreten können. Diese äußern sich in erhöhten Schwingungsamplituden von verschiedenen Körperteilen bei bestimmten Schwingungsfrequenzen. Solche Resonanzen treten vorwiegend zwischen 3 und 12 Hz auf, wodurch der Mensch in diesem Frequenzbereich Vibrationen besonders feinfühlig empfindet. Die Resonanzlagen und auch die Größe der auftretenden Ausschläge hängen dabei entscheidend davon ab, ob die Vibrationen über das Gesäß oder die Füße eingeleitet werden. Erst im höher frequenten Bereich nehmen die Dämpfungseigenschaften soweit zu, daß sich Vibrationen dann nur noch auf die in Hautnähe befindlichen Nerven, Blutgefäße und Muskelfasern übertragen. Untersuchungen des Institutes für Arbeits-und Sozialmedizin der Johannes-Gutenberg-Universität Mainz geben zu erkennen, daß durch die Vibrationen auch die optische Auffassung erheblich beeinträchtigt werden kann, was für die Bahnen einen wichtigen sicherheitstechnischen Aspekt aufwirft (5). Befragungen von Hubschrauberpiloten ergaben beispielsweise, daß längere Schwingungsbelastungen vor allem Erschwernisse bei der Ablesung von Instrumenten und Karten nach sich ziehen. Quantifizierende Messungen an 10 männlichen Versuchspersonen in natürlicher sitzender Körperhaltung äußerten sich bei vertikaler Gesäßanregung mit sinualen Beschleunigungsamplituden $a_F$ von $1 m/s^2$ bei Frequenzen von 12,5 bis 80 Hz in Verlängerung der Auffassungszeiten gegenüber Ruhebedingungen von 600 bis 2.600 % (Bild 1). Der Größtwert trat dabei bei einer Frequenz von 5 Hz auf. Die Ursachen für diese Erscheinung liegen sowohl im biomechanischen als auch physiologischen und psychologischen Bereich. Verantwortlich hierfür sind unter anderem:

1) die unzureichenden kompensatorischen Folgebewegungen des Auges bei niedrigen Frequenzen,
2) das Schwingungsübertragungsverhalten des Rumpfes und des Kopfes, einschließlich Rotation und Resonanz des Kopfes,
3) die Resonanzerscheinungen der Bulbi und des sie umgebenden Gewebes,
4) das in der Literatur häufig aufgeführte Verwackeln des Bildes auf der Retina,
5) bei längerer Schwingungsbelastung auftretende psychophysische Mißempfindungen und
6) die Abnahme von Motivation und Konzentration.

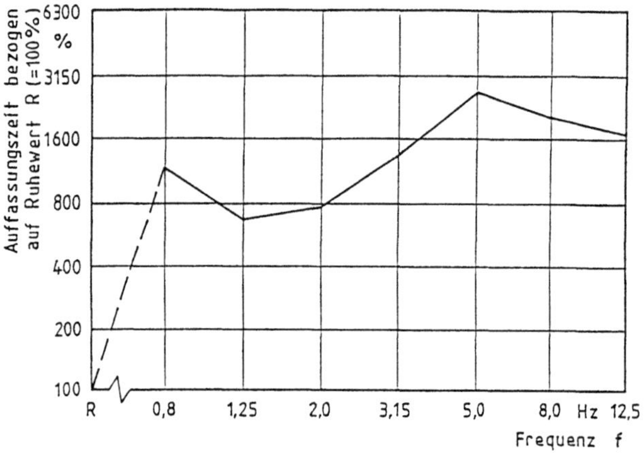


**Bild 1: Relative Veränderung der optischen Auffassungszeiten für Zahlenkombinationen bei vertikaler Schwingbelastung in sitzender Körperhaltung in Abhängigkeit von der Frequenz (effektive Beschleunigung der Erregung = 1,0 $m/s^2$) (5)**

Neben diesen den Allgemeinzustand beeinträchtigenden Störungen können als weiteres auch Gefühle des Unbehagens bis hin zu Schmerzen in Bauch- und Brustorganen sowie Kopfschmerzen auftreten. Als besonders unangenehm erweisen sich hierbei, wie schon angedeutet, Frequenzen im Bereich zwischen 4 und 12 Hz. Die Größe der zumutbaren Vibrationen hängen dabei entscheidend von der Dauer der Schwingbelastung ab und nehmen mit dieser, wie Bild 2 zeigt, schon bei sechsstündigem Dienst gegenüber dem Minimalwert um ca. 38,6 dB ab und reduzieren damit die zulässigen Maximalamplituden auf lediglich 0,63 $m/s^2$.

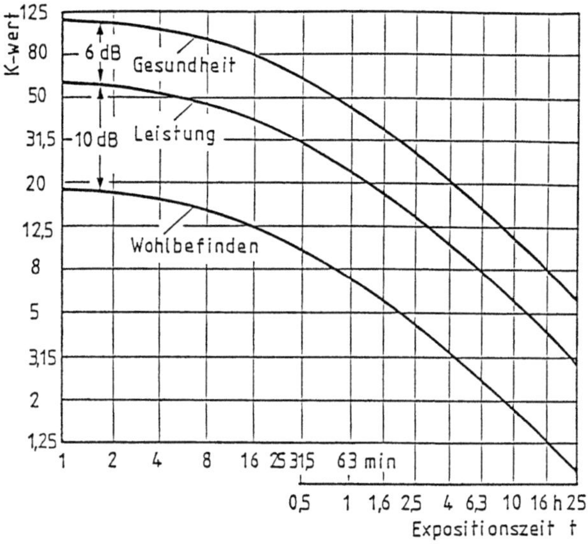


**Bild 2: Wahrnehmungsstärke K bei Schwingbelastung in ihrer Beziehung zu Wohlbefinden, Leistungsfähigkeit sowie Gesundheit und Sicherheit in Abhängigkeit von der Dauer der Schwingungseinwirkung**

Der das Wohlbefinden einschränkende Einfluß von Schwingungen wurde bereits von Sperling (14) erkannt. Noch bevor sich DIN dieser Frage annahm, suchte er in umfangreichen Messungen die Beschleunigungsamplituden richtungs- und frequenzabhängig zu bewerten. Das Ergebnis war die von ihm aufgestellte Wz - Zahl:

$$Wz = 0,896 \sqrt[10]{b^3/f \quad F(f)} \qquad (1)$$

Darin ist

b die Beschleunigungsamplitude der Wagenkastenschwingung,

f die Frequenz der Wagenkastenschwingung und

F(f) ein das subjektive Empfinden des Menschen beschreibender Bewertungsfaktor für die vertikale und horizontale Beanspruchungsrichtung gem. Bild 3.

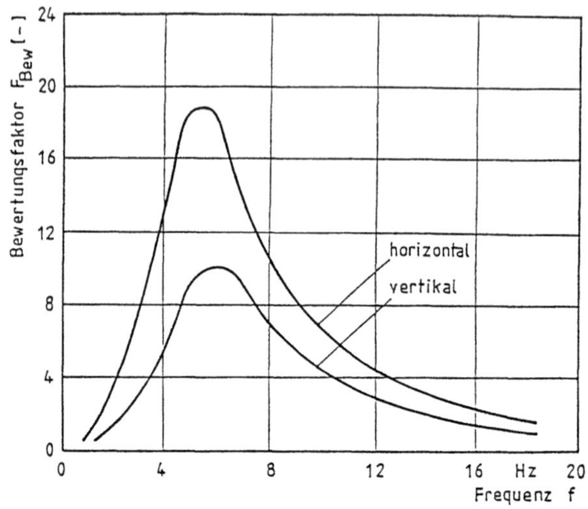


**Bild 3: Horizontaler und vertikaler Bewertungsfaktor zur Wertzifferberechnung nach Sperling**

Die in dieser Funktion zum Ausdruck kommende starke Beschleunigungsempfindsamkeitkeit im Frequenzbereich zwischen 2 und 8 Hertz resultiert aus den erwähnten Eigenschwingungen, denen einzelne Körperteile und Organe in diesem Bereich ausgesetzt sind. Schwingt das Fahrzeug in mehreren Frequenzen, dann gilt die Mittelungsvorschrift:

$$Wz_{ges} = \sqrt[10]{n_1 \; Wz_1^{10} + n_2 \; Wz_2^{10} + \ldots \; n_i \; Wz_i^{10}} \qquad (2)$$

$n_i$ stellt darin das Verhältnis zwischen anteiliger Fahrzeit $t_i$, während der das Fahrzeug die Werteziffer $Wz_i$ annimmt, zur Gesamtdauer der Fahrt dar. Es gilt also:

$$n_i = t_i / T_{ges}. \qquad (3)$$

Der Bestwert 1 entspricht dabei sehr gutem Laufverhalten, während die Wertungszahl 4 die Grenze der Betriebsfähigkeit kennzeichnet (Tab. 1). Dieses auch noch heute von der Deutschen Bundesbahn und anderen europäischen Bahnverwaltungen zur Bewertung der Laufeigenschaften von Reisezug- und Güterwagen benutzte Verfahren entspricht jedoch nicht mehr dem heutigen Kenntnisstand und auch nicht mehr dem Stand internationaler Normung und dürfte von daher in Zukunft von einer auf dem ISO-Standard aufbauenden modifizierten Methode abgelöst werden.

**Tab. 1: Zusammenhang zwischen Laufgüte (DB), Wertungszahl und Schwingempfinden**

| Laufgüte | Wz | Schwingungsempfinden |
|---|---|---|
| sehr gut | 1,0 | gerade spürbar |
| gut | 2,0 | gut spürbar |
| | 2,5 | stärker spürbar, jedoch nicht unangenehm, erträglich |
| befriedigend | 3,0 | stark spürbar, unruhig, noch erträglich |
| | 3,25 | stark unruhig |
| | 3,5 | außerordentlich unruhig, unangenehm, lästig, bei längerer Dauer nicht erträglich |
| betriebsfähig | 4,0 | außerordentlich unangenehm, bei längerer Dauer schädlich |
| nicht betriebsfähig | 4,5 | |
| betriebsgefährlich | 5,0 | |

Angeregt durch die Untersuchung Sperlings wurde das Problem in der Folgezeit von weiteren Wissenschaftlern aufgegriffen, wobei allerdings die Resultate sowohl in Bezug auf die frequenzabhängige Schwingungsstärkenbewertung als auch die subjektive Einschätzung der erträglichen Expositionsdauer äußerst differenziert ausfielen (Bild 4 und 5).

Mit den als Folge fortschreitender Arbeitsplatz-Technisierung auftretenden zunehmenden mechanischen Belastungen wendete sich dann auch DIN diesem Problem zu und gab 1974 Richtlinien für die Beurteilung von Schwingungen heraus, in denen an Testper-

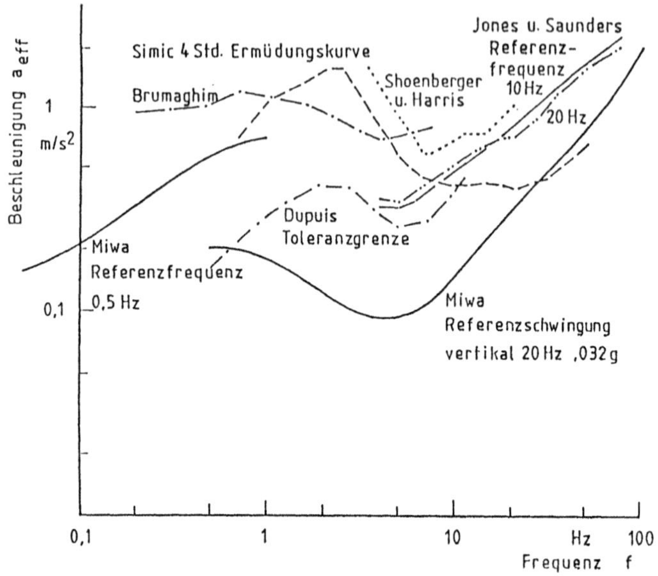


Bild 4: Kurven gleicher Wahrnehmung bei vertikaler und horizontaler Erregung in stehender und sitzender Haltung nach unterschiedlichen Untersuchungen als Funktion von der Frequenz

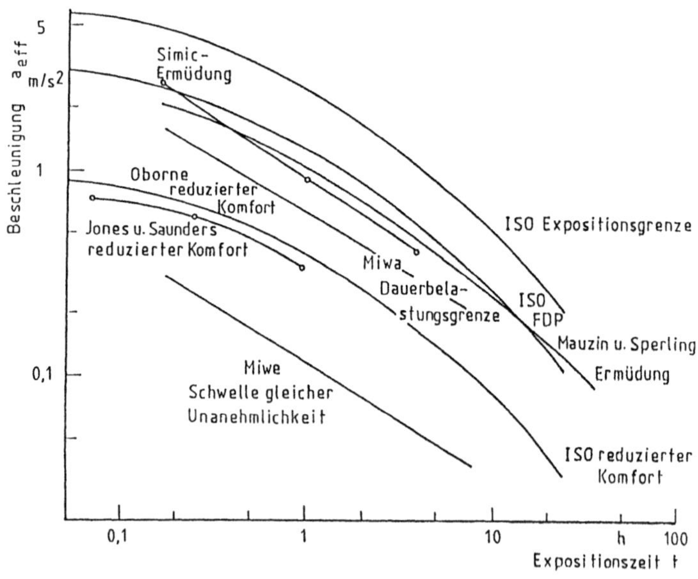


Bild 5: Kurven gleichbewerteter Schwingungsbeschleunigung bei vertikaler Erregung in stehender Haltung als Funktion von der Expositionszeit bei f = 5 Hz nach unterschiedlichen Untersuchungen

sonen ermittelte zulässige Beschleunigungswerte in Abhängigkeit von Einwirkdauer, Frequenz, Schwingungsrichtung und Körperhaltung angegeben sind. Analog zu Sperling werden in ihnen die Schwingungen ebenfalls mittels Wahrnehmungsstärkefaktoren bewertet, diese jedoch nicht nur mit der subjektiven Wahrnehmung, sondern darüber hinaus auch mit der zumutbaren Dauer der Schwingungseinwirkung in Hinblick auf das Wohlbefinden, die Leistungsfähigkeit und Gesundheit sowie Sicherheit in Beziehung gebracht (Bild 6). Das Bewertungsgesetz besitzt allerdings keinen stetigen Verlauf, sondern ist im Hinblick auf eine leichtere Handhabung abschnittsweise durch in logarithmischer Auftragung als Geraden sich abbildende Funktionen formuliert. Bezüglich der Vertikalrichtung folgen dabei die Wahrnehmungskurven annähernd denjenigen des Wz - Verfahrens (Bild 7), bewerten jedoch den Frequenzbereich unterhalb von 8 Hz geringfügig schwächer, Vibrationen mit Frequenzen über 8 Hz indessen leicht stärker. In horizontaler Richtung kommt indessen DIN zu

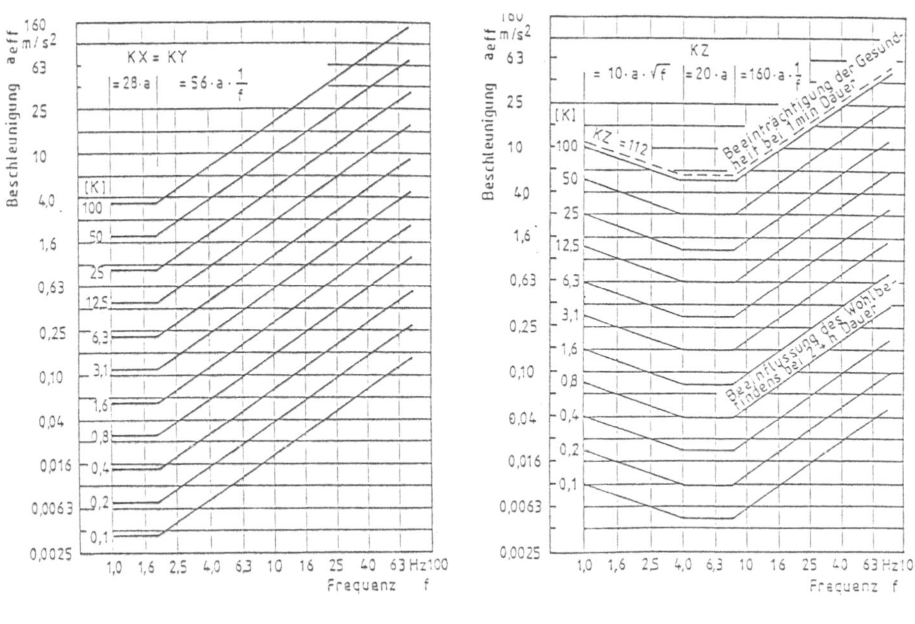


**Bild 6:** Kurven gleichbewerteter Schwingstärken Kz, Kx und Ky als *Funktion* von Frequenz und Schwingbeschleunigung bei horizontaler Erregung in sitzender und stehender Körperhaltung

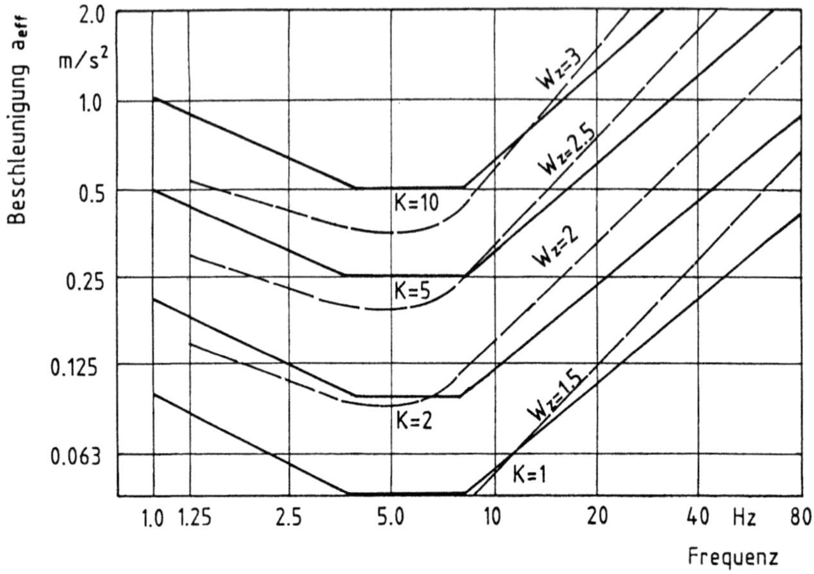


Bild 7: Vergleich zwischen den Bewertungsfaktoren Wz der Eisenbahnen und Kz gemäß VDI-Richtlinie 2057

einer völlig anderen Bewertungsfunktion, wobei jedoch in Übereinstimmung mit Sperling die Beschleunigungsgrenzen gleicher Wahrnehmung sich deutlich erniedrigen. An dieser Art des Bewertungsverfahrens wird auch in der 1983 erschienenen Entwurfsfassung festgehalten, obwohl im 1978 herausgebrachten ISO - Standard (8) nunmehr den frequenzabhängigen Beschleunigungsgrenzen bei sonst gleichem Verlauf zulässige Expositionszeiten zugewiesen werden, und der Zusammenhang zwischen zulässiger Beschleunigung und Expositionszeit von der Schwingungsfrequenz abhängig gemacht wird (Bild 8). Die Schwingungspegel, die merkbar mit der Zeit variieren, werden nach diesem Verfahren in eine äquivalente Einwirkdauer umgerechnet. Dazu wird ein geeignet erscheinender Schwingungspegel I` der Frequenz f` aus der Gesamtheit der in die Beurteilung einfließenden Beschleunigungspegel herausgegriffen, für diesen und alle anderen Pegelwerte $I_i$ nach der Richtlinie 2631 die zulässige Einwirkdauer

$\tau'$ und $\tau_i$ ermittelt und letztere gemäß Gl. (4) in die äquivalente Einwirkdauer $t_i'$ umgerechnet:

$$t_i' = t_i \frac{\tau'}{\tau_i} \qquad (4)$$

Darin ist: $t_i$ die tatsächliche Vibrationseinwirkdauer mit dem Pegel $I_i$,

$t_i'$ die auf den Bezugspegel umgerechnete äquivalente Einwirkdauer $t_i$,

$\tau'$ die zulässige Vibrationseinwirkdauer beim Bezugspegel I`und

$\tau_i$ die zulässige Vibrationseinwirkdauer mit dem Pegel $I_i$.

Die Summe dieser Zeilen entspricht der unter den gegebenen

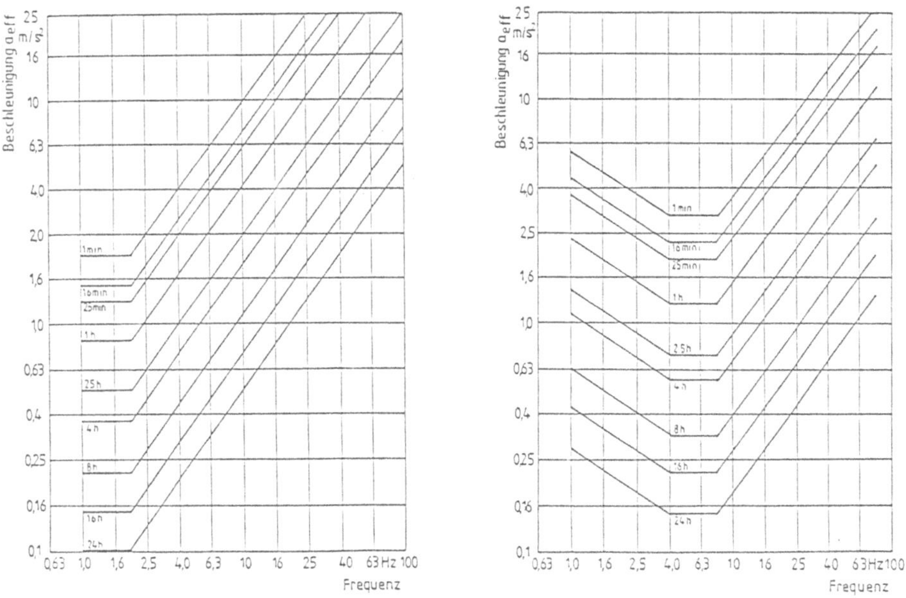


Bild 8: Zulässige Effektivbeschleunigungen als Funktion der Frequenz und Einwirkdauer gemäß ISO-Richtlinie 2631

veränderlichen Vibrationspegeln zulässigen äquivalenten Einwirkdauer.

$$T' = \sum_i t'_i = \tau' \sum_i \frac{t_i}{\tau_i} \qquad (5)$$

Ihr Wert darf die zulässige äquivalente Bezugseinwirkdauer $\tau'$ nicht überschreiten.

Die Verschiedenheit der in den letzten Jahren publizierten Ergebnisse wurde nie in voller Tiefe untersucht. Ein wesentlicher Faktor dürfte die Abhängigkeit der subjektiven Empfindlichkeit von psychologischen und auch physiologischen Faktoren sein, die in den Ergebnissen zwar ihren Niederschlag fanden, jedoch nicht explizit erfaßt werden konnten. Als solche sind zu nennen das Alter, das Geschlecht, das Gewicht und die Größe der Versuchsperson, als zeitvariante Parameter weiterhin der Füllungsgrad des Magens, der Wassergehalt der Bandscheiben und nicht zuletzt der Gesundheitszustand der Versuchsperson.

Auf den Einfluß des Lebensalters auf die Höhe der Wahrnehmungsschwelle wird in der Literatur an verschiedener Stelle hingewiesen. Oeser und Siegel stellten überdies fest, daß sich zudem die Vibrationsschwelle auch zwischen geistig Tätigen und Vibrationen ausgesetzten Werktätigen signifikant unterscheidet. Ihre mittels Vibrationsbeaufschlagung des dritten und vierten Fingers bei sonst ruhiger Auflage und weitgehender Entspannung des Unterarms bei 63, 125 und 250 Hertz aufgenommenen Schwellen lassen erkennen, daß bei beiden Gruppen der Schwellwert linear mit dem Alter zunimmt, die gegenüber Teilvibrationen exponierte Gruppe jedoch deutlich unempfindlicher reagiert. Während für die geistig Tätigen die Schwellgrenze bei der den Unterschied am prägnantesten wiedergebenden Frequenz von 250 Hertz der Gesetzmäßigkeit $y = 0{,}2\ x - 2{,}90$ folgt, wurde für die exponierten Werktätigen das Gesetz $0{,}3\ x + 3{,}64$ ermittelt. Im zwanzigsten Lebensjahr differieren damit die Schwellen, wie man aus den beiden Gesetzen leicht errechnet, bereits um 8,54 dB und laufen im weiteren bis zum sechzigsten Lebensjahr auf 11,54 dB auseinander. Ebenso wurde von den genannten Autoren auch ein deutlicher Unterschied zwischen der ausgewiesenen Vibrationsfühlschwelle von Probanden mit röntgenologisch nicht nachweisbaren, bzw. nachgewiesenen degenerativen Gelenksveränderungen festgestellt. Aus den pallästhesiometrischen Ergebnissen darf jedoch keinesfalls der Schluß gezogen werden, daß sich im Schwingstuhl-Versuch gleichartige Zusammenhänge ergeben, wohl aber berechtigen sie zu der Annahme einer tendenziell ähnlichen Gesetzmäßigkeit. Eine Erfassung sämtlicher in Frage kommenden Einflüsse ist von daher im Test nicht möglich. Mit biomechanischen Modellen ließen sich dagegen zumindestens einige der aufgeführten physiologischen Einflüsse erfassen, sofern die Massen, Federsteifigkeiten und Dämpfungswerte als Funktion dieser Einflußgrößen bekannt sind. Angaben dieses Detaillierungsgrades liegen allerdings vorerst nicht vor, wären jedoch zum Teil experimentell bzw. anhand anatomischer Untersuchungen nach Muster von Zatsiorsky (17, 18) herleitbar.

Darüber hinaus stellt das biomechanische Modell ein wichtiges Hilfsmittel bei der Interpretation im Testversuch gefundener Ergebnisse dar. Für die Notwendigkeit derartiger Modellversuche sprechen zudem auch die im weiteren vorgestellten Resultate, aus denen hervorgeht, daß die derzeit gültige ISO-Richtlinie nicht den wahren Organbelastungen gerecht werden. Für eine weitere Absicherung arbeitsmedizinischer Erkenntnisse sind daher Untersuchungen an derartigen Modellen nicht nur nützlich, sondern wie die bisherigen Ausführungen und auch weitere, im einzelnen noch nicht ausgewertete Untersuchungen zeigen, sogar unerläßlich. Das Schwergewicht künftiger Betrachtung wird dabei vor allem in der differenzierteren Ermittlung des Einflusses von Längs- und Quervibrationen auf den menschlichen Körper liegen.

## 2. Zur Aussagekraft biomechanischer Modelle

Mit dem biomechanischen Modell lassen sich drei für die Beurteilung der Körper- und Organbelastung bedeutsame Kenngrößen bzw. Funktionen ermitteln: die Eigenfrequenzen, die Übertragungsfunktionen der Absolutbewegungen und -beschleunigungen sowie die Übertragungsfunktionen der Relativwege und -beschleunigungen von Körperteilen und/oder Organen untereinander. Die Eigenfrequenzen geben Aufschluß darüber, welche Erregerschwingungen das Wohlbefinden in besonders starkem Maße beeinträchtigen bzw. besonders gesundheitsgefährdend sind. Mit den Übertragungsfunktionen lassen sich diejenigen Bereiche frequenzmäßig abgrenzen, innerhalb derer auf den Körper einwirkende mechanische Schwingungen sich verstärken bzw. zu übermäßig großen Relativbewegungen zwischen Körperteilen sowie Körperteilen und Organen führen und somit gesundheitliche Gefahren auslösen. Durch Einbeziehung des Wirbelsäulensystems in das biomechanische Modell sind gegebenenfalls auch weitere Erkenntnisse über die etwaigen Ursachen des Wirbelsäulenverschleißes zu gewinnen. Auch lassen sich mit dem biomechanischen Modell die Reaktionen des Körpers bei stochastischer Anregung studieren und daraus Aussagen für die Bewertung der Erregerschwingungen ableiten. In Verbindung mit auf dem Fahrzeugboden aufgenommenen Erregersignalen bietet die Biomechanik weiterhin die Möglichkeit, die Reaktionen der Körperteile und Organe des Fahrzeugführers geschwindigkeitsabhängig zu verfolgen und gegebenenfalls anhand der Schwingungsantworten die Führersitze zu optimieren. Schließlich läßt sich mit Hilfe von biomechanischen Modellen ohne weiteres auch der Einfluß von Anfahr- und Bremsrucken auf Körper und Organe studieren.

## 3. Bisherige Modelltypen

Die biomechanische Forschung ging anfangs in Ermangelung geeigneter Lösungsmöglichkeiten von relativ primitiven Modellen aus. Wegen des hohen Lösungsaufwandes von Drei- und Mehrkörpersystemen beschäftigte man sich zunächst nur mit Ein- und Zwei-Massenmodellen. Zu diesen anfänglichen lösungstechnisch erzwungenen Primitivmodellen zählen die von Dieckmann (1957 und 1958), Coermann (1962) und Wittmann (Bild 9). Erst mit der Verfügbarkeit leistungsfähiger Digitalrechner wurden die Modelle schrittweise verfeinert. Bereits kurze Zeit danach erweitert Coermann sein ursprünglich auf die sitzende Position abgestelltes Zwei-Massenmodell auf ein Fünf-Massensystem, bestehend

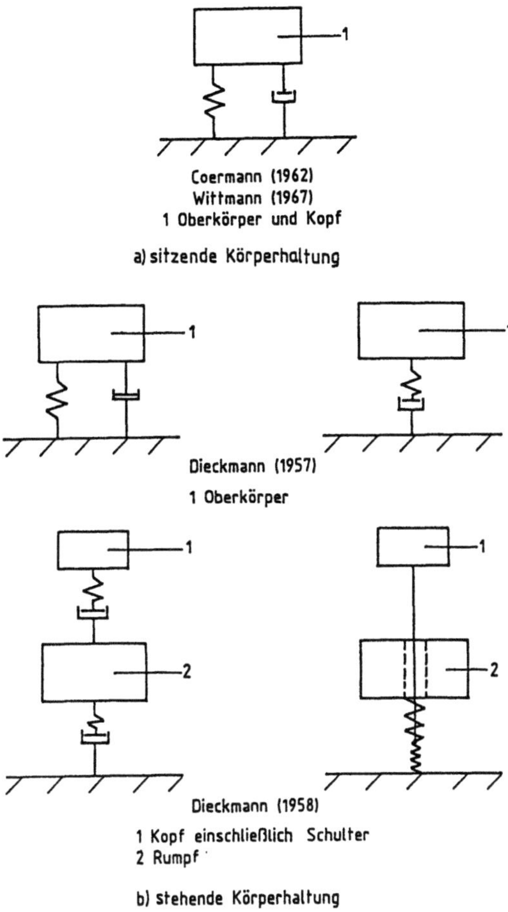


**Bild 9: Ersatzmodelle zu Beginn der biomechanischen Forschung**

aus den Einzelmassen Kopf, Schulter und Armsystem sowie Brustkorb und Unterleib (Bild 10a). Rasmussen geht in der Modellverfeinerung noch weiter und untergliedert das Hand-Arm-System in den Ober- und Unterarm und erweitert sein Modell außerdem um die Massen der Bauchdecke und der Augen (Bild 10b). Analysen aus Rechnungen mit dem derart verfeinerten Modell wurden jedoch bislang nicht bekannt. Es werden lediglich die Eigenfrequenzen der jeweiligen Massen angegeben.

Das bislang letzte Modell stellten Meltzig-Thiel und Schatte 1985 auf dem von der Akademie der Wissenschaften der UDSSR

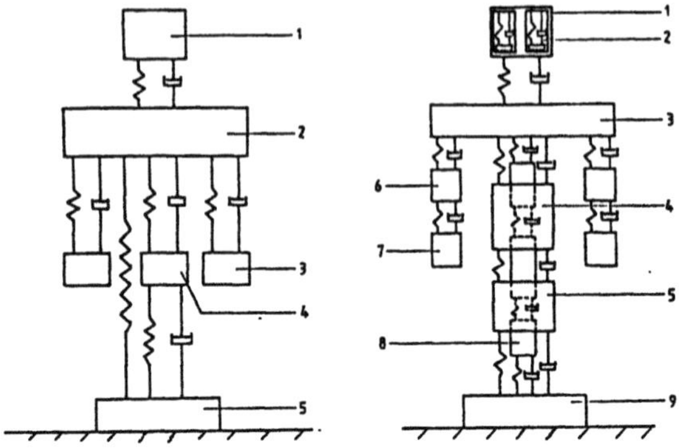

**Coermann**

1 Kopf
2 Oberkörper
3 Arm-Schulter-System
4 Thorax-Abdomen-Sytem
5 Becken

**Rasmussen**

1 Kopf
2 Augäpfel
3 Schulter
4 Brustkorb
5 Unterleib
6 Oberarm
7 Unterarm und Hand
8 Wirbelsäule
9 Beckengürtel

**Bild 10: Biomechanische Modelle von Coermann und Rasmussen**

organisierten zweiten Symposium von CISM und II FToMM "Man under vibration" vor (Bild 11). Es besteht aus insgesamt vier Elementen: dem vertikal und horizontal längs abgefederten Unterleib, der darin drehbar gelagerten masselosen Wirbelsäule, weiter dem gegenüber der Wirbelsäule vertikal gefederten Oberkörper und schließlich dem am Ende der Wirbelsäule drehelastisch gelagerten Kopf. Mit diesem Modell versuchen die genannten Autoren erstmals auch die horizontalen Längsbewegungen mit in die Betrachtungen aufzunehmen. Durch die Zusammenfassung der inneren Organe und des Brustkorbes in eine einzige Masse entfernen sie sich jedoch wiederum von der Realität.

Nach neueren experimentellen Erkenntnissen reicht selbst das Modell von Rasmussen nicht aus, sämtliche auf das Empfinden Einfluß nehmende dynamische Reaktionen des menschlichen Körpers und seiner Organe zu erfassen. Der Grund hierfür liegt darin, daß die inneren Organe von Brustkorb und Bauchhöhle aufgrund ihrer weichen Ankopplung zu besonders hohen Schwingungen neigen, die bei längerer Einwirkung nicht nur das Wohlbefinden beeinträchtigen, sondern nach Rasmussen auch eine Reihe unangenehmer pathologischer Erscheinungen nach sich ziehen können. So

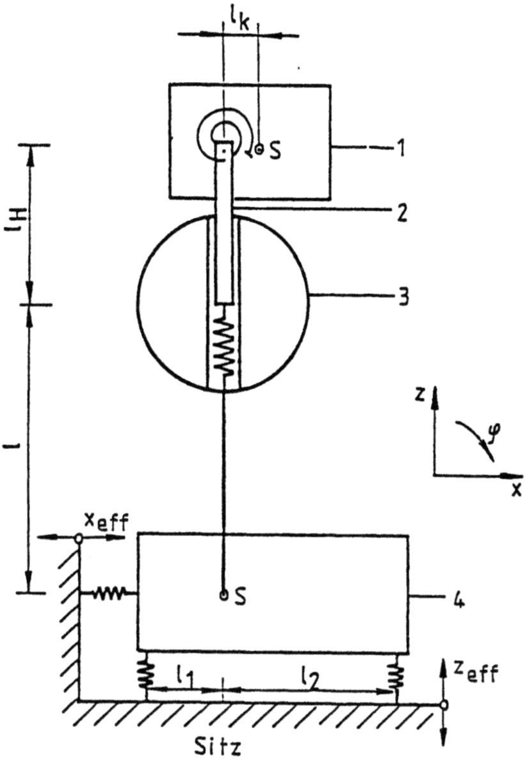


1 Kopf
2 Wirbelsäule
3 Oberkörper
4 Unterleib

Bild 11: Biomechanisches Ersatzmodell für den menschlichen Körper in sitzender Haltung nach Melzing und Thiel

rufen Schwingungen des Herz-Lunge-Systems flache Atmung, Beklemmungen bzw. brennende Schmerzen in der Brust hervor, Schwingungen von Leber, Magen, Harnblase und Nieren, Übelkeit, Völlegefühl, Harn- und Stuhlgang sowie Schäche- und Ermüdungserscheinungen bzw. mangelnde Arbeitslust (siehe auch dazu Tab. 5). Um auch diesen Reaktionen Rechnung zu tragen, ist daher in der weiteren biomechanischen Forschung die Aufteilung von Brust und Unterleib in vier Teilmassen, den Brustkorb, die Bauchhöhle und deren inneren Organe unumgänglich. Bei Mindestausbau ergibt sich damit das in Bild 12 dargestellte 12-Massenmodell, auf das

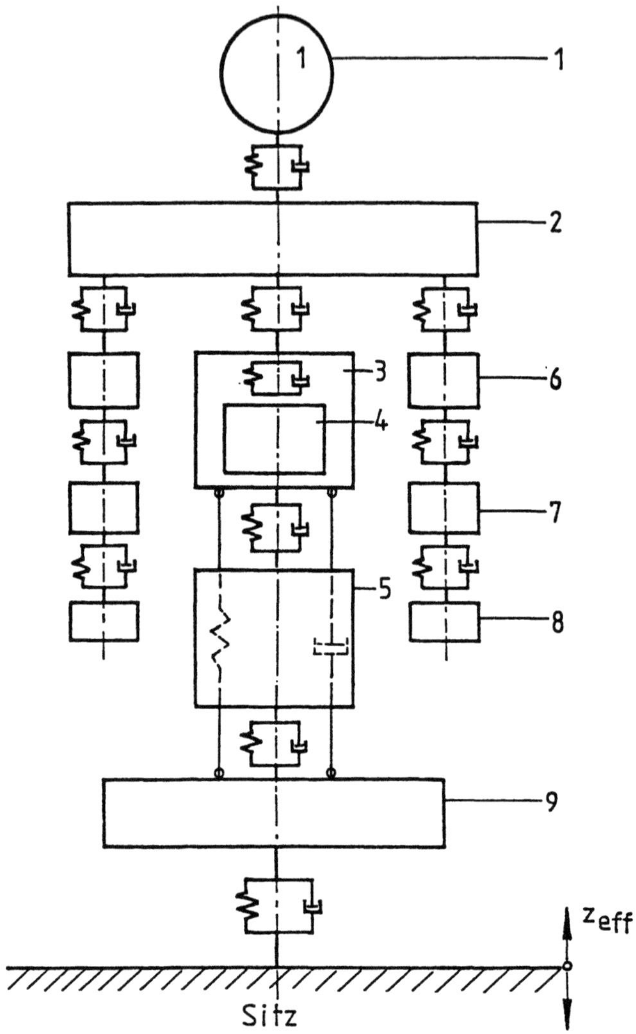


1 Kopf
2 Schultern
3 Brustkorb
4 Herz-Lunge-System
5 innere Organe der Bauchhöhle
6 Oberarme
7 Unterarme
8 Hände
9 unterer Rumpfteil

**Bild 12:** Um die Innenorgane von Brustkorb und Bauchhöhle erweitertes biomechanisches Ersatzmodell für den menschlichen Körper in sitzender Haltung

sich auch alle im folgenden angegebenen Resultate beziehen. Es wird durch folgendes Gleichungssystem beschrieben:

$$\mathfrak{M}\ddot{\mathfrak{z}} + \mathfrak{D}\dot{\mathfrak{z}} + \mathfrak{C}\mathfrak{z} = \mathfrak{F}(t) \qquad (6)$$

Hierin stehen $\mathfrak{M}$, $\mathfrak{D}$, $\mathfrak{C}$ für die folgenden Matrizen:

**Matrix $\mathfrak{M}$**

| $z_1$ | $z_2$ | $z_3$ | $z_4$ | $z_5$ | $z_6$ | $z_7$ | $z_8$ | $z_9$ |
|---|---|---|---|---|---|---|---|---|
| $m_1$ | 0 | 0 | 0 | 0 | 0 | 0 | 0 | 0 |
| 0 | $m_{z2}$ | 0 | 0 | 0 | 0 | 0 | 0 | 0 |
| 0 | 0 | $m_3$ | 0 | 0 | 0 | 0 | 0 | 0 |
| 0 | 0 | 0 | $m_{z4}$ | 0 | 0 | 0 | 0 | 0 |
| 0 | 0 | 0 | 0 | $m_{z5}$ | 0 | 0 | 0 | 0 |
| 0 | 0 | 0 | 0 | 0 | $m_6$ | 0 | 0 | 0 |
| 0 | 0 | 0 | 0 | 0 | 0 | $m_7$ | 0 | 0 |
| 0 | 0 | 0 | 0 | 0 | 0 | 0 | $m_8$ | 0 |
| 0 | 0 | 0 | 0 | 0 | 0 | 0 | 0 | $m_9$ |

**Matrix $\vartheta$**

| $z_1$ | $z_2$ | $z_3$ | $z_4$ | $z_5$ | $z_6$ | $z_7$ | $z_8$ | $z_9$ |
|---|---|---|---|---|---|---|---|---|
| $d_{1,7}$ | 0 | 0 | 0 | 0 | 0 | $-d_{1,7}$ | 0 | 0 |
| 0 | $d_{z5,2}$ | 0 | 0 | $-d_{z5,2}$ | 0 | 0 | 0 | 0 |
| 0 | 0 | $d_{3,6}+d_{8,3}$ | 0 | 0 | $-d_{3,6}$ | 0 | $-d_{8,3}$ | 0 |
| 0 | 0 | 0 | $d_{z7,4}+d_{z4,5}$ | $-d_{z4,5}$ | 0 | $-d_{z7,4}$ | 0 | 0 |
| 0 | $-d_{z5,2}$ | 0 | $-d_{z4,5}$ | $d_{z4,5}+d_{z5,2}$ | 0 | 0 | 0 | 0 |
| 0 | 0 | $-d_{3,6}$ | 0 | 0 | $d'_{z1}$ | 0 | $-d_{8,6}$ | 0 |
| $-d_{1,7}$ | 0 | 0 | $-d_{z7,4}$ | 0 | 0 | $d'_{z2}$ | $-d_{7,8}$ | 0 |
| 0 | 0 | $-d_{8,3}$ | 0 | 0 | $-d_{8,6}$ | $-d_{7,8}$ | $d'_{z3}$ | $-d_{8,9}$ |
| 0 | 0 | 0 | 0 | 0 | 0 | 0 | $-d_{8,9}$ | $d_{8,9}$ |

mit:

$$d'_{z1} = d_{8,6} + d_{3,6} + d_{6s}$$
$$d'_{z2} = d_{1,7} + d_{7,8} + d_{z7,4}$$
$$d'_{z3} = d_{7,8} + d_{8,6} + d_{8,3} + d_{8,3} + d_{8,9}$$

<u>Matrix $\mathcal{C}$</u>

| $z_1$ | $z_2$ | $z_3$ | $z_4$ | $z_5$ | $z_6$ | $z_7$ | $z_8$ | $z_9$ |
|---|---|---|---|---|---|---|---|---|
| $c_{1,7}$ | 0 | 0 | 0 | 0 | 0 | $-c_{1,7}$ | 0 | 0 |
| 0 | $c_{z5,2}$ | 0 | 0 | $-c_{z5,2}$ | 0 | 0 | 0 | 0 |
| 0 | 0 | $c_{3,6}$ $+c_{8,3}$ | 0 | 0 | $-c_{3,6}$ | 0 | $-c_{8,3}$ | 0 |
| 0 | 0 | 0 | $c_{z7,4}$ $+c_{z4,5}$ | $-c_{z4,5}$ | 0 | $-c_{z7,4}$ | 0 | 0 |
| 0 | $-c_{z5,2}$ | 0 | $-c_{z4,5}$ | $c_{z4,5}$ $+c_{z5,2}$ | 0 | 0 | 0 | 0 |
| 0 | 0 | $-c_{3,6}$ | 0 | 0 | $c'_{z1}$ | 0 | $-c_{8,6}$ | 0 |
| $-c_{1,7}$ | 0 | 0 | $-c_{z7,4}$ | 0 | 0 | $c'_{z2}$ | $-c_{7,8}$ | 0 |
| 0 | 0 | $-c_{8,3}$ | 0 | 0 | $-c_{8,6}$ | $-c_{7,8}$ | $c'_{z3}$ | $-c_{8,9}$ |
| 0 | 0 | 0 | 0 | 0 | 0 | 0 | $-c_{8,9}$ | $c_{8,9}$ |

mit:

$$c'_{z1} = c_{8,6} + c_{3,6} + c_{6,3}$$
$$c'_{z2} = c_{1,7} + c_{7,8} + c_{z7,4}$$
$$c'_{z3} = c_{7,8} + c_{8,6} + c_{8,3} + c_{8,9}$$

(t) beschreibt schließlich den Vektor des Erregersignales. Wie alle Vorgängermodelle wird auch bei diesem aufgrund fehlender exakter Kenntnisse über die Feder- und Dämpfer- Charakteristiken die Linearität aller Koppelglieder unterstellt. Die hierbei der sitzenden Position zugrunde gelegten Massen, Elastizitäts- und Dämpfungskoeffizienten sind in den Tabellen 2, 3 und 4 wiedergegeben. Sie entstammen der einschlägigen Literatur. Wegen der teils großen Spanne dieser Werte wurde der Untersuchung eine Empfindlichkeitsstudie auf Grundlage der partiellen Ableitung der Eigenwerte nach den Modellparametern vorangestellt. Diese nach dem 1966 von Rosenbrock vorgestellten Algorithmus durchgeführte Analyse ergab, daß auf die Resultate in besonderem Maße Änderungen der Massen des auf dem Gesäß ruhenden unteren Rumpfteils, des oberen Rumpfteils, des Brustkorbs sowie die Steifigkeiten und Dämpfungskoeffizienten zwischen oberem Rumpfteil und Brustkorb sowie Brustkorb und unterem Rumpfteil Einfluß nehmen. In geringerem Maße wirken

Tab. 2: Der Untersuchung zugrundegelegte Körperteil- und Organmassen

| Bezeichnung | Körperteil bzw. Organ | Masse (kg) | Prozentualer Anteil |
|---|---|---|---|
| $m_1$ | Kopf | $0{,}501 \times 10^1$ | 3,81 |
| $m_{z2}$ | Hände | $0{,}994 \times 10^0$ | 0,76 |
| $m_3$ | Innenorgane der Bauchhöhle | $0{,}145 \times 10^2$ | 11,04 |
| $m_4$ | Arme | $0{,}396 \times 10^1$ | 3,01 |
| $m_{z5}$ | Unterarme | $0{,}234 \times 10^1$ | 1,78 |
| $m_6$ | unterer Rumpfteil | $0{,}250 \times 10^2$ | 19,03 |
| $m_7$ | oberer Rumpfteil | $0{,}520 \times 10^1$ | 3,96 |
| $m_8$ | Brustkorb | $0{,}600 \times 10^1$ | 4,57 |
| $m_9$ | Innenorgane des Brustkorbs | $0{,}320 \times 10^1$ | 2,44 |

Tab. 3: Der Untersuchung zugrundegelegte Ersatzfedersteifen

| Bezeichnung | System - Ersatzfeder | Federsteife in N/m |
|---|---|---|
| $c_{1,7}$ | oberer Rumpfteil-Kopf (Nacken) | $0{,}175 \times 10^6$ |
| $c_{z5,2}$ | Unterarme-Hände (Speichen-Handgelenk) | $0{,}525 \times 10^5$ |
| $c_{3,6}$ | Innenorgane der Bauch-höhle-unterer Rumpfteil (Muskel-Hautschicht) | $0{,}227 \times 10^4$ |
| $c_{8,3}$ | Brustkorb-innere Organe der Bauchhöhle (Zwerchfell) | $0{,}315 \times 10^4$ |
| $c_{7,8}$ | oberer Rumpfteil-Brust-korb (Brustwirbelsäule) | $0{,}700 \times 10^5$ |
| $c_{8,6}$ | Brustkorb-unterer Rumpf-teil (Lenden-Rückenwir-belsäule) | $0{,}700 \times 10^5$ |
| $c_{z7,4}$ | oberer Rumpfteil-Arme (Armgelenke) | $0.525 \times 10^5$ |
| $c_{z4,5}$ | Arme-Unterarme (Ellen-bogengelenke) | $0{,}525 \times 10^5$ |
| $c_{6,s}$ | unterer Rumpfteil und Gesäß - Sitz | $0{,}250 \times 10^6$ |
| $c_{8,9}$ | Brustkorb - Herz-Lunge-System | $0{,}105 \times 10^4$ |

Tab. 4: Der Untersuchung zugrundegelegte Dämpfungsbeiwerte

| Bezeichnung | System - Ersatzdämpfer | Dämpfungsbeiwerte (Ns/m) |
|---|---|---|
| $d_{1,7}$ | oberer Rumpfteil-Kopf (Nacken) | $0,170 \times 10^2$ |
| $d_{z5,2}$ | Unterarm-Hände (Speichen-Handgelenk) | $0,350 \times 10^3$ |
| $d_{3,6}$ | Innenorgane der Bauchhöhle -unterer Rumpfteil (Muskel-Hautschichten) | $0,315 \times 10^2$ |
| $d_{8,3}$ | Brustkorb-Innenorgane der Bauchhöhle (Zwerchfell) | $0,526 \times 10^2$ |
| $d_{7,8}$ | oberer Rumpfteil-Brustkorb (Brustwirbelsäule) | $0,157 \times 10^4$ |
| $d_{8,6}$ | Brustkorb-unterer Rumpfteil (Lenden-Kreuzwirbelsäule) | $0,157 \times 10^4$ |
| $d_{z7,4}$ | oberer Rumpfteil-Arme (Armgelenke) | $0,351 \times 10^3$ |
| $d_{z4,5}$ | Arme-Unterarme (Ellenbogen-gelenke) | $0,351 \times 10^3$ |
| $d_{6,s}$ | unterer Rumpfteil und Gesäß - Sitz | $0,100 \times 10^2$ |
| $d_{8,9}$ | Brustkorb - Herz-Lunge-System | $0,400 \times 10^3$ |

sich Änderungen der Kopfmasse sowie der Massen von Händen, Unter- und Oberarmen sowie die Steifigkeits- und Dämpfungswerte der Verbindungselemente von Rumpfteil und Kopf, Unterarm und Hand, oberer Rumpfteil und Arm, Arm und Unterarm sowie unterer Rumpteil und Gesäß auf die Lösung aus. Die erstgenannten Parameter wurden daher im Hinblick auf eine Zuverlässigkeit der Ergebnisse zuvor anhand experimentell gemessener Eigenfrequenzen auf ihre Plausibilität überprüft.

## 4. Rechnungsergebnisse

In Einklang mit den bereits angeführten pathologischen Erscheinungen, die im übrigen auch von Renowski bestätigt werden, treten auch im Modell bei annähernd gleichen Frequenzen die Innenorgane in besonders intensive Relativbewegungen zum Brustkorb bzw. zur Bauchhöhle (Bild 13). Dieses Maximum kommt

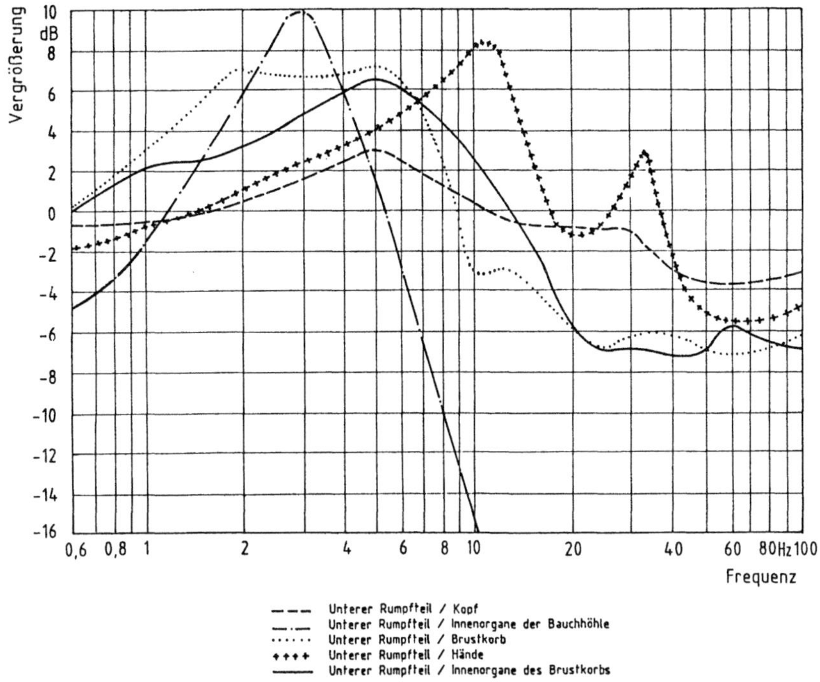


Bild 13: Schwingungsvergrößerung ausgewählter Körperteile gegenüber dem unteren Rumpfteil als Funktion der Frequenz

nach Rechnung bei den Innenorganen der Bauchhöhle bei 3 Hz, bei den Innenorganen des Brustkorbs bei 5 Hz zustande. Die Innenorgane der Bauchhöhle reagieren dabei aufgrund ihrer weichen Ankopplung und auch schwachen Dämpfung am stärksten. Ihr Verstärkungsmaximum beträgt 10 dB. Der Bereich, in denen von ihnen Vibrationen verstärkt werden, reicht von 1,2 bis 5,2 Hz. Bei den Innenorganen des Brustkorbs wirkt sich dagegen die weiche Federung wegen der annähernd fünffach höheren Dämpfung weniger stark aus. Die maximale Schwingungsverstärkung beträgt entsprechend nur 6,5 dB, ist aber ebenfalls noch von beachtlicher Größe. Das Intervall, in denen die von ihnen ausgeführten Relativbewegungen verstärkt werden, erstreckt sich von 0,65 bis 12 Hz. Das Verhalten der Brust wird indessen von zwei Arten von Relativbewegungen bestimmt: die zum unteren und die zum oberen Rumpfteil. Gegenüber dem unteren Rumpfteil reagiert der Brustkorb seinen inneren Organen ähnlich, ebenfalls mit 5,2 Hz am empfindlichsten. Sein Schwingungsverstärkungsbereich beginnt bei 0,65 Hz und endet mit 8,8 Hz. Bei der zweiten Relativbewegung tritt das Maximum indessen bei 8,5 und 17 Hz ein, bei Verstärkungsbereichen zwischen 3,5 und 11 Hz sowie 14 und 21 Hz. Dieses Ergebnis erklärt in etwa die von Rasmussen und auch Renowski bei 13,2 Hz festgestellten Atemstörungen und Brustschmerzen. Für den Kopf errechnet man als Verstärkungsbereich das Intervall zwischen 1,6 und 11 Hz. Die größte Verstärkung findet bei 5,2 Hz statt. Gegenüber dem oberen Teil des Rumpfes führt der Kopf die größten Bewegungen bei 34 Hz mit einer Vergrößerung von 9 dB aus. Da bei dieser Frequenz die Leistung der von der Fahrbahn ausgehenden Erregung bereits stark abgeklungen ist, kommt diese Eigenbewegung nicht voll zur Wirkung. Auch bei dieser Frequenz äußern sich länger einwirkende Vibrationen in den in Tabelle 5 aufgeführten pathologischen Erscheinungen. Der Bereich auftretender Schwingungsverstärkung reicht von 12 bis 40 Hz. Hände und Unterarme reagieren am stärksten auf Schwingungen von 11 Hz, bei längerer Einwirkdauer begleitet von zunehmender Muskelspannung und auftretenden Muskelschmerzen, gegebenenfalls sogar Muskelkrampf sowie willkürlichen Handbewegungen, die die Ausführung von Tätigkeiten beeinträchtigen können. Entsprechend sensibel reagiert der Mensch, wie Tabelle 5 ausweist, auch auf Eigenfrequenzen des Kopfes und der inneren Organe von Brustkorb und Bauchhöhle, so daß längere Belastungen in diesen Frequenzen tunlichst vermieden werden sollten. Dieser besonders kritische Frequenzbereich erstreckt sich damit entgegen der VDI- und ISO-Richtlinie von 3 bis 11 Hz. Um Überlastungen der Bauchhöhlenorgane sowie der Muskulatur von Händen und Unterarmen zuverlässig zu unterbinden, erscheint es angebracht, die bisher gültigen Vorschriften gemäß Bild 14 zu revidieren. In diesem Zusammenhang sei besonders vermerkt, daß aufgrund der zusätzlichen Federungen und Dämpfungen der Knie- und Sprunggelenke in stehender Haltung sich zum Teil die Bereiche besonders hoher Verstärkung verschieben, teils auch in ihrer Wirkung größer ausfallen. Die des Kopfes erhöht sich beispielsweise gegenüber der sitzenden Haltung von 3 auf 7,6 dB. Der in stehender Haltung nun ebenfalls frei schwingende Rumpf reagiert besonders empfindlich auf Vibrationen mit 11 Hz, die Hüften mit 12 Hz bei einer maximalen Verstärkung von 4,5 dB, so daß für die stehende Position gegebenenfalls der Bereich minimal zulässiger Schwingungseinwirkung sogar bis auf 12 Hz ausgedehnt werden müßte. Abschließend sei hervorgehoben, daß die in dem vorgestellten Modell erarbeiteten Ergebnisse in guter Übereinstimmung zu den Resultaten aus experimentellen Messungen stehen, was den Schluß erlaubt, daß es den menschlichen Körper trotz der getroffenen Vereinfachungen realistisch abbildet.

**Tab. 5: Beobachtete pathologische Erscheinungen bei längerer Schwingungseinwirkung in den Eigenfrequenzen des menschlichen Organismus**

| Organismus | Beobachtete pathologische Erscheinungen |
|---|---|
| Kopf einschl. Hals und Schulter | Kopfschmerzen, Schwindelgefühl, Druck in der Kehle, Übelkeit, erzwungene Drehbewegungen des Kopfes, Sprachschwierigkeiten, allgemeine psychische und physische Erschöpfung |
| Innere Organe der Bauchhöhle | Innere Vibrationsgefühle, Schmerzen, Übelkeit, Völlegefühl, Harn- und Stuhldrang, Schwäche- und Ermüdungszustand, mangelnde Arbeitslust |
| Brustkorb | Atemstörungen, Beklemmungen, flache Atmung, brennender Schmerz in der Brust |
| Innere Organe des Brustkorbs | Atemstörungen, Beklommenheit, Atembeschleunigung, Unruhegefühl, Pulsbeschleunigung, Blutdruckänderungen, Herzklopfen, Sprachstörungen, schlechter Allgemeinzustand |
| Oberer Rumpfteil | Gelenk- und Muskelschmerzen, Schmerzen an der Wirbelsäule im Halsbereich, zunehmende Muskelspannung, Ermüdungserscheinungen |
| Unterer Rumpfteil | Gelenk- und Muskelschmerzen, Schmerzen in der Wirbelsäule im Kreuz- und Lendenbereich, zunehmende Muskelspannung, Ermüdungserscheinungen |
| Hüften, Schienbein und Füße | Gelenkschmerzen, verstärkte Muskelspannung, Erstarren und Kribbeln in den Muskeln |
| Arme, Unterarme und Hände | Gelenkschmerzen, zunehmende Muskelspannung, Muskelschmerzen, Muskelkrämpfe, die zu zusätzlichen Handbewegungen führen und die Ausführung von Tätigkeiten beeinträchtigen |

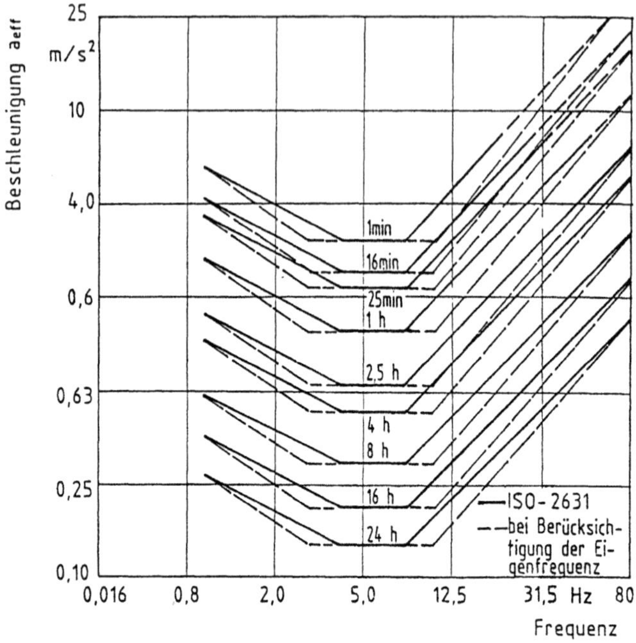


Bild 14: Zulässige Beschleunigungen als Funktion von Frequenz und Expositionszeit nach der ISO-Richtlinie 2631 sowie bei Berücksichtigung der Eigenfrequenzen der Innenorgane der Bauchhöhle sowie der Unterarme und Hände

## 5. Modellerweiterungen

Die bisherigen Modelluntersuchungen beschränken sich, sieht man von den in Moskau vorgetragenen Untersuchungen von Meltzig-Thiel und Schatte ab, ausschließlich auf die Vertikalrichtung. In Bezug auf die Horizontalrichtung fehlt es dagegen bislang noch an entsprechenden Modellkonzepten und -analysen. Tatsächlich ist jedoch bei der sehr guten Gleislage von Fernstrecken des Personenverkehrs sowie U-Bahnen und Stadtbahnen das Problem der horizontalen Schwingungsbelastung weitaus bedeutender als das der vertikalen. Das gilt vor allem für Streckenbereiche mit hohem Bogenanteil. Anders als bei reiner vertikaler Anregung lösen horizontale Schwingungseinwirkungen beim Menschen auch Drehbewegungen um die jeweils orthogonale Achse zur Schwingungsrichtung aus. In das Modell müssen daher neben den Körper- und Organmassen auch deren Trägheitsmomente sowie Steifigkeiten und Dämpfungen gegenüber Drehbewegungen aufgenommen werden. Bezieht man darüber hinaus auch die in den bisherigen Modellen nicht erfaßte Wirbelsäule in die Untersuchung mit ein, dann gelangt man zu den in Bild 15 und 16 gezeigten Modellen. Gegenüber dem Vertikalmodell, gemäß Bild 12, muß nun der untere Rumpfteil zur Simulation der Beinbewegungen nunmehr ebenfalls in zwei Massen aufgeteilt werden, den Hüftgürtel und die unteren Extremitäten. Relativbewegungen in Vertikalrichtung werden dadurch automatisch in Drehbewegungen der Beine übersetzt. Außerdem erlaubt der Modellaufbau auch die Analyse in schräger Sitzhaltung. Eine zusätzliche Erweiterung betrifft

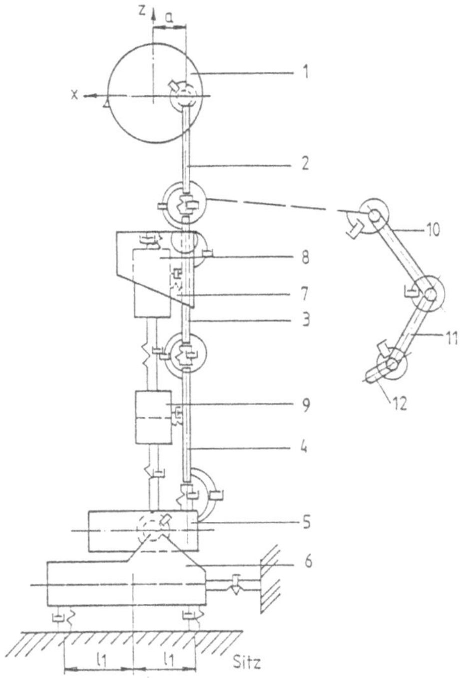


1 Kopf
2 cervikaler Teil der Wirbelsäule
3 thorakaler Teil der Wirbelsäule
4 Lenden
5 Becken
6 untere Extremitäten
7 Brustkorb
8 Herz-Lunge-System
9 innere Organe der Bauchhöhle
10 Arm
11 Unterarm
12 Hand

**Bild 15:** Biomechanisches Modell des menschlichen Körpers in sitzender Haltung für die Untersuchung des Schwingungsverhaltens von Körperteilen und Organen bei horizontaler Längsanregung

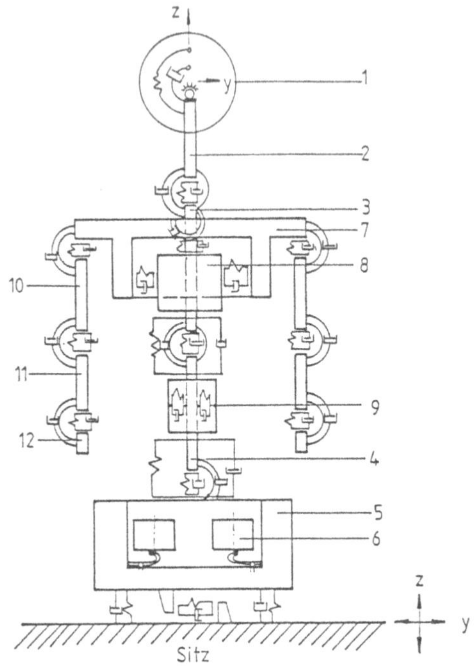


1 Kopf
2 cervikaler Teil der Wirbelsäule
3 thorakaler Teil der Wirbelsäule
4 Lenden
5 Becken
6 untere Extremitäten
7 Brustkorb
8 Herz-Lunge-System
9 innere Organe der Bauchhöhle
10 Arm
11 Unterarm
12 Hand

**Bild 16: Biomechanisches Modell des menschlichen Körpers in sitzender Haltung für die Untersuchung des Schwingungsverhaltens von Körperteilen und Organen bei horizontaler Queranregung**

zudem die Anbindung des Kopfes an die Wirbelsäule. Entgegen früherer Modellierung ist der Kopf nunmehr einseitig an der Wirbelsäule angehängt, so daß sich vor allem Zuckbewegungen entsprechend der Realität in Nickbewegungen des Kopfes übertragen.

Die Parameter für die hier vorgestellten Modelle liegen zum Großteil bereits vor. In dieser Beziehung sei vor allem auf die Untersuchungen Zatsiorsky sowie Reynold und Mitarbeiter verwiesen. Fehlende Parameter müßten gegebenenfalls über Verifikationsrechnungen ermittelt werden.

## 6. Literatur


(1) Bajon, W. Nader, M. The Analysis of Lokomotiv Drivers Reaction on certain dynamical Loads, Proc. of the second international CISM-IFTOMM-Symposium, "Man under Vibration", Moscow UDSSR 8.-12. April 1985.

(2) Bamberg, N.D. Ludwig, H. New Measuring Method for Ride Comfort in Transit Vehicles, IEEE, S. 266/270.

(3) Coermann, R. The Mechanical Impendance of the Human Body in Sitting and Standing Position at low Frequencies, Human Factors (1962), S. 227/252.

(4) Dieckmann, D. Mechanische Modelle für den vertikal schwingenden menschlichen Körper. Internationale Zeitschrift für Angewandte Physiologie, einschl. Arbeitsphysiologie 17 (1958), S. 67/82.

(5) Dupuis, H. Untersuchungen zur Beeinflussung der visuellen Wahrnehmung durch Vibrationen. Zentralblatt Arbeitsmedizin 31 (1981) H. 3, S. 90/95.

(6) Fletcher, G.E. Human Response to Vibration: Critical Survey of Recent Literature, British Railways Board, Research and Development Division. Technical Document No. 47, October 1975.

(7) Garg, D. Ross, M. Vertical mode human body vibration transmissibilite. IEEE Transactions on System, Man and Cybernetics. Vol SMC-6, No. 2, February 1976, p. 102/112.

(8) ISO — Guide for the evaluation of human exposure to whole-body vibration. 1. Ausgabe, 15.01.1978, Ref. No. ISO 2631-1978 (E).

(9) Meltzig-Thiel Schatte, M. — A plane vibration model of the sitting man. Proc. of the second international CISM-IFTOMM Symposium "Man under vibration", Moscow, UDSSR, 8.-12. April 1985.

(10) Nader, M. — Ausgewählte Probleme der schädlichen Einwirkung von Fahrzeugschwingungen auf den menschlichen Organismus. Diss. (1984) Warschau.

(11) Nader, M. — Biomechanical model of a man for investigation of transmission of the vibration. Abstracts of the XI. international congress of biomechanics, Amsterdam, The Nederlands, June 29.-July 3. 1987

(12) Rasmussen, G. — Human Body Vibration Exposure and its Measurement, Bruel & Kjaer. Technical Review (1982), H.1, S.3/31, Naerum, Dänemark.

(13) Rosenbrock,H.H. — Sensitivity of an eigenvalve to changes in the matrix. Electronics Letters. Dec. 1966, Bd. 1. H.1.

(14) Sperling, E. Hellberg, W. — Verfahren zur Beurteilung der Laufeigenschaften von Eisenbahnwagen. Organ für die Fortschritte des Eisenbahnwesens 96 (1941), H.12, S. 177/187.

(15) Suggs, C.W. — Simulation of whole body dynamics. Proc. 5th. Ann. southeastern Symposium on System Theory. März 1973, S. 176/180.

(16) VDI — VDI-Richtlinie 2057: Beurteilung der Einwirkung mechanischer Schwingungen auf den Menschen. VDI Düsseldorf 1963.

(17) Zatsiorsky,V.M. Aruin, A.S. — Wibracjonnyj metod opredielenija mechanicieskich swojstw tieta czelowieka. Problemy biomechaniki sporta. Kijev 1976.

(18) Zatsiorsky,V.M. Aruin, A.S. Seluyanow, U.N. — Biomechanika dwigatielnogo apparata cielowieka. Biomechanika, fizkultura isport, Moskwa USSR, 1981.

# Fahrzeugschwingungen – Wirkungen auf den Menschen und deren Beurteilung

*von H. Dupuis*


Zusammenfassung

Mechanische Schwingungen in Fahrzeugen haben ihre Ursache vorwiegend durch Anregungen von den Antriebsaggregaten und den Fahrbahnunebenheiten. Je nach Fahrzeug- und Einsatzart können sie verschiedenartig hinsichtlich der Beschleunigungsamplituden, der Frequenzen und der Stoßhaltigkeit sein.

Schwingungsübertragungen auf den menschlichen Körper kommen bei Sitzhaltung in erster Linie über die Sitzfläche, aber auch über die Sitzlehne, die Pedale und das Lenkrad vor. Weiterhin ist bei Stehhaltung mit Schwingungseinleitung auf die Füße, z.B. bei der Benutzung von Omnibussen und sonstigen Nahverkehrsmitteln, zu rechnen. Einen Sonderfall stellt die Schwingungseinwirkung auf den liegenden Menschen dar, wie z.B. in Kranken- und Rettungswagen, in Liegekojen von Fern-LKW und in Schlaf- und Liegewagen der Deutschen Bundesbahn.

Je nach Einwirkungsart und Einwirkungsstelle sowie Schwingungsrichtung ist mit unterschiedlichen Auswirkungen auf den Menschen zu rechnen. Eine besondere Rolle spielt in dieser Hinsicht das biomechanische Schwingungsverhalten des menschlichen Körpers und seiner Teilbereiche. In der Weiterleitung solcher Schwingungen kann es im Körper zu Schwingungsabbau, aber auch zu Schwingungsvergrößerung durch Resonanz kommen. Resonanz bedeutet aber - wie in der Technik - so auch bei biologischen Geweben eine besonders hohe Beanspruchung. Daher wird verständlich, daß bei langjähriger, intensiver

Belastung durch niederfrequente Schwingungen besondere Gefährdungen für solche Teilkörperbereiche bestehen, die in Resonanz geraten, so vor allem für die Wirbelsäule, aber auch für innere Organe. Alle technischen Möglichkeiten zum Schwingungsschutz sollten zur Verhinderung solcher Schädigungen, aber auch zur Erzielung erhöhter Fahrsicherheit und erhöhten Fahrkomforts genutzt werden.

## 1. Belastungs-Beanspruchungs-Modell

Zur Abschätzung des Risikos einer Beanspruchung durch mechanische Schwingungen ist eine möglichst genaue Erfassung der Belastung und - für individuelle Beurteilungen - der endogenen Voraussetzungen von Bedeutung. Diese Zusammenhänge lassen sich in einem Belastungs-Beanspruchungs-Modell ausdrücken [11,12] (Abb. 1).

Die bei der Fahrzeugbenutzung vorkommende Belastung ist bei repräsentativen Einsatzbedingungen durch Messungen der mechanischen Schwingungen an der Hauptstelle der Überleitung in den menschlichen Körper, also insbesondere zwischen Sitzfläche und Gesäß, zu bestimmen. Um die frequenzabhängige Wirkung solcher Schwingungen zugleich in die Wertung einzubeziehen, sind die energieäquivalenten Mittelwerte der Bewerteten Schwingstärke $K_{eq}$ in den drei Richtungen x, y und z zu ermittelten. Bestimmungen der Stoßhaltigkeit der Schwingungsvorgänge können gegebenenfalls weitergehende Informationen zur Belastung geben.

Für die Belastung sind weiterhin die Art der Körperhaltung und die Möglichkeit aktiver und passiver Abstützung von Bedeutung, sowie im individuellen Falle die Dauer der Schwingungsexposition.

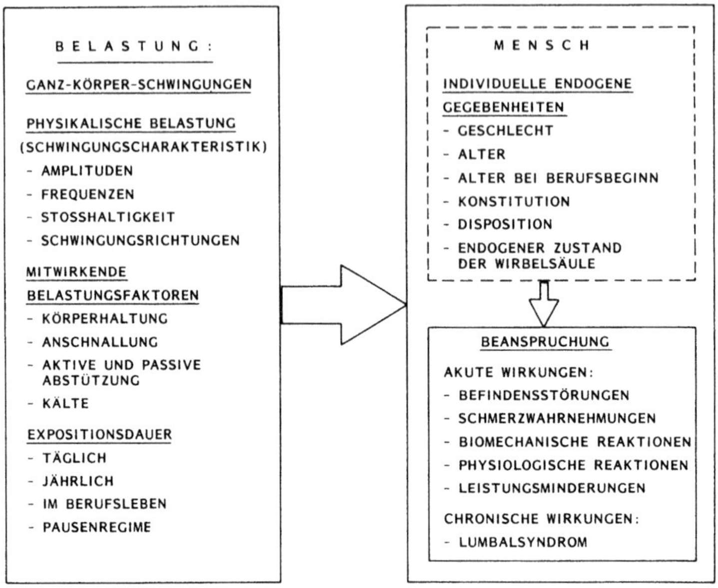


Abbildung 1: Belastungs-Beanspruchungs-Modell für Ganz-Körper-Schwingungen [11,12].

Neben der exogenen Belastung spielen die endogenen Voraussetzungen des Betroffenen für das Risiko einer Beanspruchung eine wichtige Rolle. Dies soll am Beispiel der Wirbelsäule erläutert werden, die durch Schwingungen besonders gefährdet ist. So hat das Alter bei Beginn der Schwingungsexposition im Berufsleben eine Bedeutung, solange das Wachstum der Wirbelsäule noch nicht abgeschlossen ist. Festigkeit und Elastizität der Wirbelsäule als Ganzes verringern sich mit weiter zunehmenden Alter. Damit ist zugleich eine verringerte Belastbarkeit der Wirbelsäule durch mechanische Schwingungen verbunden. Hinsichtlich unterschiedlicher Konstitution ist unter anderem davon auszugehen, daß eine gut entwickelte Rücken-, Brust- und Bauchmuskulatur als "Muskelkorsett" eine positive Funktion zur Unterstützung der Wirbelsäule bei Schwingungsbelastung wahrnehmen kann. Das Zusammenwirken der exogenen Belastung mit den endogenen Gegebenheiten entscheidet schließlich über die zu erwartende Beanspruchung durch Ganz-Körper-Schwingungen.

## 2. Schwingungsbelastung in verschiedenen Fahrzeugen und Arbeitsmaschinen

Schwingungsdaten wurden sowohl von der Fahrzeugindustrie als auch im Rahmen von verschiedenen, mit Bundesmitteln geförderten Forschungsprojekten in großem Umfange erhoben und liegen jetzt in der Schwingungsdatenbank des Berufsgenossenschaftlichen Institutes für Arbeitssicherheit vor. Eine laufende Ergänzung wird vorgenommen.

Übersichten über entsprechende Meßergebnisse an verschiedenen Fahrzeugen und Arbeitsmaschinen sind in den Abbildungen 2 und 3 enthalten. Sie zeigen die Schwingungsbelastung im Sitzen in der vertikalen Schwingungsrichtung als $KZ_{eq}$-Werte und beziehen sich nur auf repräsentative Arbeits- und Betriebsbedingungen, Extreme Bedingungen, wie z.B. beim Fahren auf Test- und Erprobungsstrecken, wurden dagegen nicht berücksichtigt. Die Breite der Meßdatenbereiche ist durch die Variation der Fahrzeugtypen und Einsatzbedingungen begründet. Es kann festgestellt werden, daß die Belastung durch vertikale Ganz-Körper-Schwingungen vor allem bei Fahrzeugen und Arbeitsmaschinen der Bau-, Forst- und Landwirtschaft, bei Flurförderfahrzeugen, aber auch bei gefederten Nutzfahrzeugen des öffentlichen Verkehrs, insbesondere wenn diese in unbefestigtem Gelände gefahren werden, von Bedeutung ist.

Horizontale Schwingungen spielen bei den meisten dieser Fahrzeugen eine etwas geringere Rolle, wenn man von Sattelauflegern und Fahrzeugen mit sehr kurzem Achsabstand absieht.

Bei der Schwingungsbelastung in Luftfahrzeugen ist zu berücksichtigen, daß die Expositionsdauer im allgemeinen relativ gering ist, wie z.B. in Hubschraubern. Auf Hochseeschiffen ist dagegen von 24-stündiger Schwingungsbelastung auszugehen.

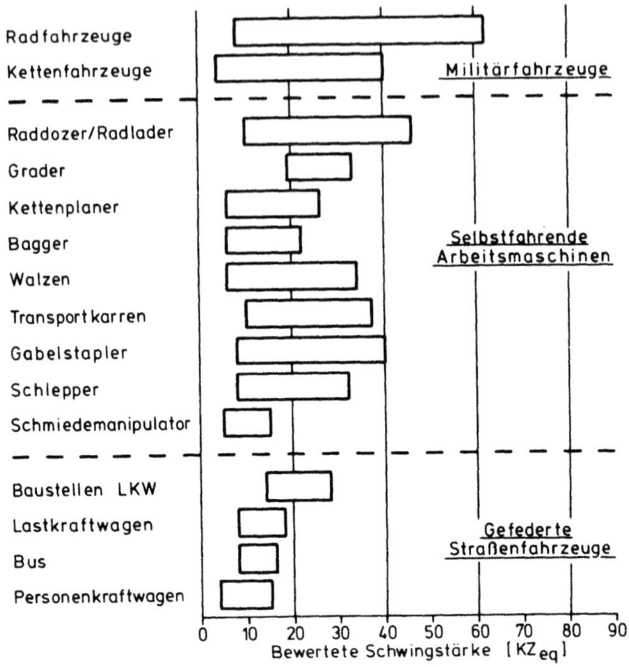


Abbildung 2: Bereiche der Schwingungsbelastung im Sitzen ($KZ_{eq}$-Werte) auf Militärfahrzeugen, selbstfahrenden Arbeitsmaschinen und gefederten Straßenfahrzeugen.

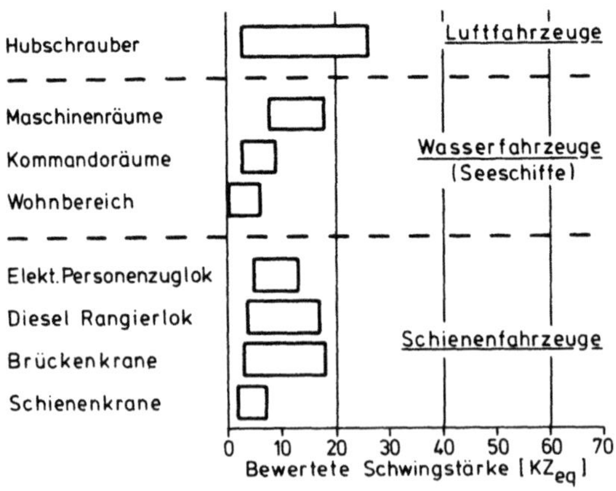


Abbildung 3: In Luft-, Wasser- und Schienenfahrzeugen.

## 3. Akute Beanspruchung

Akute Wirkungen mechanischer Schwingungen sind solche Auswirkungen beim Menschen, die unmittelbar während der Belastung auftreten. Sie betreffen das biodynamische Schwingungsverhalten bestimmter Organbereiche, Änderungen physiologischer Reaktionen, unangenehme subjektive Wahrnehmungen bis zu Unwohlsein und Schmerzen sowie unter Umständen Leistungsbeeinträchtigungen.

### 3.1 Biodynamisches Schwingungsverhalten

Bereits das biodynamische Verhalten des menschlichen Körpers unter Schwingungseinfluß kann wichtige Hinweise zur physiologischen Beanspruchung geben. Dabei verhält sich der Körper keineswegs wie eine einfache Masse, sondern die durch Bänder und Gewebe miteinander verbundenen Teilkörperbereiche führen komplizierte Relativbewegungen zueinander aus.

Das Schwingungsverhalten des menschlichen Körpers ist im Sitzen relativ am häufigsten untersucht worden [11,12]. Dies liegt zweifellos daran, daß diese Einwirkungsart bei den meisten Arbeitsplätzen und Fahrzeugen eine besonders große Rolle spielt. Zum anderen werden bei dieser Belastungsart besonders häufig Klagen über Beschwerden, Beeinträchtigungen und gesundheitliche Störungen genannt. Zusammengefaßte Untersuchungsergebnisse zeigt Abbildung 4. Es ist ersichtlich, daß in vertikaler Schwingungsrichtung z bei Schwingungseinleitung über das Gesäß und Weiterleitung bis zum Kopf der Schwingungsübertragungsfaktor V oberhalb von 1,5 Hz steil ansteigt bis zu 4-5 Hz, um dann ebenso steil wieder abzufallen. Oberhalb von 7 Hz tritt eine deutliche Schwingungsminderung ein. Die Schwingungsüberhöhung im Resonanzgebiet bei 4-5 Hz liegt bei V = 1,8-2,0.

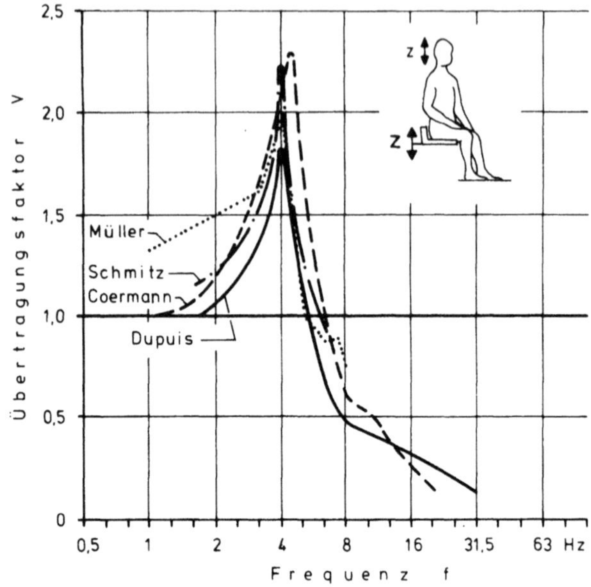


Abbildung 4: Frequenzabhängige Schwingungsübertragung vom Sitz auf den Kopf in vertikaler Richtung Z [11].

Hinsichtlich der Körperhaltung konnte nachgewiesen werden, daß bei stark aufgerichteter Körperhaltung eine stärkere Amplitudenvergrößerung als bei natürlicher Sitzhaltung auftritt, während im Resonanzgebiet mit flacher werdender Lehnenstellung die Schwingungsübertragung im Resonanzgebiet geringer wird. Berücksichtigt man jedoch die Resultierende aus den Schwingungsrichtungen x und z, so ergeben sich keine von der Sitzhaltung abhängigen statistisch gesicherten Unterschiede.

Horizontale Schwingungserregung in x-Richtung führt gleichzeitig zu vertikalen Schwingungskomponenten, so daß der Kopf ellipsenförmige Bewegungen ausführt. Vergleichende Untersuchungen bei Schwingungserregung in x- und y-Richtung [9] haben ein sinngemäß gleiches Schwingungsverhalten am Kopf ergeben: Die Schwingungen werden vom Rumpf soweit absorbiert, daß es am Kopf nicht mehr zu einer horizontalen Schwingungsüberhöhung kommt. Der sitzende menschliche Körper ist somit in horizontaler Schwingungsrichtung unempfindlicher als in vertikaler Schwingungsrichtung. Die vergleichsweise größten Schwingungen kommen bei 2-4 Hz vor, während diese mit zunehmender Frequenz stark abgebaut werden (Abb. 5).

In sitzender Körperhaltung wird die Wirbelsäule wegen der unmittelbaren Schwingungsübertragung vom Becken besonders stark belastet. Das Schwingungsverhalten der Lendenwirbelsäule LWS konnte bei vertikaler Erregung mit einem Bohrdrahtverfahren, das der Halswirbelsäule HWS mit Röntgenkinematographie untersucht werden [2,5,6]. Die Bewegungsformen der Wirbel L4, L2 und TH12 sind in Abbildung 6 dargestellt. Auch hier ist das Resonanzverhalten im tieffrequenten Bereich zwischen 3 und 5 Hz ersichtlich, das durch neuere Untersuchungen mit dem Bohrdrahtverfahren bestätigt werden konnte [14].

Resonanzkurven des Magens, die bei vier Versuchspersonen ermittelt wurden, lassen erhebliche Unterschiede im Ausmaß der "Aufschaukelung" in vertikaler Richtung erkennen (Abb. 7). Diese können durch die verschieden Magenformen, vor allem aber durch den unterschiedlichen Tonus der Magen- und Bauchmuskulatur erklärt werden, der zu verschieden starker Dämpfung des Feder-Masse-Systemes "Magen" führen muß. Es ergeben sich Resonanzspitzen übereinstimmend im Bereich zwischen 4 und 5 Hz [7].

Das Schwingungsverhalten der Augäpfel ist mit verschiedener Methodik im Tierexperiment an Affen und am Menschen untersucht worden. Dabei ergaben sich Maxima der Eigenfrequenzen zwischen 20 und 25 Hz. Anregungen der Augäpfel zu Resonanzschwingungen müssen unbedingt vermieden werden, weil sonst die Sehleistung stark beeinträchtigt werden kann [15].

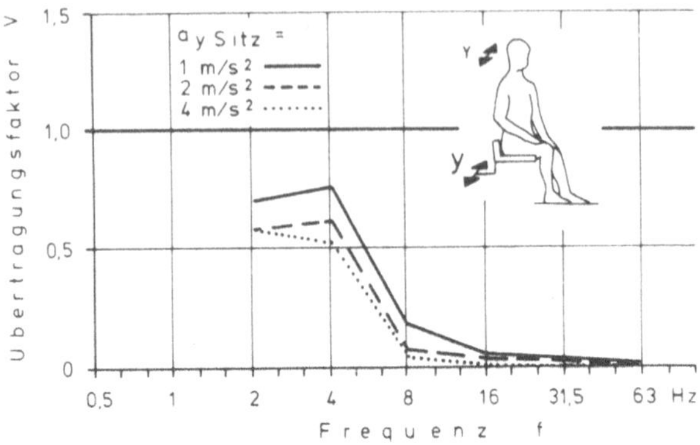


Abbildung 5: Frequenzabhängige Schwingungsübertragung vom Sitz bis auf den Kopf in "aufrechter" Haltung bei Schwingungserregung in horizontaler Richtung y [9].

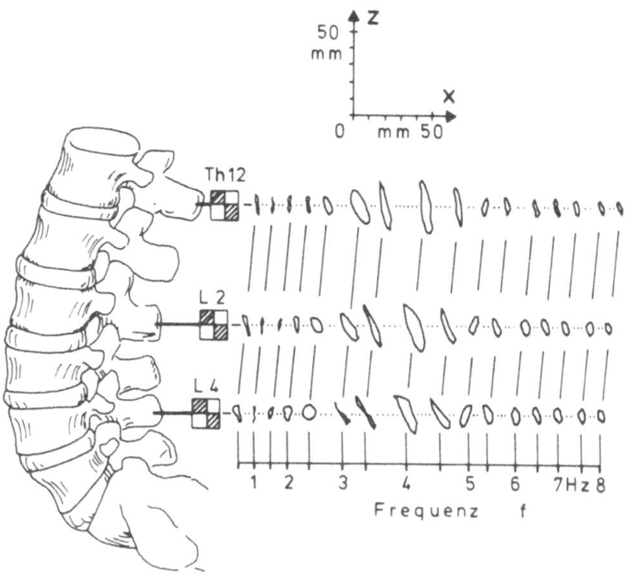


Abbildung 6: Bewegungsformen der Markierungen von 3 Wirbelkörpern bei Erregung durch vertikale Schwingungen mit 5 mm Wegamplitude (Scheitelwert) [2].

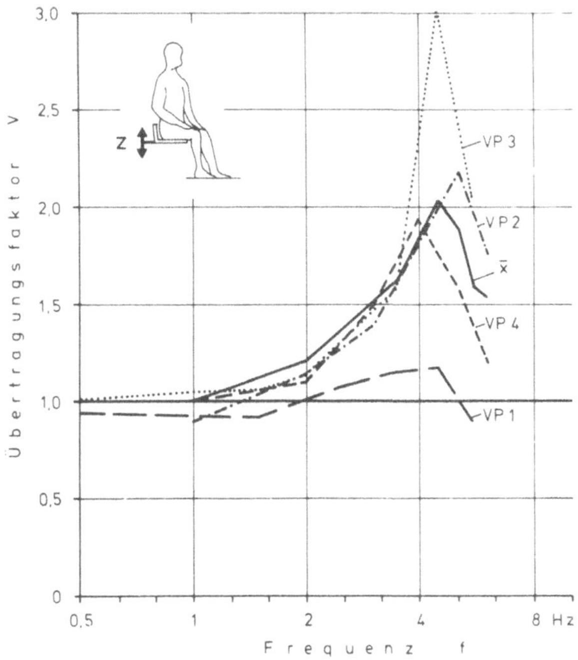


Abbildung 7: Frequenzabhängige Schwingungsübertragung auf den Magen im Sitzen bei Schwingungserregung in vertikaler Richtung Z [7].

Für das Schwingungsverhalten des stehenden Menschen - der stehende Fahrgast im Linienomnibus - gibt es bisher weniger Untersuchungen. In vertikaler Richtung zeigt sich eine erste Resonanzstelle bei etwa 5 Hz, eine zweite kleinere bei etwa 12 Hz [4]. Das Ausmaß der "Aufschaukelung", d.h. der Resonanzüberhöhung, aber auch die genaue Lage der Resonanzfrequenz, hängen stark von der Art der Körperhaltung beim Stehen (aufrecht, leicht oder stark in den Knien gebeugt) ab. In den horizontalen Schwingungsrichtungen kommt es auch bei Stehhaltung zu keinen Resonanzerscheinungen am Körper.

Beim liegenden Menschen ist das Schwingungsverhalten, das beim Kranken- und Verletzten-Transport, im Schlaf- und Liegewagen sowie auf Schiffen von Bedeutung ist, dadurch gekennzeichnet, daß die Schwingungen über eine große Oberfläche auf den menschlichen Körper übertragen werden. Daher kann es an verschiedenen Körperstellen bei verschiedenen Frequenzen zu Resonanzschwingungen kommen [24]. Im Rettungswesen kann die Einbettung des liegenden Körpers in eine Vakuummatratze eine Stabilisation bewirken [10].

Tabelle 1 enthält eine Übersicht der Resonanzfrequenzen verschiedener Körperteile des Menschen bei Schwingungserregung in verschiedener Körperhaltung und bei verschiedenen Schwingungsrichtungen. Immer dann wenn Schwingungsbelastungen Resonanzschwingungen von Organsystemen herbeiführen, muß allein auf Grund der hohen mechanischen Belastung der Körpergewebe mit einer Auslösung veränderter physiologischer Reaktionen gerechnet werden.

## 3.2. Physiologische Veränderungen

Die durch Belastung durch Ganz-Körper-Schwingungen ausgelösten Reaktionen können Muskelfunktion, Atmung und Blutkreislauf, vegetatives Nervensystem, Sinnenswahrnehmung und biochemische Veränderungen betreffen [11,12]. Bereits Beschwerdesymptome in den verschiedenen Organbereichen in Abhängigkeit von der erregenden Frequenz können Hinweise auf schwingungsbedingte Reaktionen geben.

Die Veränderungen physiologischer Funktionen betreffen nur sehr begrenzt das Herzkreislaufsystem. Erhöhungen der Herzschlagfrequenz sind erst unter sehr starken Schwingungsbelastungen nachweisbar, Änderungen des Blutdruckes sind uneinheitlich und EKG-Veränderungen nicht signifikant unterschiedlich [11]. Periphere Durchblutungsstörungen im Sinne von Gefäßverengungen als Folge von Ganz-Körper-Schwingungen treten offensichtlich schwächer und weniger ausdauernd auf als bei Hand-Arm-Schwingungen.

Tabelle 1: Resonanzfrequenzen $f_0$ verschiedener Körperteile bei Schwingungserregung in verschiedener Körperhaltung und Schwingungsrichtung

| Körper-haltung | Körperteil | Schwingungs-richtung *) | Bereich der Resonanzfrequenz |
|---|---|---|---|
| Liegen | Bauch | x | 4 - 8 Hz |
| | Brustkorb | x | 6 - 12 Hz |
| | Schädelknochen | x | 50 - 70 Hz |
| | Bauch | y | 0,8 - 4 Hz |
| | Kopf | y | 0,6 - 4 Hz |
| | Bauch | z | 1,5 - 6 Hz |
| | Kopf | z | 1 - 4 Hz |
| Stehen | Schulter | x | 1 - 2 Hz |
| | Kopf | x | 1 - 2 Hz |
| | Ganzkörper | z | 4 - 7 Hz |
| Sitzen | Rumpf | z | 3 - 6 Hz |
| | Brustkorb | z | 4 - 6 Hz |
| | Wirbelsäule | z | 3 - 5 Hz |
| | Schulter | z | 2 - 6 Hz |
| | Magen | z | 4 - 5 (7) Hz |
| | Auge | z | 20 - 25 Hz |

*) x = dorso - ventral
y = lateral
z = caudo-cranial

Für die Atmung ließ sich eine schwingungsbedingte Hyperventilation nachweisen [5]. Im Resonanzgebiet des menschlichen Körpers und bei großen erregenden Beschleunigungen ist sie besonders stark ausgeprägt. Sie ist aber nur zum kleinen Teil energetisch bedingt, da die Atmung stärker als der Energieverbrauch durch Schwingungsbeeinflussung angeregt wird. Vielmehr dürften hierfür die passiven, durch Schwingung der Eingeweide hervorgerufenen Bewegungen des Zwerchfelles und der Bauchdecke Ursache sein, die zu einer Art künstlicher Atmung führen.

Die Muskelaktivität wird unter Schwingungsbelastung besonders erhöht. Dies läßt sich damit erklären, daß die Hauptmuskelgruppen eine Abwehrreaktion ausüben und somit eine Schutzfunktion übernehmen. Dies ist unter dem Einfluß stochastischer Schwingungen besonders deutlich [11,12] (Abb. 8).

Weiter gibt es Hinweise darauf, daß unter Belastung durch Ganz-Körper-Schwingungen die vom peripheren Nervensystem gesteuerten Muskeleigenreflexe herabgesetzt werden. Nicht eindeutig ließ sich bisher die Frage klären, ob mechanische Schwingungen eine Gehörvertäubung verursachen oder sogar zur Schwerhörigkeit beitragen können. Dagegen kann das Gleichgewichtsorgan - vor allem durch rotatorische Schwingungen - betroffen werden. Störungen der Körperhaltungsregulation auf Grund von Vibrationsbelastung, die mit Hilfe der Stabilographie meßbar sind, könnten eine Folge vestibulärer und spinaler Mechanismen sein [13].

Effekte der sogenannten Seekrankheit, also Kinetosen, können unmittelbare Reaktionen auf tieffrequente mechanische Schwingungen mit großen Amplituden darstellen [11,21] (Abb.9). Der Kenntnisstand zur Entstehung der akuten Erkrankung verschiedener Belastungsfaktoren auf die verschiedenen Reizsystemen ist jedoch immer noch unvollkommen.

Über die Beeinflussung der visuellen Wahrnehmung liegen zahlreiche Untersuchungen, vor allem im Bereich der Luft- und Raumfahrtmedizin vor. Hinsichtlich der optischen Auffassungszeiten finden sich besonders starke Beeinträchtigungen. Durch Resonanzschwingungen der Augäpfel (20-25 Hz) wird auch die Sehschärfe herabgesetzt [15].

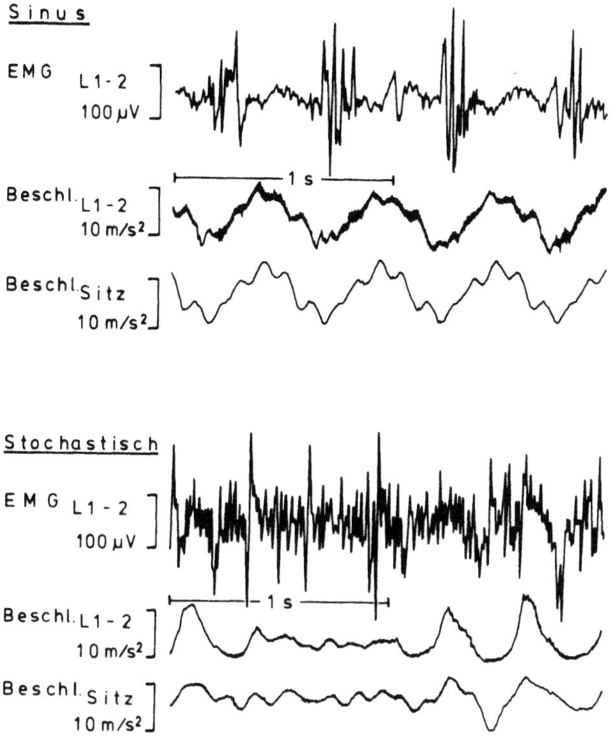


Abbildung 8: Elektromyogramme (EMG des m. errector spinae) am sitzenden Menschen unter Einfluß von Sinusschwingungen (oben) und stochastischen Schwingungen (unten) in horizontaler Richtung [11,12].

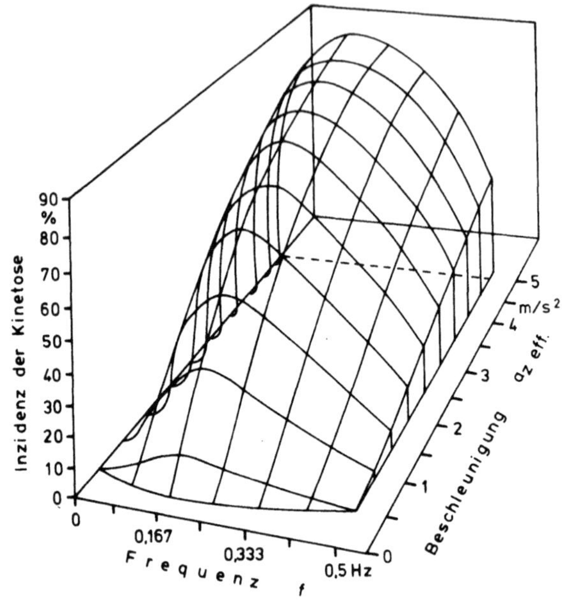


Abbildung 9: Abhängigkeit der Inzidenz für Kinetose von der Frequenz f und dem Effektivwert der Beschleunigung $a_{zeff}$ in vertikaler Richtung [21].

## 3.3 Beeinflussung der Leistung

Da sich unter Schwingungsbelastung biodynamische und physiologische Reaktionen und auch Änderungen der Sinneswahrnehmung ergeben, kann erwartet werden, daß auch die Leistungsfähigkeit beeinträchtigt wird [11]. Bei den Leistungsbeeinträchtigungen muß zwischen den direkten mechanischen Wirkungen auf das Hand-Arm- oder Fuß-Bein-Steuersystem und den indirekten psycho-physiologischen Wirkungen durch die Schwingungsbelastung unterschieden werden. Die zuerst genannten stellen sich sofort mit Schwingungsbeginn ein, und hören auch mit ihnen auf. Dagegen entwickeln sich die zuletzt genannten erst langsam und dauern unter Umständen auch nach Schwingungsbeendigung eine Zeitlang an.

Die meisten bisher bekannten Untersuchungen zu dieser Fragestellung erfolgten unter Laboratoriumsbedingungen mit simulierten Steuer- oder Nachfahraufgaben. Einige Untersuchungen weisen auf die mit zunehmender Schwingungintensität fallende Leistung hin. Auch konnte nachgewiesen werden, daß bei gleichem Effektivwert der Vertikalbeschleunigung stochastische Schwingungen die Steuerleistung stärker mindern als Sinusschwingungen. Auf der anderen Seite ließen sich zwischen kontinuierlicher und durch Pausen unterbrochener Schwingungsbelastung keine signifikanten Unterschiede der Leistung aufzeigen [1]. Zu schwingswegabhängigen Faktoren wurde aufgezeigt, daß schwingungsbedingte vertikale Relativbewegungen von 150 - 200 mm zwischen einem Fahrersitz und einem Lenkrad die Steuerfehler signifikant erhöhen [22].

Dem Fachschrifttum läßt sich insgesamt entnehmen, daß bei geringer Schwingungsbelastung Ermüdungseffekte bei entsprechender Motivation kompensiert werden können. Mit zunehmender Schwingungsintensität muß jedoch mit zunehmender Leistungsminderung gerechnet werden. Absolute Grenzwerte für solche Leistungsminderungen lassen sich jedoch bisher nicht angeben.

Über die freqeunz- und beschleunigungsabhängige Stärke subjektiver Wahrnehmung kann auf den Bericht von Bobbert verwiesen werden.

## 4. Chronische Wirkungen

Chronische Auswirkungen mechanischer Schwingungen betreffen Veränderungen des Gesundheitszustandes. Aus dem hierzu vorliegenden Fachschrifttum geht hervor, und darauf weisen auch Sachverständige der internationalen Arbeitsorganisation hin, daß an erster Stelle die Wirbelsäule und das damit verbundene Nervensystem gefährdet sind. Dies ist verständlich, wenn man bedenkt, daß die Einleitung mechanischer Schwingungen beim sitzenden Menschen direkt über das Gesäß in die Wirbelsäule erfolgt. Weiterhin ist nach epidemiologischen Untersuchungen auch von einer größeren Häufigkeit von funktionellen und organischen Magenerkrankungen bei Berufsgruppen mit starker Schwingungsbelastung auszugehen[16]. Ein ätiologischer Nachweis des Zusammenhanges war jedoch wegen der mehrfaktoriellen Einflüsse bei solchen Berufsgruppen bisher nicht möglich. Wenige Untersuchungen haben bisher wohl Vermutungen, aber keine Beweise dafür ergeben, daß intensive Schwingungsbelastung zu chronischen Schädigungen im Bereich der weiblichen Unterleibsorgane führen kann.

### 4.1 Degenerative Wirbelsäulenveränderungen

Bei beobachteten degenerativen Prozessen im Bereich der Wirbelsäule handelt es sich offenbar um vorzeitige Aufbraucherscheinigung des Gelenksystemes als Folge von Schwingungsbelastung mit hoher Intensität und Dauer. Diese stellt in Sitzhaltung eine unphysiologische Belastung dar, da sie unter natürlichen Lebensbedingungen, an die der Mensch seit Jahrtausenden adaptiert ist, nicht vorkommt. Solche Belastungen sind insbesondere bei regelosen Schwingungsvorgängen in einem niederfrequenten Bereich gegeben, in dem es zu Resonanzschwingungen der Wirbelsäule kommt. Durch ständige Stauchung und

Streckung der Wirbelsäule ermüdet vermutlich das Gewebe in seiner Funktion und dadurch wird die Widerstandskraft herabgesetzt, sofern keine ausreichende Erholungsmöglichkeit gegeben ist. Allerdings reagieren die Bandscheiben sowie die Knochen und Gelenke auf solche mechanische Dauerbelastung offensichtlich erst nach längerer Einwirkzeit [17,18]. Stauchungskräfte dürften besonders schädlich sein, wenn die Wirbelsäule sich in einer Endstellung einer Bewegungsrichtung befindet.

Zum Gesundheitszustand der Wirbelsäule bei Berufsgruppen mit Belastung durch Ganz-Körper-Schwingungen gibt es verhältnismäßig zahlreiche epidemiologische Untersuchungen. Leider fehlt es bei vielen Studien dieser Art an Kontrollgruppen. Nur in wenigen Ausnahmefällen konnte der Gesundheitzustand der Wirbelsäulen von Berufsbeginn an über einige Jahre oder über einen längeren Zeitraum hinweg in Langzeitstudien verfolgt werden [8]. Aus dem gesamten Untersuchungsmaterial läßt sich jedoch die Tendenz ableiten [11,12], daß lang andauernde intensive Schwingungsbelastungen, wie sie z.B. bei Erdbaumaschinenführern vorkommen können [19] und vor dem Inkrafttreten berufsgenossenschaftlicher Vorschriften bei Schlepperfahren vorkamen, auch zu verstärkter Häufigkeit pathologischer Wirbelsäulenbefunde führen.

Bei der Beurteilung der Häufigkeit von Wirbelsäulenerkrankungen aus epidemiologischen Untersuchungen an Personengruppen, die besonders stark schwingungsbelastet sind, bereitet weiter die Fluktuation durch solche Personen besonders Schwierigkeiten, die die Belastung als schmerzhaft und unerträglich empfinden und daher den Beruf wechseln. So kommt es zu einer Selektion besonders widerstandsfähiger Personen, wie diese z.B. bei Erdbaumaschinenführern beobachtet worden sind [19,20].

Nach neueren epidemiologischen Untersuchungen zeigen Fahrer schwerer Erdbaumaschinen, die mindestens 10 Jahre lang täglich 6-8 Stunden schwingungsexponiert waren, im Vergleich zu einer nicht exponierten Kontrollgruppe in signifikant höherem Maße röntgenologisch nachweisbare und mit Schmerzwahrnehmung verbundene degenerative Veränderungen im Bereich der Lendenwirbelsäule [11,12,19] (Abb. 10).

Aus Abbildung 11 geht hervor, daß die Schwingungsbelastung an diesen Arbeitsplätzen bei repräsentativen Arbeitsschichten K-Werte zwischen 15 und 30, bei Maximalwerten bis zu 48, erreichen kann. Dies bedeutet, daß die Richtwertkurve für "Gesundheit" nach VDI 2057 bzw. ISO 2631 im wesentlichen überschritten wird. Eine solche "Dosis" täglicher Schwingungsbelastung stellt auf Grund der genannten statistisch relevanten Ergebnisse somit ein erhöhtes Risiko für degenerative Veränderungen im Bereich der Lendenwirbelsäule dar. Obgleich vermutlich eine Dosis-Wirkungs-Beziehung vorliegt, ist deren Quantifizierung allerdings bisher noch nicht möglich gewesen.

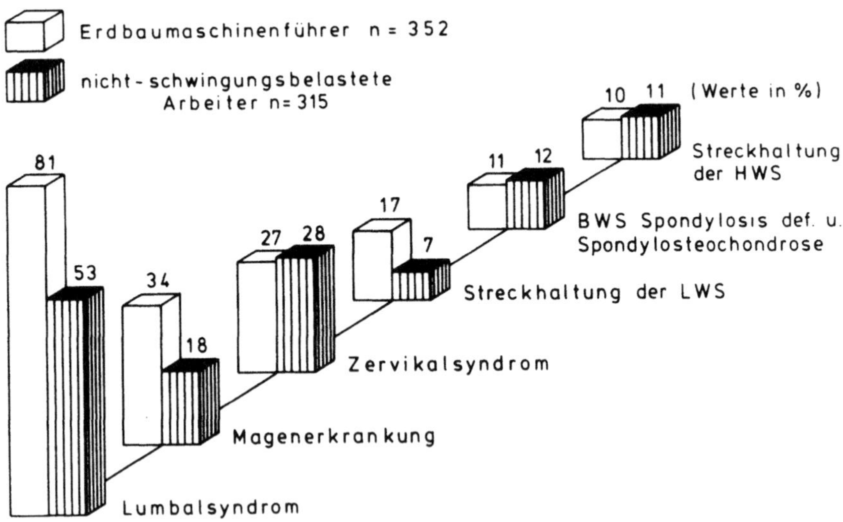


Abbildung 10: Häufigkeit verschiedener Diagnosen schwingungsbelasteter Erdbaumaschinenführer in Vergleich zu nicht-schwingungsbelasteten Tagebauwerkern [19].

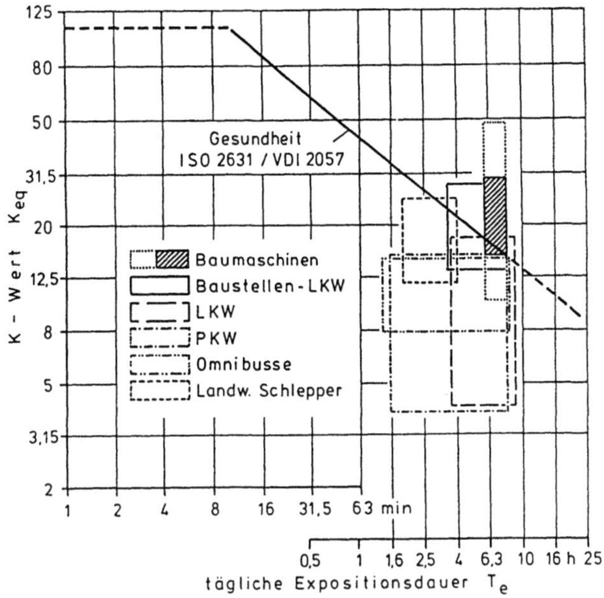


Abbildung 11: Schwingungsbelastung ($KZ_{eq}$) der Erdbaumaschinenführer in Abbildung 10.

## 5. Prävention

Zur Prävention gegenüber den genannten Gefährdungen dienen in erster Linie technische und organisatorische Schutzmaßnahmen, Verbesserungen der Sitzsysteme (Federung, Dämpfung, Sitzgestaltung), Begrenzung der Expositionsdauer und regelmäßig wiederholte Gesundheitsuntersuchungen. Sowohl in technischer als auch in arbeitsmedizinischer Hinsicht haben die Berufsgenossenschaften in der Bundesrepublik Deutschland solche Präventivmaßnahmen vorbereitet [23].

Literatur

[ 1] CHRIST, E.: Beanspruchung und Leistungsfähigkeit des Menschen bei unterbrochener und Langzeit-Exposition mit stochastischen Schwingungen. Fortschr.-Ber.,VDI-Z. 17, 1-85 (1973)

[ 2] CHRIST.W., DUPUIS, H.: Über die Beanspruchung der Wirbelsäule unter dem Einfluß sinusförmiger und stochastischer Schwingungen. Int.Z.angew.Physiol.einschl.-Arbeitsphysiol. 22, 258-278 (1966)

[ 3] CHRIST, W., DUPUIS, H.: Untersuchungen der Möglichkeit von gesundheitlichen Schädigungen im Bereich der Wirbelsäule bei Schlepperfahrern. Die Med.Welt 36/37,-Seite 1919-1920 v.H.36, 1967-1972 (1968)

[ 4] DIECKMANN, D.: Mechanische Modelle für den vertikal schwingenden menschlichen Körper. Internat.Z.angew.-Phsyiol.einschl.Arbeitsphysiol. 17, 67-82 (1958)

[ 5] DUPUIS, H.: Zur physiologischen Beanspruchung des Menschen durch mechanische Schwingungen. Fortschr.Ber.-VDI-Z 7, 5-162 (1969)

[ 6] DUPUIS, H.: Einwirkung berufsbedingter Vibrationen auf die Wirbelsäule. Die Wirbelsäule in Forsch.u.Praxis 92, 45-50 (1980)

[ 7] DUPUIS, H., CHRIST, W.: Über das Schwingungsverhalten des Magens unter dem Einfluß sinusförmiger und stochastischer Schwingungen Int.Z.angew.Physiol.einschl.-Arbeitsphysiol. 22 149-166 (1966)

[ 8] DUPUIS, H., CHRIST, W.: Untersuchung der Möglichkeit von Gesundheitsschäden im Bereich der Wirbelsäule bei Schlepperfahrern. Max-Planck-Inst.f.Landarb.u.Landtechn.,Bad Kreuznach A 2, 1-55 (1972)

[ 9] DUPUIS, H., HARTUNG, E.: Einfluß von Vibrationen auf die optische Wahrnehmung. BMVg-Forsch.Ber.aus der Wehrmed. 80-10, 1-141 (1980)

[10] DUPUIS, H., HARTUNG, E.: Zur Beeinflussung der Schwingungswahrnehmung beim Kranken- und Verletzten-Transport. Notfallmed. 7, 81-90 (1981)

[11] DUPUIS, H., ZERLETT, G.: Beanspruchung des Menschen durch mechanische Schwingungen. Hauptverb.der gew.-Berufsgen.,Forsch.Ber.Ganz-Körp.-Schwing., 1-147 (1984)

[12] DUPUIS, H., ZERLETT, G.: The effects of whole-body vibration, Springer Heidelberg, 1-162 (1986).

[13] GUIGNARD, J.C.: Vibration, in: Gilliers (Hrsg.): A textbook of aviation physiology Pergamon press, New York 813-894 (1965)

[14] HAGENA, F.-W.: Zur Biomechanik der Wirbelsäule. Habilitationsarbeit,Dr.med.,Ludw.-Maximilian-Univ.-München, 1-236 (1985)

[15] HARTUNG, E.: Untersuchung zur Beeinflussung der visuellen Leistung des Menschen unter Einwirkung mechanischer Schwingungen Diss. Bremen 1-166 (1983)

[16] HEIDE, R.: Zur Wirkung langzeitiger beruflicher Ganzkörpervibrationsexposition Diss.z.Erl.des akad.Gr.Dr. med., Zentr.Inst.f.Arb.Med.der DDR, 1-151 (1978) (1977)

[17] JUNGHANNS, H.: Die Wirbelsäule in der Arbeitsmedizin. Teil 1: Biomechanische und Biochemische Probleme der Wirbelsäulenbelastung. Die Wirbelsäule in Forsch. u.Praxis 78, 9-181 (1979)

[18] JUNGHANNS, H.: Die Wirbelsäule in der Arbeitsmedizin. Teil 2: Einflüsse der Berufsarbeit auf die Wirbelsäule. Die Wirbelsäule in Forsch.u.Praxis 79, 1-396 (1979)

[19] KÖHNE, G., ZERLETT, G., DUNTZE, H.: Ganzkörperschwingungen auf Erdbaumaschinen. VDI-Verlag,Humanisierung des Arbeitslebens 32, 1-366 (1982)

[20] MILBY, T.H., SPEAR, R.C.: Relationship between whole body vibration morbidity patterns among heavy equipment operators. Nat.Inst.of Occupational Safety and Health 74-131, 1-71 (1974)

[21] O'HANLON, J.F., MCCAULEY, M.E.: Motion sickness incidence as a funktion of the frequency and acceleration of vertical sinusoidal motion. Aerosp.Med.(Apr.), 366-369 (1974)

[22] PLESZCZYNSKI, W., CHRIST, E., DUPUIS, H.: Steuerfehler unter Schwingungseinfluß. Automobiltechn.Z. 8, 281-284 (1973)

[23] SCHÄFER, N., DUPUIS, H., HARTUNG, E.: Schwingungsminderung am Arbeitsplatz. BA f.Arbeitsschutz u.Unfallforsch.Dortmund,Forsch.Ber. 305, 3-200 (1982)

[24] SZAMEITAT, P.: Mechanische Schwingungseinwirkung auf den liegenden Menschen - Gesichtspunkte für einen Vorschlag zu einer Beurteilungsrichtlinie. Diss.z.Erl.-des Grades Dr.-Ing.,Techn.Hochsch.Darmstadt, 1-226 (1976)

# Ganzkörperschwingungen auf Erdbaumaschinen, deren Beurteilung und Auswirkung auf den Fahrer (Abstract)

*von G. Köhne*

Eine Reihe von wissenschaftlichen Untersuchungen in den letzten 10 Jahren haben die Erkenntnis verstärkt, daß stochastische Ganzkörperschwingungsbelastungen vor allem bei sitzender Tätigkeit zur gesundheitlichen Beeinträchtigung der Lendenwirbelsäule und des Magens führen. Nach dem derzeitigen Erkenntnisstand trifft dies insbesondere dann zu, wenn bestimmte Grenzwerte bzw. Expositionszeiten überschritten werden.

Dem Anwender derartiger Maschinen (z. B. Erdbaumaschinen) dient zur Bewertung der Schwingungsbelastung auf den Fahrer die VDI-Richtlinie 2057, in der in Blatt 3 die Richtlinie für das Beurteilungskriterium "Gesundheit" in Abhängigkeit vom K-Wert und von der täglichen Expositionsdauer dargestellt ist.

Bei entsprechendem meßtechnischem Aufwand ist der Anwender in der Lage, vor Ort Beschleunigungswerte in drei Richtungen aufzunehmen, auf Magnetband zu speichern und über eine Meßkette sowohl die spektrale Leistungsdichte als auch die Beurteilungs-Schwingstärke $K_r$ zu ermitteln. Die spektrale Leistungsdichte gibt dem Anwender Auskunft über das Schwingungsspektrum der Maschine, der $K_r$-Wert über die maximale tägliche Expositionsdauer für den Fahrer.

Überschreitet der $K_r$-Wert die in der VDI-Richtlinie 2057 festgelegte Richt-Kurve "Gesundheit" bei entsprechender Expositionszeit (z. B. 8-Stunden-Schicht), so besteht einmal die Möglichkeit den $K_r$-Wert durch ein besseres Übertragungsverhalten (Dämpfung) des Fahrersitzes zu reduzieren. Die Qualität des Fahrersitzes hängt vom Übertragungsverhalten ab. Ist der Fahrersitz nicht auf die spektrale Leistungsdichte frequenzbezogen abgestimmt, so tritt in vielen Fällen eine Schwingverstärkung statt einer -dämpfung ein. Die gemessenen Beschleunigungswerte am Chassis des Sitzes und auf der Sitzfläche bilden nach ISO 7096 die Ausgangswerte für das Übertragungsverhalten.

Durch Einbau einer hydropneumatischen Achsfederung oder eines lastaktiven Federungssystems jeweils mit Niveauregulierung, besteht ferner die Möglichkeit den $K_r$-Wert zu senken. Bei dem Einsatz derartiger Federungssysteme wird gleichzeitig auch eine zusätzliche wirtschaftliche Komponente erzielt.

Auf diese Weise ist der Anwender in der Lage, durch Kontrolle der schwingungsbelasteten Arbeitsplätze, die jeweils für den speziellen Einsatz der Erdbaumaschinen richtige Dämpfungstechnik zu wählen, um langfristig gesundheitliche Beeinträchtigungen bei den Fahrern zu vermeiden ohne dabei Einbußen bei der betriebswirtschaftlichen Nutzung der Erdbaumaschinen zu erleiden.

# Minderung der Belastung des Fahrpersonals von Nutzfahrzeugen durch Schwingungseinwirkungen aus der Sicht der gesetzlichen Unfallversicherung

*von L. Zademack*

Sehr geehrte Damen und Herren,

ich darf Herrn Prof. Dr.-Ing. S t ü h l e r an dieser Stelle besonders danken, daß mir im Rahmen dieser Veranstaltung die Gelegenheit gegeben wird, zu der Problematik der Schwingungseinwirkung beim Fahrpersonal von Nutzfahrzeugen aus der Sicht der gesetzlichen Unfallversicherung Stellung zu nehmen. Zu den meßtechnischen Fragen und den zwischenzeitlich erzielten Ergebnissen der Schwingungseinwirkungen an Arbeitsplätzen von Kraftfahrern auf Nutzfahrzeugen (BIA-Report 3/86) wird anschließend Herr K a u l b a r s vom Berufsgenossenschaftlichen Institut für Arbeitssicherheit (BIA) berichten.

Die Anfrage eines Lebensmittelkonzerns zur Notwendigkeit der serienmäßigen Ausrüstung von Nutzfahrzeugen der mittleren Gewichtsklasse (im konkreten Fall zwischen 6 und 10 t zul. Gesamt-Gewicht) mit Schwingsitzen wurde am 03.09.79 von einem deutschen Nutzfahrzeughersteller u.a. noch wie folgt beantwortet:

- 2 -

"Die Meinung, ein "einfacher", nicht schwingender Fahrersitz könne zu Bandscheibenschäden führen, ist also erstens insofern falsch, als bei unserer Federauslegung die Schwingungen schon vom Fahrerhaus ferngehalten werden und zweitens nach Ansicht führender Mediziner eine ergonomisch richtige Sitzhaltung jegliche Gesundheitsschädigung vermeidet."

Zur ergonomisch richtigen Sitzhaltung wird dann darauf verwiesen, daß Fahrern bei diesem Fabrikat,zur Einnahme der richtigen Sitzhaltung,vielfältige Verstellmöglichkeiten des Sitzes zur Verfügung stehen würden, verbunden mit einer guten Ausformung von Sitzkissen und Rückenlehne.

Der Bundesminister für Arbeit und Sozialordnung schrieb auf Anfrage eines Sozialgerichts in einer Streitsache zum ursächlichen Zusammenhang zwischen der Tätigkeit als Berufskraftfahrer und der Entstehung von Bandscheibenschäden, daß hierzu keine gesicherten medizinisch-wissenschaftlichen Erkenntnisse bekannt geworden seien.

Nehmen wir die beiden zuvor zitierten Beispiele als Grundlage, so müßte die Welt aus Sicht der Berufsgenossenschaften völlig in Ordnung sein. So einfach ist dieses Thema aber nicht abzuhandeln. Die gesetzlichen Grundlagen, die für die Träger der gesetzlichen Unfallversicherung zwingend verbindlich sind, verlangen von den

Berufsgenossenschaften Maßnahmen zur Unfallverhütung und ggf. Heilbehandlung sowie finanzielle Entschädigungen, wenn Berufskrankheiten durch die berufliche Tätigkeit verursacht wurden. Daraus ergibt sich auch die Verpflichtung, den Stand der wissenschaftlichen Erkenntnisse fortlaufend zu überprüfen, um möglichst rechtzeitig bei neuen Erkenntnissen präventive Maßnahmen einzuleiten und/oder rechtliche Ansprüche der Versicherten gegenüber ihrem zuständigen Unfallversicherungsträger anzuerkennen.

Maßgebend für die Entscheidung, ob eine entschädigungspflichtige Berufskrankheit vorliegt, ist die Reichsversicherungsordnung (RVO) in Verbindung mit der Berufskrankheiten-Verordnung. Nach § 551 Abs. 1 (RVO) gilt als Arbeitsunfall auch eine Berufskrankheit. Berufskrankheiten sind die Krankheiten, welche die Bundesregierung durch Rechtsverordnung mit Zustimmung des Bundesrates bezeichnet und die ein Versicherter bei bestimmten gesetzlich exakt bezeichneten Tätigkeiten erleidet. Damit wurden die Berufskrankheiten rechtssystematisch dem Versicherungsfall des Arbeitsunfalls gleichgestellt.

In der Anlage 1 zur Berufskrankheiten-Verordnung (BeKV) sind in der

Gruppe 2 "Durch physikalische Einwirkungen verursachte Krankheiten",

die durch Schwingungseinwirkung bedingten Berufskrankheiten, wie beispielsweise vibrationsbedingte Durchblutungsstörungen an den

Händen, bezeichnet; es gibt aber keine bezeichnete Berufskrankheit infolge der Belastung durch Ganzkörperschwingungen in Kraftfahrzeugen.

Der Absatz 2 des § 551 (RVO) verpflichtet die Träger der gesetzlichen Unfallversicherung im Einzelfall eine Krankheit wie eine Berufskrankheit zu entschädigen, auch wenn sie nicht in der Berufskrankheiten-Verordnung bezeichnet ist und die dort bestimmten Voraussetzungen nicht vorliegen, sofern nach neuen Erkenntnissen die übrigen Voraussetzungen des § 551 Absatz 1 (RVO) erfüllt sind.

Es wäre an dieser Stelle verfehlt, jetzt eine Exkursion in's Recht der Berufskrankheiten zu machen, es sei aber der Hinweis erlaubt, daß der Absatz 2 vom Einzelfall spricht, der an die rechtlichen Voraussetzungen des Absatzes 1 gebunden ist. Die Generalklausel des Absatzes 2 gestattet im Einzelfall die Durchbrechung des Listenprinzips und schließt die Lücke, indem noch nicht in die Liste aufgenommene Krankheiten in den Zeiträumen zwischen den einzelnen Anpassungen wie eine Berufskrankheit entschädigt werden sollen. Entscheidend ist, daß diese Ausnahmevorschrift keine individuelle Härte des Betroffenen beseitigen soll, sondern nur solche, die sich ergibt, weil die Krankheit noch nicht in die Liste aufgenommen ist. Die Formulierung des Gesetzestextes .... - wie eine Berufskrankheit... - stellt klar, daß eine Erkrankung auch bei Anerkennung nicht zu einer Berufskrankheit im Sinne des Absatzes 1 wird. Dies ist nur durch die Rechtsverordnung möglich. Die Zuständigkeit für diese Rechtsverordnung liegt beim Gesetzgeber (Bundestag und Bundesrat), nicht aber bei den Berufsgenossenschaften.

Hierbei stellt sich zwangsläufig die Frage - und damit komme ich wieder zurück auf die Belastung des Fahrpersonals von Nutzfahrzeugen durch Ganzkörperschwingungen - warum diese vermeintliche Berufskrankheit nicht in der Berufskrankheiten-Verordnung bezeichnet ist, wo doch so viele Fahrzeuglenker über Beschwerden im Bereich der Wirbelsäule klagen.

Lassen Sie mich bitte der Einfachheit halber aus einem Urteil eines Landessozialgerichts vom Januar 1984 zitieren, wo es um einen Streitfall bezüglich degenerativer Wirbelsäulenveränderungen bei einem pflichtversicherten gewerblichen Güterkraftverkehrsunternehmer ging.

Das Gericht stellt in seinem Urteil für die Annahme einer berufsbedingten Erkrankung u.a. folgendes fest:

1. Es muß eine bestimmte Personengruppe bei ihrer Arbeit in erheblich höherem Maße als die übrige Bevölkerung bestimmten Einwirkungen ausgesetzt sein;

2. diese Einwirkungen müssen nach den Erkenntnissen der medizinischen Wissenschaft geeignet sein, Krankheiten solcher Art zu verursachen;

3. diese medizinischen Erkenntnisse müssen bei der letzten Ergänzung der Anlage 1 zur BKVO noch nicht in ausreichendem Maße vorgelegen haben oder ungeprüft geblieben sein;

4. der ursächliche Zusammenhang der Krankheit mit der gefährdenden Arbeit muß im konkreten Falle hinreichend wahrscheinlich sein.

Unter Würdigung aller Umstände des konkreten Einzelfalles wies das Gericht in seiner Urteilsbegründung außerdem darauf hin, daß,nach den Ausführungen eines Gutachters in diesem Prozess, degenerative Wirbelsäulenveränderungen außerordentlich weit verbreitet und jenseits des 35. Lebensjahres bei 60 % der Männer und 44 % der Frauen röntgenologisch erfaßbar sind.

Auch in dieser gerichtlichen Auseinandersetzung spielte wieder die Frage der nicht ausreichenden Differenzierbarkeit zwischen den Auswirkungen arbeitsbedingter Belastungen einerseits und krankhafter, anlagebedingter und altersbedingter Faktoren andererseits eine wesentliche Rolle. Noch schwieriger dürfte die Frage zu beantworten sein, wenn man die arbeitsbedingte Belastung ausschließlich auf die Ganzkörperschwingungen in Kraftfahrzeugen reduziert. Es ist nicht zulässig, die Erkenntnisse über die Schwingungsbelastung der Fahrer von Erdbaumaschinen auf das Fahrpersonal von Nutzfahrzeugen für den Straßenverkehr zu übertragen.

Unter Berücksichtigung der rechtlichen Situation in der Sozialversicherung stellt sich verstärkt die Frage nach der Prävention. Der Gesetzgeber stellt in der Unfallversicherung die Prävention logischerweise an die erste Stelle. Erst an zweiter Stelle folgt die Heilbehandlung und Entschädigung in Form von Geldleistungen, wenn Arbeitsunfälle oder Berufskrankheiten aufgetreten sind. Ich darf Sie daher bitten, die folgenden Rechtsgrundlagen vorrangig unter dem Aspekt der Prävention zu sehen. Dazu gehören auch die Bemühungen der Berufsgenossenschaften durch einen Auftrag an das BIA die Schwingungsbelastung des Fahrpersonals beim Lenken von Sattelkraftfahrzeugen zu erforschen, um so vorrangig die Grundlagen für eine wirksame technische Prävention zu schaffen.

Für den Bereich des öffentlichen Verkehrs - hier wird der überwiegende Teil der Tansportleistung mit Nutzfahrzeugen erbracht - gilt u.a. die Straßenverkehrs-Zulassungs-Ordnung (StVZO). Diese Vorschriften werden unter dem Aspekt der Verkehrssicherheit erstellt - entsprechend dem gesetzlichen Auftrag des Bundesministers für Verkehr - und nicht unter dem Aspekt der Arbeitssicherheit. Viele Bestimmungen der Verkehrssicherheit dienen allerdings auch der Arbeitssicherheit; unter Berücksichtigung des geltenden Rechts - und hier insbesondere des Straßenverkehrsgesetzes - hat der Bundesminister für Verkehr aber keine Ermächtigung zur Regelung der Arbeitssicherheit. Daraus folgt, daß der Platz für bestimmte technische Regelungen in der staatlichen Verordnung StVZO bereits besetzt ist und insoweit für autonome Rechtsnormen nicht mehr zur Verfügung steht bzw. berechtigte Forderungen des Arbeitsschutzes keine Regelung mehr finden können. Die Verkehrssicherheit hat den Schutz dritter Personen bei der Teilnahme am öffentlichen Verkehr zur Zielsetzung, die Arbeitssicherheit hat sich mit der

Sicherheit des Fahrpersonals zu befassen. Hier gibt es durchaus Zielkonflikte. Ich darf Sie deshalb bitten, die nachfolgenden Ausführungen zur StVZO und der Unfallverhütungsvorschrift "Fahrzeuge" (VBG 12) auch unter diesem Aspekt zu sehen.

Die Schwingungsbelastung des Fahrpersonals wird in der StVZO unmittelbar nicht angesprochen. § 30 StVZO sagt zur Beschaffenheit der Fahrzeuge aber aus, daß Fahrzeuge so gebaut und ausgerüstet sein müssen, daß ihr verkehrsüblicher Betrieb niemanden schädigt oder mehr als unvermeidbar gefährdet oder belästigt. Wie die allgemeinen Forderungen dieses Paragraphen zu erfüllen sind, wird durch eine Vielzahl von Richtlinien und Merkblättern zu § 30 StVZO konkretisiert. Hierzu gehören auch die

> "Richtlinien für die Gestaltung und Ausrüstung der Führerhäuser von Kraftwagen, Zugmaschinen und Arbeitsmaschinen" (Führerhausrichtlinien) in der Fassung vom 26.05.1986.

Danach müssen Führerhäuser so gestaltet und ausgerüstet sein, daß vorzeitige Ermüdung und Körperschäden vermieden werden. Der Führersitz ist Bestandteil des Führerhauses und wird in den Absätzen 7 bis 14 der Führerhausrichtlinien behandelt.

Unter Ziffer 11 wird gefordert, daß der Sitz ausreichend gefedert, gepolstert und gedämpft sein muß. Gemäß Satz 2 kann auf eine Einrichtung zur Dämpfung verzichtet werden, wenn der angestrebte Zweck auf andere Weise erreicht wird.

Wesentlich konkreter wird eine in Klammern angefügte Empfehlung zu Ziffer 11. Hier heißt es, daß zur Abwehr von gesundheitlichen Gefahren durch Schwingungseinwirkungen Auswahl und/oder Bemessung der Sitzkonstruktion auf Fahrzeug und Einsatzart abzustimmen sind. Für starke Schwingungsbelastung (Anmerkung: ohne daß hierzu eine Definition gegeben ist) muß sich das Schwingungsverhalten des Sitzes auf Personengewichte zwischen 600 N und 1300 N ohne Zuhilfenahme von Werkzeug einstellen lassen.- An den Beifahrersitz sind, je nach Verwendungszweck, gleiche Anforderungen zu stellen. Soweit die ausdrückliche Empfehlung.

Wer weiß, mit welcher Begeisterung rechtsunverbindliche Empfehlungen von der Fahrzeugindustrie umgesetzt werden, wird den Wert von Empfehlungen in Richtlinien zur StVZO nicht überschätzen. Es ist immer wieder festzustellen, daß die Verantwortlichen in der Industrie, die vor jeder Reglementierung nachdrücklich warnen und die damit verbundene Einschränkung der konstruktiven Freiheit beklagen, häufig zuerst die Frage stellen, wo denn diese oder jene Forderung bzw. Empfehlung stehen würde und welche Rechtsverbindlichkeit sie habe.

Die Unfallversicherung setzt sich auf dreifache Weise mit der anstehenden Problematik auseinander. Sichworte sind:

a) Autonome Rechtsetzung
b) Forschung
c) Arbeitsmedizin

Zu a)

Die Unfallverhütungsvorschrift "Fahrzeuge" (VBG 12) in der Fassung von 1980 erkennt in einer Generalklausel (§ 3 Abs. 1 Satz 1) eine Betriebserlaubnis oder eine Genehmigung für den Straßenverkehr nach den Straßenverkehrsvorschriften an. Das gilt auch für die zuvor angeführten Führerhausrichtlinien. Da aufgrund dieser Generalklausel das Straßenverkehrsrecht Vorrang vor der autonomen Rechtsetzung hat, bleibt fachlich wenig Raum in der UVV "Fahrzeuge" (VBG 12) zur Regelung der Schwingungsbelastung. Für Fahrzeuge mit einer Betriebserlaubnis gilt nicht der § 8 der VBG 12, der fordert, daß Fahrer- und Beifahrersitze so gestaltet und auf das Fahrzeug abgestimmt sein müssen, daß Körperschäden möglichst vermieden werden. Auch hier gibt es, die Führerhausrichtlinien ausgenommen, keinen Hinweis auf technische Regeln - wie z.B. die VDI-Richtlinie 2057, Blatt 3 vom Mai 1987:

"Einwirkung mechanischer Schwingungen auf den Menschen
- Beurteilung - "

die eine konkrete Bewertung der jeweiligen technischen Lösung "Fahrer-/Beifahrersitz" zulassen würde. Dies geschieht auch nicht bei der Erstellung von Mustergutachten im Rahmen des Betriebserlaubnisverfahrens nach StVZO. Die Verantwortung liegt allein beim Hersteller. Anfragen an die Hersteller , nach welchen technische Bemessungskriterien die Sitze den Fahrzeugen zugeordnet werden, führen zu keinen zufriedenstellenden Auskünften im Sinne der Empfehlung zu Ziffer 11 der Führerhausrichtlinien.

Zu b)

Aufgrund der vorliegenden Erfahrungen durch die Federführung bei der Erarbeitung der UVV "Fahrzeuge" (VBG 12) hat die Berufsgenossenschaft für Fahrzeughaltungen bereits bei der Planung des Berufsgenossenschaftlichen Instituts für Arbeitssicherheit (BIA) einen Pulser für die Sitzprüfung gefordert. Als diese Planung in die konkrete Phase trat, gab es noch keine ISO 7096 mit Prüfspektren für die Sitze von Erdbaumaschinen. Wir haben dann das BIA beauftragt, im Rahmen eines Forschungsvorhabens die meßtechnischen Grundlagen zu schaffen und die wissenschaftliche Bewertung vorzunehmen, um in Anlehnung an DIN/ISO 7096 ein Prüfverfahren für die Prüfung von Sitzen für Nutzfahrzeuge zu schaffen. Nachdem die Felduntersuchungen zu diesem Thema abgeschlossen waren, haben wir darüber hinaus beantragt, im Rahmen des Gemeinschaftsausschusses FANAK/VDI C 7 einen Unterausschuß zu gründen, um eine Norm zur Schwingungsprüfung von Nutzfahrzeugsitzen zu erarbeiten. Es wurde der Ausschuß C 7.5 gegründet, der zwischenzeitlich seine Arbeit aufgenommen hat und die 1. Vorlage über

"Sattelkraftfahrzeuge; Fahrzeugführersitz;
Schwingungsübertragung"

berät.

Zu c)

Der Ausschuß "Arbeitsmedizin" des Hauptverbandes der gewerblichen Berufsgenossenschaften hat im Rahmen des Arbeitskreises " "Lärm und Vibartion" eine Arbeitsgruppe 2.2 "Vibration" gegründet,

noch zu c)

die sich mit der Beratung eines Grundsatzes "Ganzkörper-Vibration" befaßt. Dieser Grundsatz soll später auch Aufnahme finden in die Loseblatt-Sammlung der "Berufsgenossenschaftlichen Grundsätze für arbeitsmedizinische Vorsorgeuntersuchungen". Als Rechtsgrundlage ist die Verankerung dieses Grundsatzes in der Anlage 1 zu § 2 der Unfallverhütungsvorschrift "Arbeitsmedizinische Vorsorge" (VBG 100) vorgesehen. Die Definition der Auslöseschwelle wird sich nach dem derzeitigen Stand der Beratung an der Richtwertkurve "Gesundheit" nach VDI 2057, Blatt 3 (1987) orientieren.

Bleiben abschließend nur noch einige Bemerkungen, wie eine rechtlich verbindliche Verankerung und damit die Optimierung des Schwingungsverhaltens von Nutzfahrzeugsitzen aussehen könnte.

Die Arbeiten für die Normung eines Prüfverfahrens wurden bereits aufgenommen. Die Führerhausrichtlinien gelten für Nutzfahrzeuge, die für die Teilnahme am öffentlichen Verkehr bestimmt sind und ent Empfehlungen zur Optimierung des Schwingungsverhaltens der Sitze in diesen Fahrzeugen mit der Zielsetzung, die Ganzkörperschwingung des Fahrpersonals zu minimieren.

Der Fachunfallverhütungsvorschrift "Fahrzeuge" (VBG 12) sind aufgrund der Generalklausel des § 3 enge Grenzen bezüglich der Einflußnahme auf Fahrzeuge des öffentlichen Verkehrs gesetzt. Die arbeitsmedizinische Komponente wird durch die Erarbeitung des Grundsatzes "Ganzkörper-Vibration" berücksichtigt; einer Verankerung dieses Grundsatzes in der UVV "Arbeitsmedizinische Vorsorge" (VBG 100) dürfte im Grundsatz nichts im Wege stehen. Die Entscheidung liegt nach Abschluß der Arbeiten bei der Aufsichtsbehörde (BMA) und den Organen der Selbstverwaltung der Unfallversicherung.

Für verbindliche nationale Forderungen an die Hersteller und Importeure von Nutzfahrzeugen dürfte im Hinblick auf den Vollzug des gemeinsamen Binnenmarktes der EG bis 1992 kein Raum bleiben. Man braucht kein Prophet zu sein, um einer nationalen Forderung zur Prüfung von Nutzfahrzeugsitzen das Scheitern bei der EG-Notifizierung vorauszusagen. Dem steht die Notwendigkeit einer weiteren Optimierung des Schwingungsverhaltens gegenüber, mit der Zielsetzung, die Auslöseschwelle - beispielsweise auf der Basis der VDI 2057, Blatt 3 definiert - bei Straßenfahrzeugen nicht zu überschreiten. Die durchschnittlichen Lenkzeiten, die deutlich über 8 Stunden liegen können, sind dabei zu berücksichtigen.

Wie könnte eine EG-einheitliche Regelung aussehen?
Da es sich hier nicht nur um technische Fragen sondern auch um ein Problem des Gesundheitsschutzes des Fahrpersonals handelt, ist in der EG nicht nur die Kommission "Technik" sondern auch die

Kommission "Soziales" gefordert. Nach Abschluß der nationalen Normung zur Messung des Schwingungsverhaltens von Nutzfahrzeugsitzen sollte die DIN-Norm in eine ISO-Norm überführt werden. Die jetzigen Arbeiten erfolgen in enger Anlehnung an ISO 7096. Frankreich hat gleiche Interessen und verfolgt diese ebenfalls auf der Basis der ISO 7096. Insoweit dürften die Aussichten für die Verabschiedung einer internationalen Norm nicht schlecht stehen. Unter dieser Voraussetzung wäre es denkbar, entweder die EG-Richtlinie 70/156/EWG (EG-Betriebserlaubnis) um den Titel Arbeitssicherheit zu erweitern, analog zur Richtlinie 74/150/EWG über die Betriebserlaubnis für land- oder forstwirtschaftliche Zugmaschinen oder aber ein eigenständiges Papier zu erarbeiten, um in der EG einheitliche Anforderungen an Führerhäuser von Nutzfahrzeugen zu stellen. Dieses Papier müßte dann auch die Mindestanforderungen für Liegen in Führerhäusern sowie Ruheräume in Nutzfahrzeugen regeln.

Eine EG-einheitliche Regelung ist politisch geboten und wettbewerbspolitisch im Interesse des gewerblichen Güterkraftverkehrs erforderlich. Die technischen Möglichkeiten zur weiteren Absenkung der Schwingungsbelastung des Fahrpersonals sind mit Rücksicht auf die Gesundheit dieses Personenkreises auszuschöpfen, um parallel dazu eine weitere Belastung der Sozialversicherung und damit der Allgemeinheit zu vermeiden. Die Sozialversicherung kann nur so lange ihre positive Wirkung entfalten, wie sie bezahlbar bleibt. Dazu bedarf es aber besonderer Anstrengungen auf allen Gebieten des Gesundheitschutzes. Die Prävention muß auch weiterhin absoluten Vorrang vor finanziellen Entschädigungen haben.

# Minderung der Ganzkörper-Schwingungsbelastung von Kraftfahrern auf Nutzfahrzeugen durch geeignete Sitzauswahl

*von U. Kaulbars*

## 1 Einleitung

Führer von Nutzfahrzeugen sind Schwingungsbelastungen ausgesetzt. Nach dem heutigen Kenntnisstand können Schwingungsbelastungen neben weiteren Umgebungsfaktoren zu einem erhöhten Gesundheitsrisiko führen [1,8]. Aus der Sicht der Arbeitssicherheit stellt sich daher die Frage nach geeigneten Verbesserungsmöglichkeiten.

Eine Verbesserung der Fahrbahn sowie technische Schwingungsschutzmaßnahmen an den Fahrzeugen selbst können gar nicht, oder nur langfristig realisiert werden. Daher stellt der Fahrzeugführersitz als personenbezogene Schutzmaßnahme ein geeignetes Mittel zum Schutz vor schädlichen Schwingungseinwirkungen dar.

Zur Gestaltung eines optimal dämpfenden Sitzes ist die Kenntnis des Anregungsspektrums am Sitzmontagepunkt erforderlich. Für die bereits existierenden Sitzprüfnormen für land- und forstwirtschaftliche Schlepper [3] sowie für Erdbaumaschinen [4] wurden in umfangreichen Messungen repräsentative Anregungsspektren ermittelt. Aus diesen Anregungsspektren wurden nach vergleichbarem Schwingungsverhalten Prüfspektren in Klassen unterteilt, so daß der für eine Fahrzeuggruppe geeignete Sitz ermittelt und mit einem Prüfzeichen (GS-Zeichen) gekennzeichnet werden kann. Entsprechende einheitliche und normungsfähige Prüfgrundlagen fehlen bisher für den Bereich der Nutzfahrzeuge. Im Auftrag und in enger Zusammenarbeit mit der Berufsgenossenschaft für Fahrzeughaltung wurde eine Querschnittstudie [10] an Nutzfahrzeugen im gewerblichen Bereich durchgeführt, aus der nachfolgend das Meßverfahren und die wichtigsten Ergebnisse dargestellt werden sollen. Nach einem Überblick über die Schwingungsbelastung und die Wirkung der bisher verwendeten Sitze wurden bereits in einer Längsschnittstudie an Sattelkraftfahrzeugen repräsentative Spektren ermittelt.

## 2 Methode der Meßdurchführung

### 2.1 Fahrzeugauswahl

Das breite Spektrum von Nutzfahrzeugen wurde hinsichtlich der in der Praxis vorkommenden Einsatzart und Häufigkeit der Benutzung in folgende Fahrzeuggruppen eingeteilt:

- Transporter bis 2,8t zul. Gesamtgewicht
- LKW bis 7,5t zul. Gesamtgewicht
- LKW über 7,5t zul. Gesamtgewicht
- Sattelkraftfahrzeuge (Sattelzugmaschine mit u. ohne Anhänger)
- Kraftomnibusse
- Sonderfahrzeuge

Für die Gruppe der Sattelkraftfahrzeuge wurden mehrere Untersuchungen mit unterschiedlichen Kombinationen von Sattelzugmaschinen und Sattelzuganhängern sowie Beladungszuständen durchgeführt.

Die Erstzulassung der untersuchten Fahrzeuge lag zwischen 1972 und 1984. Die Fahrzeuge hatten Luft- und Stahlfederungssysteme. Die auf den Fahrzeugen verwendeten Fahrersitze waren, bis auf den Transportersitz, Schwingsitze unterschiedlicher Sitzhersteller. Die Sitze waren sowohl mit Luft oder mit Stahlfedern und mit Dämpfern ausgerüstet.

## 2.2 Meßeinrichtung

Weil in vielen Führerhäusern die Mitnahme von Meß- und Aufzeichnungsgeräten nicht möglich ist und der Fahrzeugführer nicht neben seiner Meßaufgabe zu Kontrollaufgaben herangezogen werden kann, wurde eine 8-Kanal-Telemetrieanlage eingesetzt. Die PCM-codierten Beschleunigungssignale wurden zum Begleitfahrzeug übertragen, geprüft und aufgezeichnet. Eine Codiereinrichtung ermöglichte die Markierung der jeweiligen Fahrzustände und der bei Messung im öffentlichen Straßenverkehr relevanten Vorkommnisse.
Die Anordnung der Einzelgeräte und der gesamten Meßkette entsprach weitgehend DIN 45 671, Teil 1 [6].
Zur gleichzeitigen Erfassung der Schwingungen in allen 3 Meßrichtungen X, Y und Z sowohl an der Sitzmontagestelle als auch auf der Sitzfläche, wurden piezoresistive Beschleunigungsaufnehmer verwendet. Der große Dynamikbereich der Meßkette von 72 dB ermöglichte eine unterbrochene Messung auch bei Auftreten von Einzelstößen (z.B. bei Brückenabsätzen).

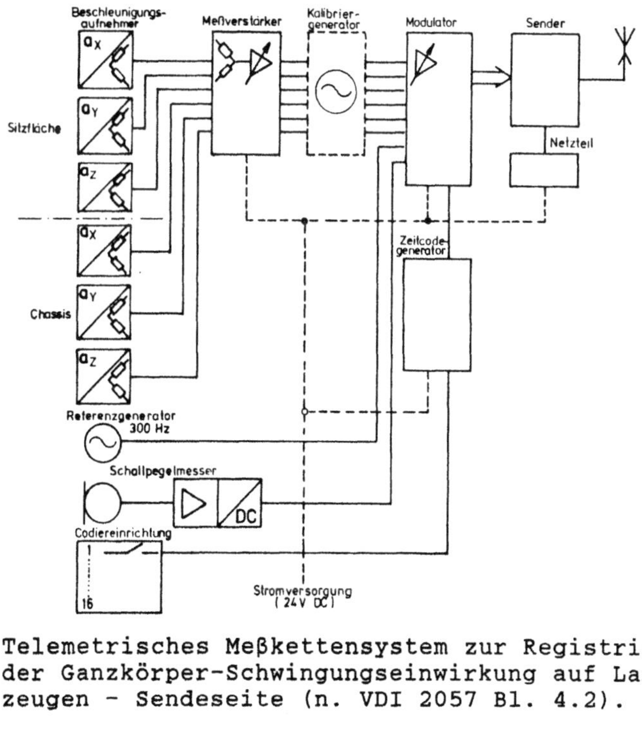


Abb.1: Telemetrisches Meßkettensystem zur Registrierung der Ganzkörper-Schwingungseinwirkung auf Landfahrzeugen - Sendeseite (n. VDI 2057 Bl. 4.2).

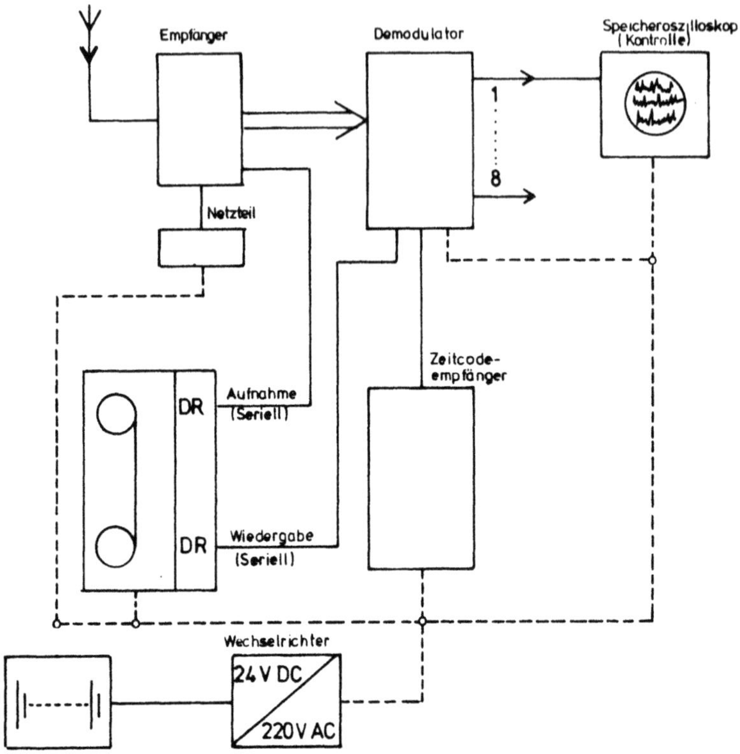


Abb. 2: Telemetrisches Meßkettensystem zur Registrierung der Ganzkörper-Schwingungseinwirkung auf Landfahrzeugen - Empfangsseite (n. VDI 2057 Bl. 4.2).

## 2.3 Durchführung der Messung

Die Messungen wurden nach VDI 2057, Blatt 4.2 [5] und DIN 45671 Blatt 2 [6] durchgeführt. Die Meßrichtung (X,Y und Z) lagen jeweils für beide Meßpunkte parallel. Das Koordinatensystem wurde auf den Fahrer bezogen, so daß die Brust-Rücken-Richtung (Fahrtrichtung) mit X, die Schulter-Schulter Richtung mit Y und die Längsrichtung der Wirbelsäule mit Z bezeichnet wurde. Der Beschleunigungsaufnehmer wurde an dieser Sitzmontagestelle (Meßpunkt Chassis) möglichst in der Längsmittelebene des Sitzes [4] befestigt. An der Einleitungsstelle zwischen Sitzfläche und Körper des Fahrers wurde eine Meßscheibe [4] so plaziert, daß sie direkt unter den Sitzbeinhöckern lag.

Vor der Messung wurde jeder einzelne Beschleunigungsaufnehmer statisch und die gesamte Meßeinrichtung mit einem äquivalenten dynamischen Beschleunigungssignal bei der Bezugsfrequenz 16 Hz kalibriert.
Die Meßaufzeichnungen wurden bei normalem Arbeitsbetrieb des Fahrzeuges vorgenommen. Der Beobachtungszeitraum wurde so gewählt, daß nach Möglichkeit mindestens eine Periode der folgenden Fahrzustände aufgezeichnet werden konnte:

- Stadtverkehr
  (niedrige Geschwindigkeit, Abbremsen und Anfahren)
- Landstraßenverkehr (wechselnde Geschwindigkeit)
- Autobahnverkehr (hohe Fahrtgeschwindigkeit)
- Innerbetrieblicher Verkehr } nur zu Vergleichszwecken
- Motorlauf b. stehendem Fahrzeug } nur zu Vergleichszwecken

Abb.3: Befestigung des Beschleunigungsaufnehmers (Meßpunkt Chassis) und Lage der Meßrichtungen.

# 3 Auswertungsverfahren und Meßergebnisse

## 3.1 Auswertung

Die mit PCM-Technik aufgezeichneten bandbegrenzten Schwingungssignale wurden später im Labor analog weiterverarbeitet. Abgestuft nach der Fragestellung wurden folgende unterschiedliche Auswerteverfahren angewendet:

- Zeitlicher Schwingungsverlauf (gleitender Effektivwert)
- Bewertete Schwingstärke (energieäquivalenter Mittelwert)
- Frequenzanalyse (spektrale Leistungsdichte)

Der zeitliche Schwingungsverlauf wurde von allen Meßkanälen für die Dauer der gesamten aufgezeichneten Fahrtstrecke angefertigt und auf Ausreißer und Meßfehler kontrolliert. Mit Hilfe der Kodiereinrichtung konnte eine Zuordnung der untypischen Schwingungsabschnitte zu der beobachteten Fahrsituation hergestellt und in der nachfolgenden Auswertung ggf. berücksichtigt werden.
Der Ausschnitt des gleitenden Effektivwertes $KZ_T$ (t) der Meßrichtung Z vom Meßpunkt "Chassis" und "Sitz" zeigt große Schwankungen durch nicht erfaßbare Parameter sowie ein deutlich verändertes Schwingungsverhalten beim Betriebszustand "Ampelstop".

Da die bisherigen Sitzprüfnormen nur für die Z-Richtung gelten und beim sitzenden Menschen die Hauptbeanspruchung der Wirbelsäule ebenfalls dieser Richtung entspricht, sollten zunächst die horizontalen Meßrichtungen (X u. Y) nicht betrachtet werden. Zudem existiert für die Einleitung der Schwingungen über die Rückenlehne (X-Richtung) derzeit noch kein vereinheitlichtes Meßverfahren.

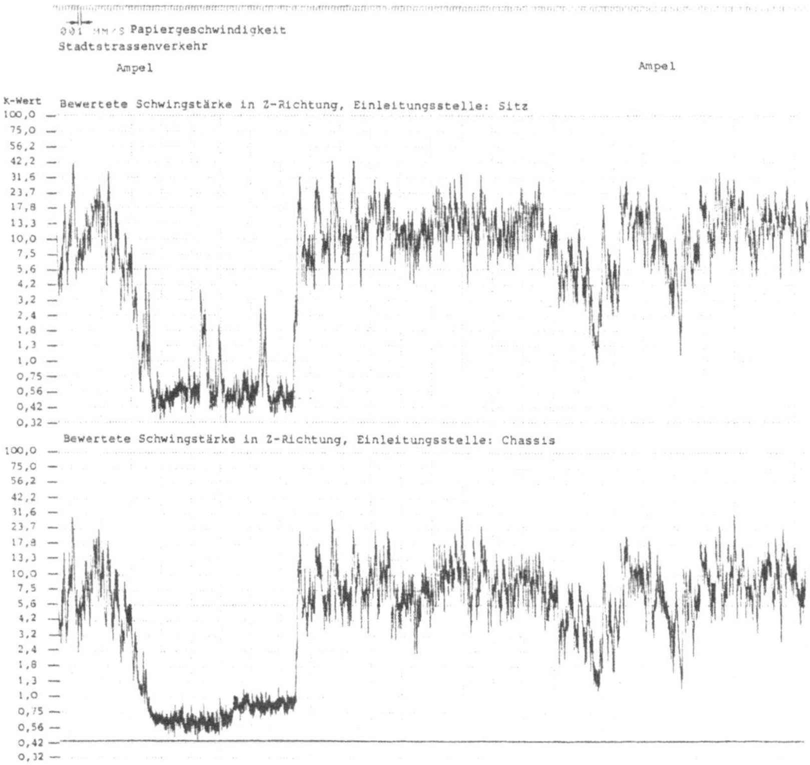


Abb.4: Ausschnitt aus der zeitlichen Registrierung der Bewerteten Schwingstärke $KZ_T$ (t) an den Meßpunkt "Sitz" und "Chassis"

Die weiteren Auswertungen zur Ermittlung der bewerteten Schwingstärke Keq und des Frequenzspektrums wurden nach einem Stichproben-Verfahren für die jeweiligen Fahrzustände getrennt durchgeführt.
Der Mittelwert des Keq-Wertes kann zur orientierenden Beurteilung der Schwingungsbelastung des Fahrzeugfahres herangezogen werden.
Zur Beurteilung der Vibrationsminderung des Sitzes wurde der Übertragungsfaktor wie folgt bestimmt:

$$\text{Übertragungsfaktor V} = \frac{\text{Bewertete Schwingstärke Keq-Sitz}}{\text{Bewertete Schwingstärke Keq-Chassis}}$$

Die spektrale Leistungsdichte wurde im Hinblick auf die Sitzprüfung nur im relevanten Frequenzbereich von 1 bis 20 Hz ermittelt.

Ein Beispiel zeigt den für die Fahrzustände Stadt-, Landstraßen- und Autobahnverkehr gebildeten Mittelwert und die Standardabweichung bei einem Sattelkraftfahrzeug.
Die nach der Frequenzbewertung relevante Hauptanregungsfrequenz liegt bei 2 und 3 Hz.

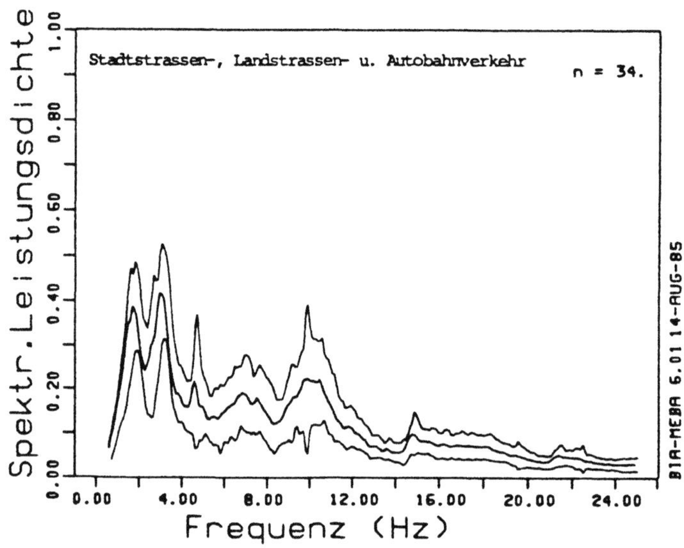


Abb.5: Mittleres Frequenzspektrum (Mittelwert und Standardabweichung)

3.2 Meßergebnisse

In der Abbildung 6 sind die untersuchten Fahrzeuggruppen mit der jeweiligen mittleren bewerteten Beschleunigung auf dem Fahrersitz und die Übertragungseigenschaften des Fahrersitzes eingezeichnet. Liegt der Übertragungsfaktor

über 1,0, so verursacht der Sitz eine Erhöhung der Schwingungsbelastung für den Fahrer.
Bei einem großen Teil der derzeit eingezeichneten Fahrzeuge muß mit ungünstiger abgestimmten Sitzen gerechnet werden. Zum Vergleich dazu sei darauf hingewiesen, daß bei Untersuchungen zur Optimierung von Sitzen Übertragungsfaktoren ≤ 0,6 ereicht wurden [9]. Die Höhe der Schwingungsbelastung bei Sattelfahrzeugen ist zwar zum Vergleich zu der bei Erdbaumaschinen (aw = 0,3-2,4 m/s²) [5] zum Teil wesentlich niedriger, jedoch kann bei Nutzfahrzeugen mit längeren täglichen Fahrzeiten gerechnet werden. Der nach VDI 2057 Bl.3 [7] empfohlene Richtwert für eine achtstündige Expositionszeit beträgt Kr = 16,2, dies entspricht einer bewerteten Beschleunigung von aw = 0,81 m/s².

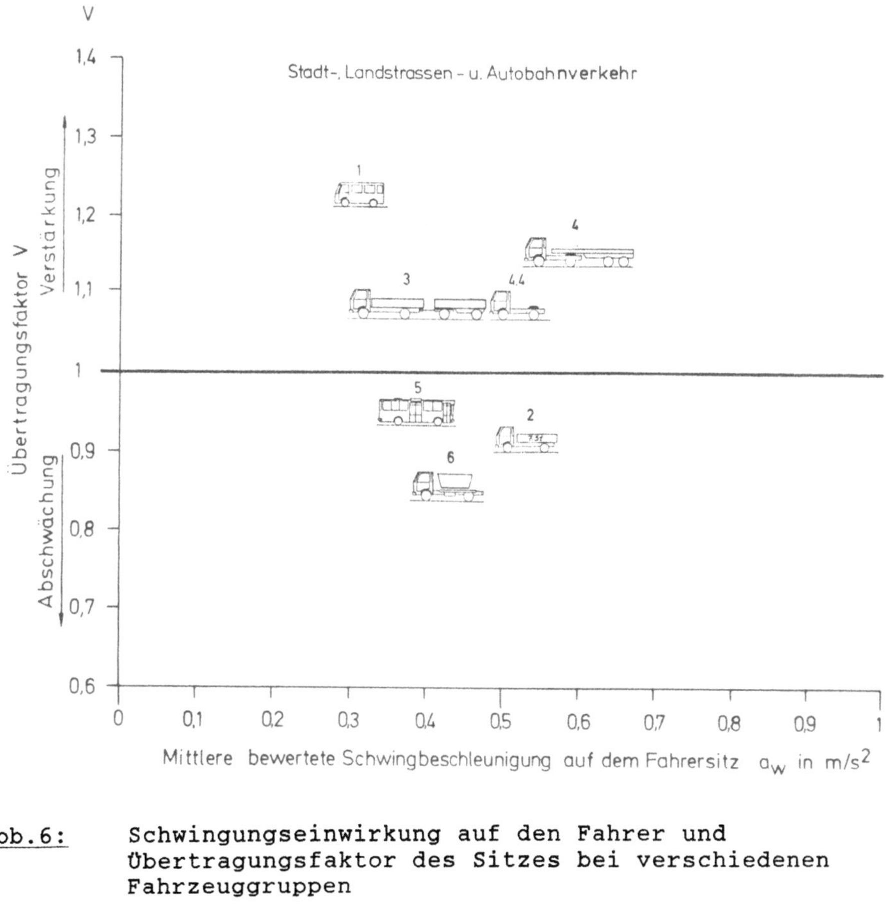


Abb.6: Schwingungseinwirkung auf den Fahrer und Übertragungsfaktor des Sitzes bei verschiedenen Fahrzeuggruppen

Die Ergebnisse einer parallel in Frankreich durchgeführten Untersuchung an Sattelkraftfahrzeugen konnten in die Längsschnittuntersuchung einbezogen werden. Weitere Messungen wurden auf Fahrzeugen mit unterschiedlichen Aufbauten, der Sattelauflieger sowie Sattelzugmaschine mit und ohne gefedertem Führerhaus durchgeführt.

In Abbildung 7 sind die mittleren Keq-Werte (Meßpunkt "Chassis") für die Fahrzustände getrennt zusammengestellt und nach der Höhe des Gesamtmittelwertes geordnet. Die ersten 4 Fahrzeuge, die mit "C" gekennzeichnet sind, besitzen eine herkömmliche Führerhausfederung, die lediglich aus einer Körperschallisolierung besteht. Bei den weiteren mit "S" gekennzeichneten Fahrzeugen ist das Führerhaus schwingungsgedämpft befestigt.

In Abbildung 8 sind die Übertragungsfaktoren der Fahrersitze für die einzelnen Fahrzustände dargestellt. Die Reihenfolge entspricht der von Abb. 7, jedoch sind hier die Ergebnisse um die Betriebsbedingung "unbeladen" erweitert. Eine Zuordnung kann über die laufende Numerierung vorgenommen werden. Die in einem gefederten Führerhaus eingebauten Sitze zeigen in der Tendenz häufiger eine Schwingungsverstärkung.

In den Frequenzanalysen zeigen sich ebenfalls Unterschiede nach der Art der Führerhausfederung, so daß sich für die Umsetzung dieser Ergebnisse bei der Sitzprüfung eine Unterteilung nach diesem Kennzeichen ergeben wird.

Mittlere Bewertete Schwingstärke $K_{eq}$ bei den Fahrzuständen

| Lfd. Nr. | Fahrzeugtyp Sattelzugmaschine mit Sattelanhänger (beladen) | $K_{eq}$ * | Landstr. | Stadtv. | Autobahn | Führerhaus-federung |
|---|---|---|---|---|---|---|
| 4.9 | Sattelzugmaschine 22 t (Kipperaufbau) | 15,8 | 14,1 | 15,8 | 17,6 | C |
| 4.10 | Sattelzugmaschine 16 t (Kipperaufbau) | 13,6 | 13,2 | 10,9 | 16,6 | C |
| 4.1 | Sattelzugmaschine 16 t | 12,6 | 12,6 | 12,4 | 12,9 | C |
| 4.7 | Sattelzugmaschine 16 t (Behälteraufbau) | 11,9 | 12,2 | 11,5 | 12,9 | C |
| 4.3 | Sattelzugmaschine 18 t | 10,4 | 10,7 | 8,8 | 11,6 | S |
| 4.2 | Sattelzugmaschine 16 t | 10,0 | - | - | 10,0 | S |
| 4.8 | Sattelzugmaschine 16 t (Behälteraufbau) | 8,8 | 7,6 | 7,5 | 11,4 | S |
| 4.11 | Sattelzugmaschine 16 t (Behälteraufbau) | 8,7 | 8,5 | 6,7 | 10,8 | S |
| 4.4 | Sattelzugmaschine 16 t | 8,7 | 7,8 | 10,3 | 8,1 | S |
| 4.6 | Sattelzugmaschine 16 t (Behälteraufbau) | 8,1 | 7,2 | 9,1 | 7,9 | S |
| 4.5 | Sattelzugmaschine 16 t (Behälteraufbau) | 7,9 | 7,9 | - | - | S |

Abb.7: Mittlere "Bewertete Schwingstärke" für die Einzelfahrzustände (nur Z-Richtung)

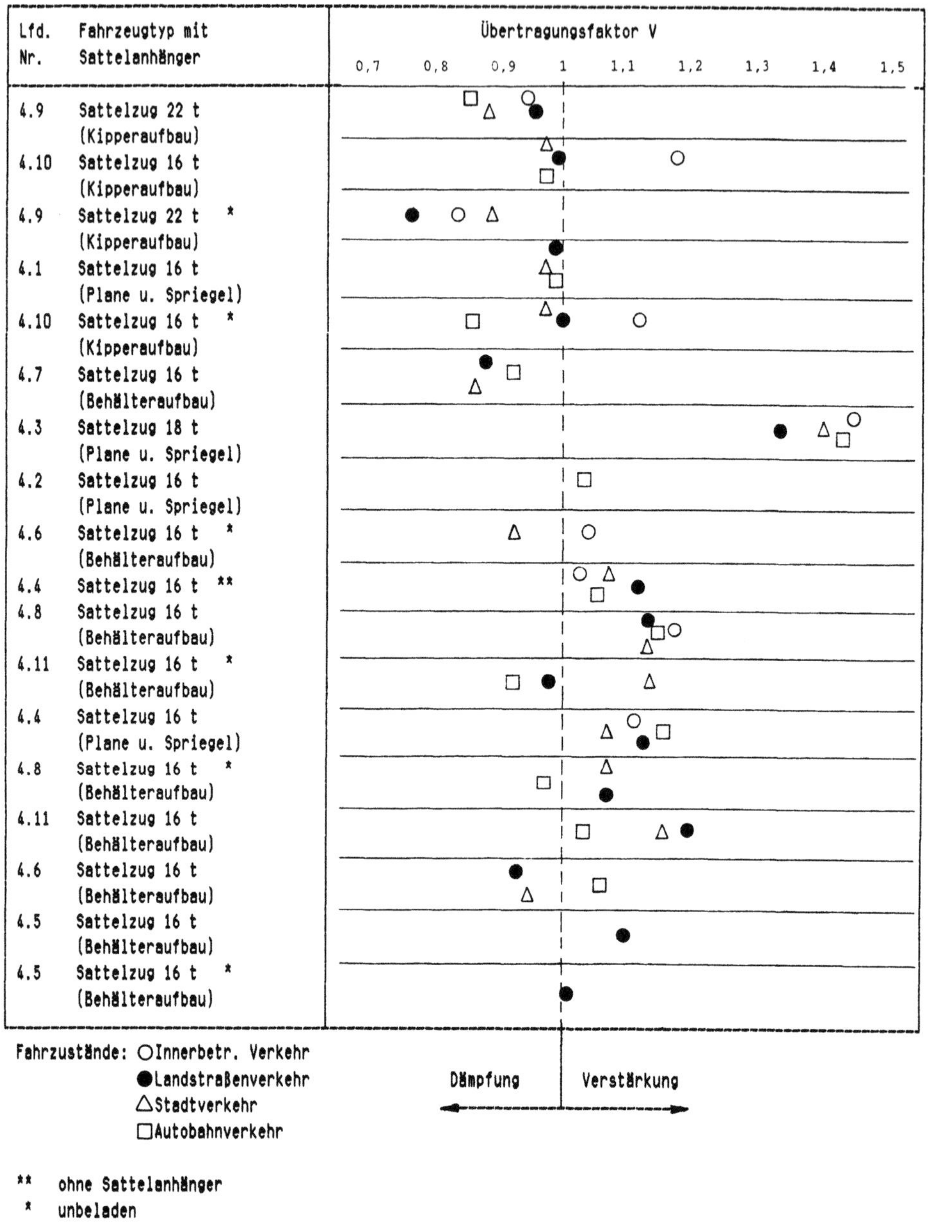


Abb.8 Schwingungsübertragung der Fahrzeugführersitze (Übertragungsfaktor V)

# 4 Prüfverfahren

## 4.1 Klassifizierte Anregungsspektren

Die internationalen Sitzprüfnormen für landwirtschaftliche Schlepper (EG-Richtlinie 78/764 [3] und für Erdbaumaschinen (DIN-ISO 7096 [4]) haben prinzipiell vergleichbare Prüfverfahren. Neben einem Dämpfungstest mit Sinusschwingungen, der bei der Resonanzfrequenz des Sitzens ohne Versuchspersonen aber mit Gewichtsbelastung erfolgt und eine Art Siebtest darstellt, wird ein weiterer Test mit spezifischen Prüfspektren durchgeführt. Dieser sogenannte "Randomtest" erfolgt mit simulierten "stochastischen" Schwingungen einer festgelegten Frequenzverteilung mit zwei unterschiedlich schweren Testpersonen. Die international einheitlich festgelegten Prüfspektren sind in Klassen unterteilt. So kann ein Fahrzeug einem für die jeweilige Klasse charakteristischen Schwingungsverhalten zugeordnet werden.

Die Prüfung eines Sitzes erfolgt z.B. nach Klasse III für Radlader nach DIN-ISO 7096 bei einer bewerteten Beschleunigung von aw = 1,65 $m/s^2$ (entspricht K = 33). Für ein positives Ergebnis darf der Wert auf dem Sitz aw = 1,25 $m/s^2$ (entspricht K = 25) nicht überschreiten. Dies entspricht einem Übertragungsfaktor des Sitzes von $\leq$ 0,75. Die Abbildungen 9 und 10 zeigen die genormten Prüfspektren und den Servo-Hydraulischen Prüfstand im Sitzprüflabor des BIA.

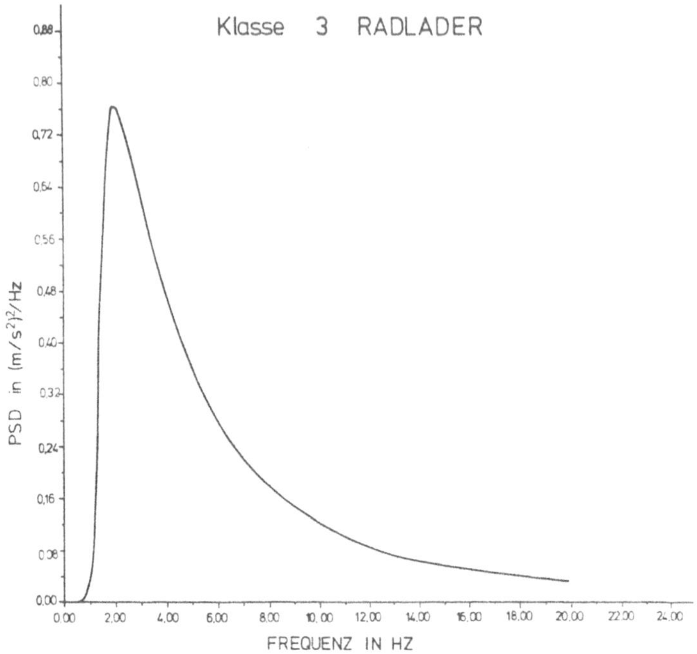


Abb.9: Anregungsspektrum nach DIN-ISO 7096

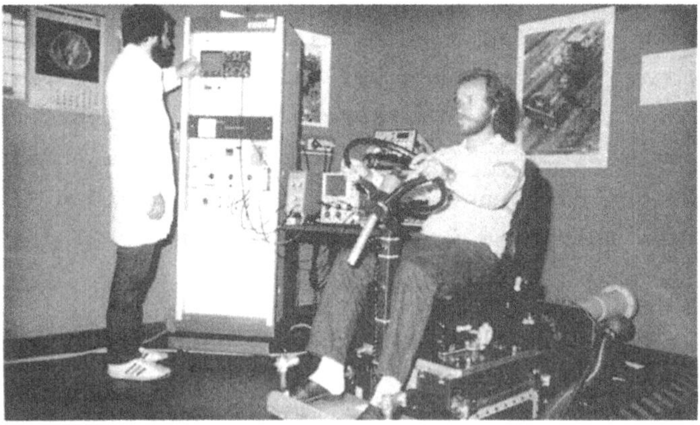

Abb.10: Sitzprüfstand

## 4.2 Vergleich der Schwingungsübertragung eines Sitzes unter Labortest und Praxisbedingungen

Sattelkraftfahrzeuge ohne gefedertes Führerhaus zeigen eine der Klasse III nach DIN-ISO 7096 ähnliche Frequenzverteilung jedoch mit niedrigerer Intensität.

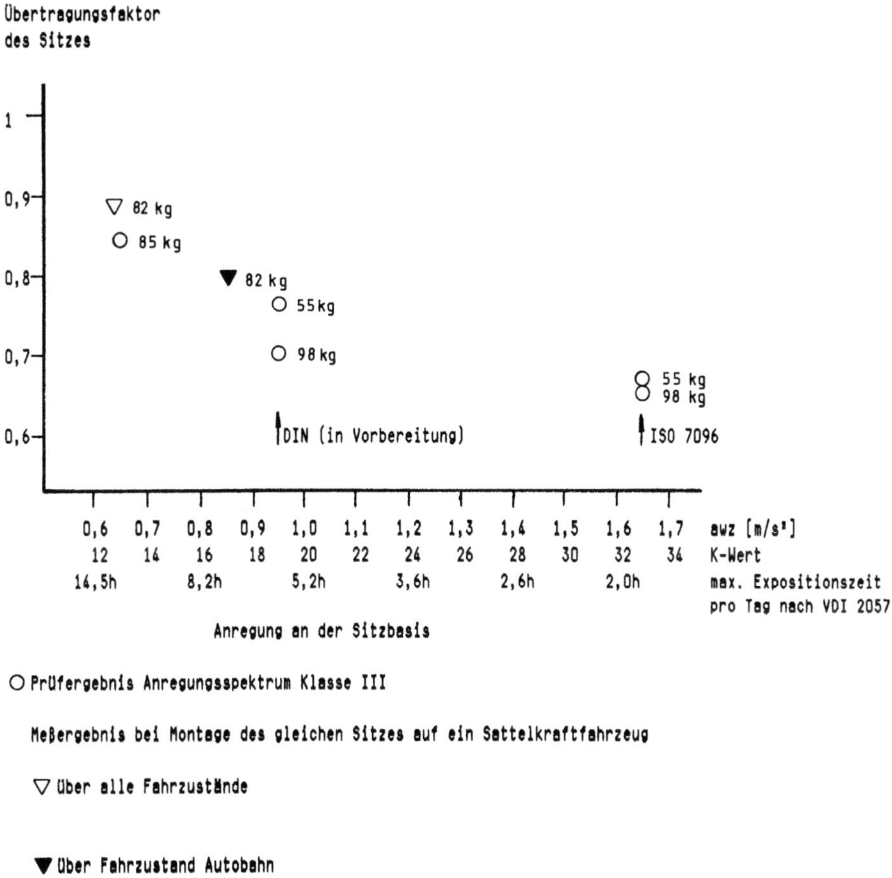


Abb. 11: Dämpfungsverhalten eines Fahrersitzes bei unterschiedlichen Anregungsstärken im Labor und in der Praxis

In Abb. 11 werden die Labor-Prüfergebnisse mit den Meßergebnissen des selben Sitzes in einem Sattelkraftfahrzeug verglichen. Die Übertragungsfaktoren aus den Labor- und Praxistests weichen bei gleicher Anregungsstärke wenig voneinander ab. Bei gleicher Frequenzverteilung jedoch unterschiedlichen Anregungsstärken variiert der Übertragungsfaktor jedoch im Labortest zwischen V = 0,65 und V = 0,84. Die unterschiedlichen Ergebnisse bei gleicher Intensität ergeben sich beim Labortest aus dem jeweiligen Gewicht der Testpersonen. Da die Sitze ein nichtlineares Dämpfungs-Verhalten aufweisen können, ist z.B. ein positives Testergebnis für Erdbaumaschinen nicht generell auf Sattelkraftfahrzeuge mit gleichem Prüfspektrum übertragbar.

## 5 Zusammenfassung

Kraftfahrer auf Nutzfahrzeugen sind über längere Zeiträume Schwingungsbelastungen ausgesetzt. Ein wirksamer Schutz vor schädlichen Schwingungen kann durch geeignete Fahrersitze erfolgen. Die im Rahmen einer Untersuchung für ein Sitzprüfverfahren entwickelten Meß- und Auswertemethoden zur Ermittlung der repräsentativen Schwingungsbelastung und der Anregungsspektren werden beschrieben.

Die in einer Untersuchung an Arbeitsplätzen der Fahrer von Nutzfahrzeugen unter typischen Einsatz- und Fahrbedingungen ermittelten Meßwerte und die zum Teil ungenügende Schwingungsdämpfung der Sitze werden zusammengefaßt dargestellt. Die bereits für Traktoren und Erdbaumaschinen existierenden Sitzprüfverfahren werden im Hinblick auf eine mögliche Anwendung für die Gruppe der Sattelkraftfahrzeuge beschrieben.

## 6 Schrifttum

[1] Köhne, G., Zerlett, G. u. H. Duntze: Ganzkörperschwingungen auf Erdbaumaschinen: Entwicklung geeigneter Dämpfungssysteme. VDI-Verlag, Düsseldorf 1982. (Schriftenreihe HdA, Bd.32)

[2] Agricultural Wheeled Tractors - Operator Seat - Measurement of Transmitted Vibration - Laboratory Method. Draft Proposal (Oct. 1984) of ISO-TC 23/SC 3 in Revision of ISO/TR 5007.

[3] Richtlinie Nr. 78/764/EWG zur Angleichung der Rechtsvorschriften der Mitgliedsstaaten über den Führersitz von land- oder forstwirtschaftlichen Zugmaschinen auf Rädern. Amtsblatt der EG Nr. L 255 vom 18.09.1987, S.1, mit Änderungen vom 17.12.1982 (Amtsblatt der EG Nr. L 387 vom 31.12.1982, S. 45) und vom 28.03.1983 (Amtsblatt der EG Nr. L 109 vom 25.04.1983, S. 13).

[4] DIN-ISO 7096: Erdbaumaschinen - Maschinenführersitz - Schwingungsübertragung. Ausgabe Mai 1984.

[5] VDI 2057, Bl. 4.2: Beurteilung der Einwirkung mechanischer Schwingungen auf den Menschen - Messung und Bewertung für Landfahrzeuge. (Mai 1987).

[6] DIN 45 671: Messung von Schwingungen am Arbeitsplatz
Teil 1 - Schwingungsmesser, Anforderungen und Prüfung (1987)
Teil 2 - Meßverfahren (Entwurf Jan. 1985).

[7] VDI 2057: Beurteilung der Einwirkung mechanischer Schwingungen auf den Menschen. (Mai 1987)
Blatt 1 - Grundlagen, Gliederung, Begriffe
Blatt 2 - Bewertung
Blatt 3 - Beurteilung

[8] Berichtsband Fachtagung "Arbeitsplatz des Berufskraftfahrers" vom 28.02. bis 01.03.1983 in Berlin. Unfall- und Sicherheitsforschung Straßenverkehr, Heft 45 (1983). Hrsg.: Bundesanstalt für Straßenwesen.

[9] Dupuis, H. u.a.: Schwingungsarme Fahrersitze für Nutzfahrzeuge und Arbeitsmaschinen. VDI-Verlag GmbH, Düsseldorf 1982 (Schriftenreihe HdA, Bd. 29).

[10] Christ, E., und U. Kaulbars: Schwingungseinwirkung an Arbeitsplätzen von Kraftfahrern auf Nutzfahrzeugen - Vorstudie zur Prüfung und Auswahl von Fahrersitzen. BIA-Report 3/86 und Nachtrag zum BIA-Report 3/86
Hrsg.: BIA, Sankt Augustin

# Zur Berechnung, Messung und Beurteilung des Schwingungsverhaltens und des Komforts von Schienenfahrzeugen (Abstract)

*von R. Schraut und G. Reiß*

Ziel der schwingungstechnischen Untersuchung, die im folgenden vorgestellt wird, war es, ein Rechenverfahren zu entwickeln und zu verfizieren, welches die Vorausberechnung von Fahrzeugschwingungen im Fahrbetrieb einschließlich der zugehörigen Komfortbewertung ermöglicht. Die Untersuchungen wurden am Triebwagen BM 92 der Norwegischen Staatsbahnen durchgeführt, weil dieses Fahrzeug in seiner technischen Konzeption (z. B. Aluminium-Integralbauweise, dieselelektrischer Antrieb) sehr anspruchsvoll und zukunftsweisend ist. Zudem standen der DUEWAG AG als Entwickler und Hersteller nicht nur sämtliche Unterlagen für die Berechnung, sondern auch das Fahrzeug in allen wichtigen Bauphasen für Messungen zur Verfügung.

Die schwingungstechnische Untersuchung erfolgte in mehreren Teilschritten, wobei Rechenergebnisse durch entsprechende Meßergebnisse verifiziert wurden. Für den größten Teil der Berechnungen konnte das Finite-Element-Programm TPS10 eingesetzt werden. Wegen der komplexen Geometrie der Strangpreßprofile mußten der FE-Modellierung des Wagenkastens besondere Voruntersuchungen vorangestellt werden. Eine detaillierte Modellierung des gesamten Wagenkastens mittels Schalenelementen wäre zwar theoretisch einfacher, aber infolge der sehr hohen Zahl an Freiheitsgraden praktisch undurchführbar.

In diesen Voruntersuchungen wurden die geometrisch-orthotropen Elastizitäten der aus Strangpreßprofilen gebildeten Wagenkastenbereiche in werkstoffspezifische Orthotropien umgewandelt. Durch ein Sandwich-Schalenelement aus der TPS10-Elementfamilie mit orthotropen Werkstoffeigenschaften ließen sich die drei wichtigsten Bauteilelastizitäten nahezu exakt nachbilden. Der Wagenkasten-Rohbau hatte als FE-Modell insgesamt 1124 Knoten, 1365 Elemente und 6304 Freiheitsgrade. Die für ihn berechneten wesentlichen Eigenschwingungen stimmen gut mit den gemessenen überein.

Das so verifizierte Modell wurde um die Maschinenanlagen ergänzt und durch die Definition zusätzlicher Punktmassen auf das Gesamtgewicht nach DIN 25008 gebracht. Nach Einbeziehung versteifender Innenausbauten in das Tragwerk des modellierten, vollausgerüsteten Wagenkastens (1206 Knoten, 1607 Elemente und 6654 Freiheitsgrade) konnte eine befriedigende Übereinstimmung der berechneten und gemessenen Eigenschwingungen erzielt werden.

Zur Berechnung der fremderregten Schwingungen mit TPS10 mußten dem FE-Modell des vollausgerüsteten Wagenkastens die Drehgestelle und auch die in den Motorlagern vorhandenen Dämpfungen beigefügt werden. Die Modellgröße wuchs dadurch auf 1310 Knoten, 1732 Elemente und 7194 Freiheitsgrade an. Als äußere, zeitlich veränderliche Belastung wurden dem Modell die aus dem Unebenheits-Leistungsdichtespektrum des Gleises resultierenden Erregerkräfte in vertikaler Richtung aufgegeben. Diese Erregerkräfte wurden aus repräsentativen Spektren für eine Fahrgeschwindigkeit berechnet.

TPS10 lieferte als Ergebnis die Beschleunigungsamplitude in Abhängigkeit von der Frequenz für zuvor ausgewählte Knotenpunkte. Diese Beschleunigungsspektren wurden anschließend in Komfortindizes, sog. Wertziffern, umgerechnet. Sie stimmten mit den während der Fahrt gemessenen Wertziffern gut überein.

# Zur Frage der zulässigen Dienstzeiten des Fahrpersonals aus der Sicht neuerer Erkenntnisse über das Vibrationsverhalten des Körpers an österreichischen Trieb- und Nahverkehrsfahrzeugen

*von Chr. Studnicka*

## 1 Einleitung und Problemstellung

Um im Hinblick auf das Projekt Bahn 2000 neue Erkenntnisse auf dem Gebiet der Laufdynamik zu gewinnen, wurden umfangreiche Versuche, unterstützt von Simulationsrechnungen, gefahren. Unter anderem sollte auch die Belastung des Menschen durch mechanische Schwingungen untersucht werden. Dabei galt es herauszufinden, inwieweit man die Höchstgeschwindigkeit auf bestehenden Strecken anheben kann, ohne den Komfort sowohl für den Fahrgast als auch das Zugpersonal wesentlich zu mindern. Die Schwingungsbeurteilungen wurden an Hand gängiger Bewertungsverfahren als auch auf neuen Erkenntnissen beruhenden Arbeiten durchgeführt und sollen im weiteren vorgestellt werden. Die Ergebnisse von Untersuchungen an der Elektrolok 1044.501 der ÖBB und einem U - Bahntriebwagen der Wiener Verkehrsbetriebe, als charakteristische Beispiele ausgewählt, werden präsentiert und erläutert.

## 2 Komfortbewertungsverfahren im Vergleich

Mittels Schwingtischversuchen wurde bereits sehr früh erkannt, daß das Schwingungsempfinden des Menschen von der Beschleunigungsamplitude und der Frequenz der Schwingung abhängt. Die im Eisenbahnwesen anzutreffenden Verfahren (Bild 2.1) weichen nur dahingehend voneinander ab, wie die Schwing -beschleunigungen

Bild 2.1

Gebräuchliche Komfortbewertungs - verfahren im Vergleich

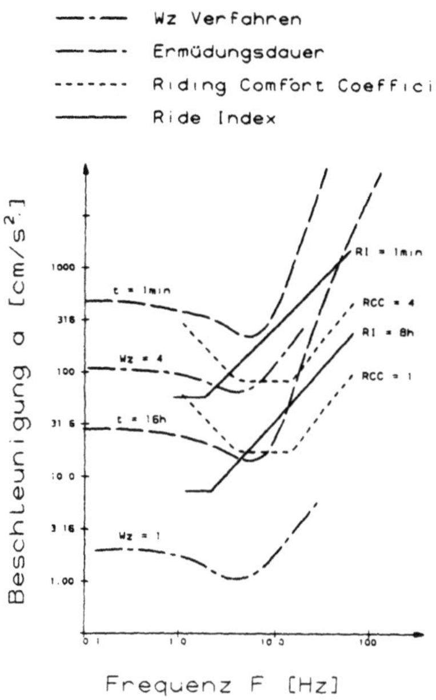


und -frequenzen bewertet werden, worin sie sich zu anderen in der Technik gebräuchlichen Verfahren unterscheiden. Da diese Methoden in der Literatur bereits vielfach beschrieben wurden, seien sie hier nur kurz behandelt [1].

## 2.1 Bei Bahnen gebräuchliche Verfahren

### 2.1.1 Wertezifferverfahren

Bei dieser bekanntesten Methode wird aus der Beschleunigungsamplitude eine Wz - Ziffer errechnet und frequenzabhängig je nach Schwingungsrichtung unterschiedlich bewertet [2]. Für sinusförmige Schwingungen gilt

$$Wz = 0.896 \sqrt[10]{(b^3 / f) \quad F(f)} \qquad (1)$$

worin b [cm/s2] die Amplitude der Wagenkastenbeschleunigung, und F (f) ein empirisch gefundener Bewertungsfaktor ist. F (f) hat die Größe

für Vertikalschwingungen

$$0.5 < f < 5.9 \text{ Hz} \qquad F(f) = 0.325\, f^2$$

$$5.9 < f < 20 \text{ Hz} \qquad F(f) = 400 / f^2$$

$$f > 20 \text{ Hz} \qquad F(f) = 1$$

für Horizontalschwingungen

| | | |
|---|---|---|
| $0.5 < f < 5.4$ Hz | $F(f) = 0.8\ f^2$ |
| $5.4 < f < 26$ Hz | $F(f) = 650 / f^2$ |
| $f > 26$ Hz | $F(f) = 1$ |

Bei der Auswertung längerer Fahrabschnitte werden die Aufzeichnungen nach Amplituden und Frequenzen geordnet. Die einzelnen Klassen werden entsprechend Gleichung (1) bewertet und zu folgender Gesamtbewertung zusammengefaßt :

$$Wz_{Ges} = \sqrt[10]{\sum (n_i \cdot Wz_i)^{10}} \qquad (2)$$

Der Zusammenhang zwischen Wz - Ziffer, Laufverhalten und Schwingempfinden ist in Bild 6.1 angegeben.

2.1.2 Ermüdungszeitverfahren der SNCF

Das Verfahren basiert auf der sogenannten Ermüdungsdauer t, nach welcher der Fahrgast eine Ermüdung zu spüren beginnt [3]. Wie bei allen dieser Bewertungskriterien werden auch hier die waagrechten Schwingungen stärker bewertet als die senkrechten. Es gilt :

$$t_{hor} = \frac{280}{\dfrac{39{,}24 \cdot b_y}{[(f-5{,}2)^2 + 24{,}8]} - 8} - 0{,}71 \qquad (3)$$

$$t_{vert} = \frac{280}{\dfrac{39{,}24 \cdot b_z}{\sqrt{2} \cdot [(f-5{,}2)^2 + 24{,}8]} - 8} - 0{,}71 \qquad (4)$$

Weitere Angaben zum Ermüdungszeitverfahren sind Tab. 2.2 zu entnehmen. Einen quantitativen Vergleich der Bewertungsstärke der unter Punkt 2.1 beschriebenen Verfahren liefert Bild 2.1.

*Vergleich verschiedener Komfortbewertungsverfahren*

| | Wz-Verfahren nach Sperling | Ermüdungszeitverfahren (SNCF) | ISO 2631 | VDI 2057 | Ride Index RI |
|---|---|---|---|---|---|
| Vergleichsgröße | Werteziffer als Funk. v. Frequenz u. Beschl. | Ermüdungszeit t (Zeit nach d. sich Reisender unwohl fühlt) | bewertete Schwingstärke | bewertete Schwingstärke | quadrat. Mittelwert des gefilterten Beschleunigungssignals |
| Meßpunkte | am Fahrzeugboden | am Drehzapfen | am Sitzrahmen | möglichst nahe der Versuchsperson | am Fahrzeugboden |
| Ermittlung von Frequenzbewertungskurven | auf Schütteltischen nur bei harmonischer Erregung | über Experimentalkurven | Studien an Flugzeugführern und Kraftfahrern (2 Meßmeth.) | aus versch. Versuchen und aus aktueller Literatur | von ISO-Norm übernommen |
| direkter Vergleich mit ISO | senkr.-höhere zul. Beschl. (Ber. 1–20 Hz), waagr. gerade umgekehrt, höhere Frequenzen, große Unterschiede | senkr.-gleiche Ergebnisse in Querricht. bis auf Bereich um 2 Hz völlig verschiedene Ergebnisse | – | gibt Angaben über explizite Integrationszeiten für Effektivbeschl. Bei stochast. Schwing. größerer Bereich des Amplitudenspektrums der Beschl. zulässig | Komfort 10 dB niedriger Erträglichkeitsgrenze 6 dB höher als in ISO anzusetzen. |
| Bemerkungen | das viel angewandte Laufgüteverfahren berücksichtigt die Einwirkdauer nicht | – | für stochastische, periodische und stoßähnliche Erregung verwendbar | – | – |
| Anwendung bei folgenden Bahnverwaltungen | DB, ÖBB, SBB–CFF | SNCF. FS | SNCF, FS, NS | – | NS |

### 2.1.3 RCC Riding Comfort Coefficient

Aus eigenen Versuchen am Rütteltisch sowie den Ergebnissen vieler internationaler Untersuchungen stellten die Japanischen Eisenbahnen (JNR) dieses Kriterium zusammen [4]. Dabei werden die Vertikal-, Quer- und Längsschwingungen unterschiedlich bewertet.

### 2.1.4 RI Ride Index

Die Niederländischen Eisenbahnen entwickelten auf Basis der ISO- Empfehlung ISO/TC 108 ein Meßverfahren, bei dem der quadratische Mittelwert des gefilterten Beschleunigungssignals -als Ride Index bezeichnet- als Beurteilungsgröße dient [5]. Da dieses Verfahren analog zur ISO- Norm arbeitet, sei hier nur auf Punkt 2.2.2, bzw. auf die bereits zitierten Abbildungen 2.1 und 2.2, verwiesen.

## 2.2 Weitere Komfortbewertungsverfahren

### 2.2.1 ISO 2631

ISO 2631 definiert drei Kriterien für die Bewertung von Schwingungsbeanspruchung [5] .

- das Wohlbefinden (reduced comfort)

- die Leistung (fatigue decreased profiency )

- die Gesundheit (exposure limit)

Folgende vier für die Beanspruchung wichtigen physikalischen Parameter gehen in die Bewertungskurven ein :

- die Intensität, aufgenommen als Effektivbeschleunigung

- die Frequenz

- die Richtung der Einwirkung

- die Dauer der Einwirkung (exposure time)

Für Tabellen wird die "fatigue decrease profiency boundary", Grenzlinie für verminderte Leistungsfähigkeit, zugrunde gelegt. Ihr Verlauf beruht auf Studien, die hauptsächlich über Piloten und Fahrer angefertigt wurden.
Die Werte für das "exposure limit" erhält man durch Multiplikation der Beschleunigungen mit 2, was heißt, daß diese Kurve um 6 dB über der Grenze für die verminderte Leistungsfähigkeit liegt. 10 dB unterhalb der "fatigue decreased profiency boundary" liegt die jeweilige "reduced comfort boundary". Als Beispiel dienen die Kurven für vertikale Erregung (fatigue decrease profiency boundarys) in Bild 2.3.

SGP Bild 2.3

Komfortbewertung der Vertikalschwing. nach ISO 2631
und das erweiterte Verfahren nach Nader

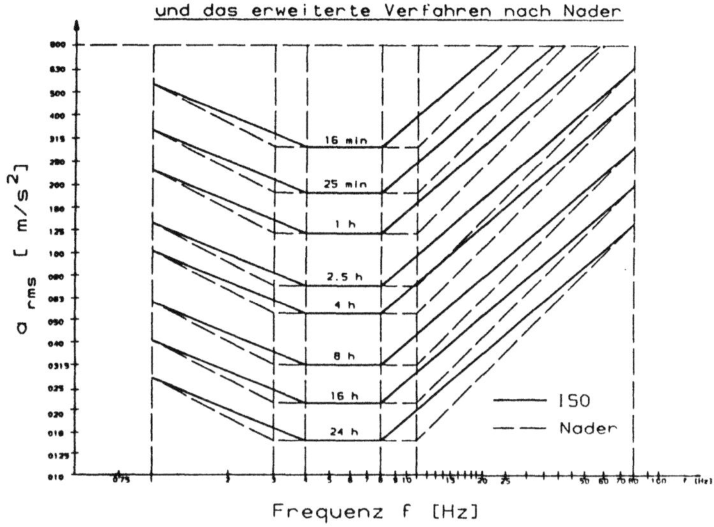


## 2.2.2 VDI 2057

Die VDI 2057 unterscheidet noch zusätzlch zwischen den Positionen Liegen, Stehen und Sitzen des der Schwingung ausgesetzten Menschen [6]. Anders als bei ISO gibt sie für die jeweilige Position und Belastungsrichtung Umrechnungsfaktoren zur Bewertung der Effektivbeschleunigung in Abhängigkeit von der Frequenz an. Dadurch werden die aus verschiedenen Situationen ermittelten Werte der "bewerteten Schwingstärke K" direkt miteinander vergleichbar. Als Beispiel seien die Umrechnungsgleichungen für Sitzen und Stehen, Einwirkung in z-Richtung angegeben :

$$\begin{aligned} 1 \leq f \leq 4\ \text{Hz} \quad & KZ = 10\ \frac{a_z}{m/s^2}\sqrt{f/\text{Hz}} \\ 4 \leq f \leq 8\ \text{Hz} \quad & KZ = 20\ \frac{a_z}{m/s^2} \\ 8 \leq f \leq 80\ \text{Hz} \quad & KZ = 160\ \frac{a_z}{m/s^2}\ \text{Hz}/f \end{aligned} \qquad (5)$$

Mit dem K- Wert und der Expositionsdauer kann eine Beurteilung nach den drei Kriterien Wohlbefinden, Leistungsfähigkeit und Gesundheit erfolgen, welche mit jener der ISO 2631 ident ist.

### 2.2.3 Das erweiterte ISO- Verfahren nach Nader

An der Technischen Hochschule Warschau wurden umfangreiche Messungen an einem Rütteltisch mit vertikaler Erregung durchgeführt, und die Beschleunigungen an verschiedenen Stellen des Menschen, als Systemantwort auf die Erregung, gemessen. Parallel dazu führte Nader an einem aus 12 Massen aufgebauten biomechanischen Modell theoretische Untersuchungen zur Ermittlung von Eigenformen und Eigenfrequenzen. Erstmals wurden dabei auch die inneren Organe der Bauchhöhle sowie Herz und Lunge zum Untersuchungsobjekt gemacht [7,8]. Es stellte sich heraus, das gewisse Körperteile Eigenfrequenzen besitzten, die in Bereichen liegen, welche durch die gängigen Verfahren nicht berücksichtigt werden. So zum Beispiel: Brustkorb um 9 Hz, Hand- Armsystem um 20 Hz und der Kopf bis 60 Hz. Als Resultat dieser Untersuchungen ging eine Modifizierung der ISO 2631 hervor, die den Bereich strengster Bewertung von 3 - 11 Hz ausdehnt (Bild 2.3).

## 3 Die Übertragungsfunktionen des Menschen

Weitere Messungen am oben genannten Institut hatten zum Ziel, die Übertragungsfunktionen des Menschen bei sitzender Haltung zu verschiedenen Körperpunkten, für vertikale als auch horizontale Erregung , zu ermitteln [9].
Es zeigte sich, daß der menschliche Körper vertikale Schwingungen im Bereich von 3 bis 10 Hz nur sehr schlecht dämpft, während der Rücken zwischen 37 und 50 Hz gar ausgeprägtes Eigenverhalten zeigt (Bild 3.1).
Bezüglich horizontaler Schwingungen ist zu sagen, daß der Bereich der schwächsten Dämpfung zwischen 2 und 5 Hz liegt (Bild 3.2).

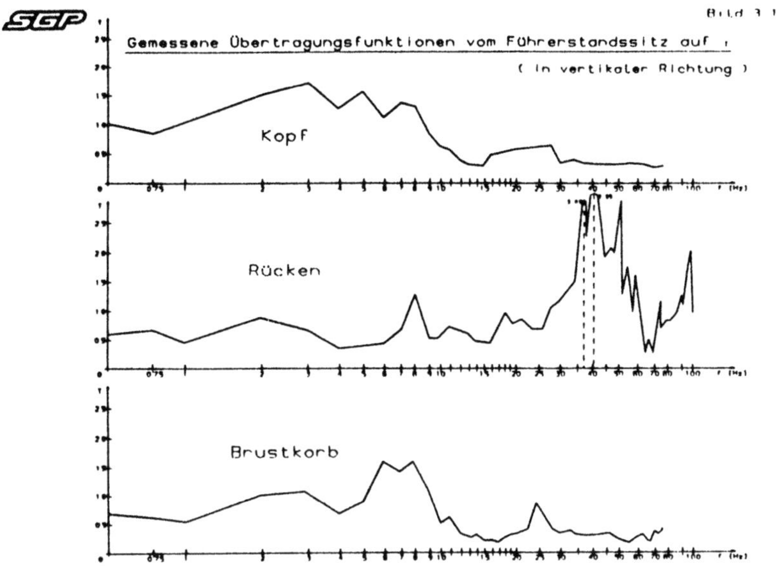


Bild 3.1

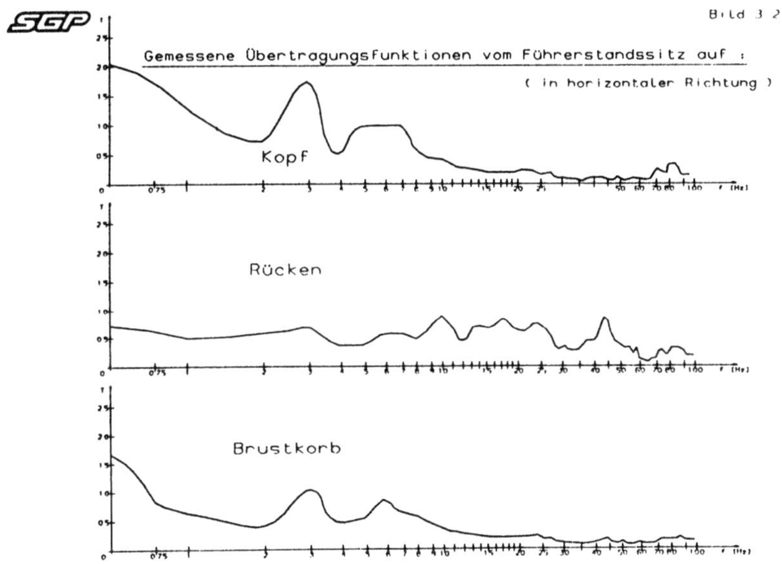


Bild 3.2

## 4 Laufmessungen an der Lok ÖBB 1044.501

Diese, laufdynamisch optimierte, für Geschwindigkeiten bis zu 240 km/h ausgelegte Lokomotive wurde im Herbst 1987 sowohl auf der Schnellfahrstrecke der ÖBB in Angern bei Wien, als auch im Regelbetrieb auf der kurvenreichen Strecke des Semmerings, umfangreichen Messungen unterzogen.

Die Beschleunigungen wurden bei den Meßfahrten auf einem Band-

Bild 4.1

gerät Marke TEAK XR510 aufgezeichnet und später mit Hilfe eines GENRAD 2515 (computergestütztes Meß- und Auswertesystem) frequenzanalysiert und weiterverarbeitet. Am Lokführersitz wurden die Beschleunigungen mit dem speziellen Sitzaufnehmer 4322 Bruel u. Kjaer in Vertikal- als auch in Horizontal-querrichtung aufgenommen.

Beispiele charakteristischer Meßergebnisse sind in Bild 4.2 für vertikale und in Bild 4.3 für horizontale Schwingungen angegeben.

Aus dem Leistungsspektrum für Vertikalschwingungen (Bild 4.2) entnimmt man, daß besonders Schwingungen mit Frequenzen von 2.5 Hz, 6.5 Hz und auch zwischen 50 und 60 Hz im Kasten vorherrschen. Der Vergleich der Beschleunigungen auf der Hochgeschwindigkeitsstrecke mit 220 km/h und jenen auf der Semmering- Nordrampe (vmax = 80 km/h) zeigt den Einfluß des Gleiszustandes auf das Fahrverhalten der Lok auf.

Die Auswertung der Horizontal- Querschwingungen ergab ein Maximum bei 3-4 Hz, welches aus der Radsatzschlingerfrequenz resultiert. Die Übertragungsfunktion zwischen Radsatz und Kasten zeigt neben der bereits erwähnten Spitze bei 3 Hz noch weitere Maxima bei 9 und 13 Hz mit kleinerer Amplitude, und eine stark ausgebildete Resonanz um 45 Hz.

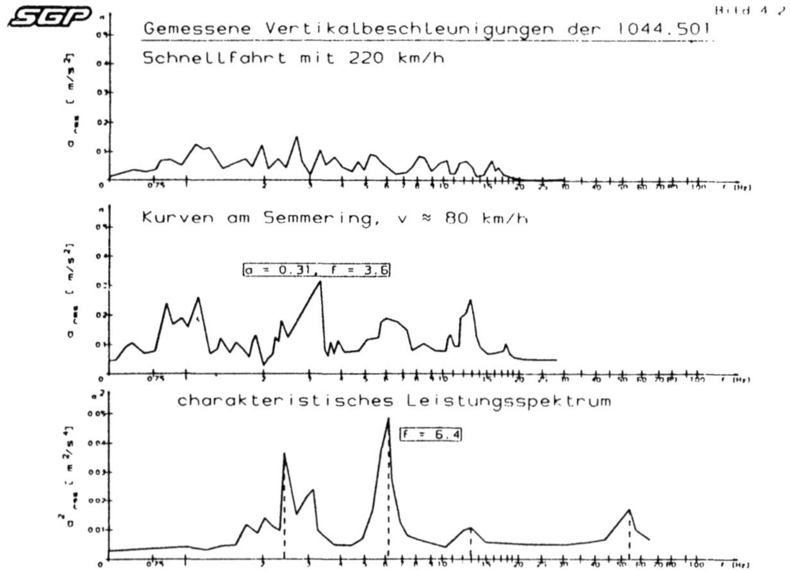


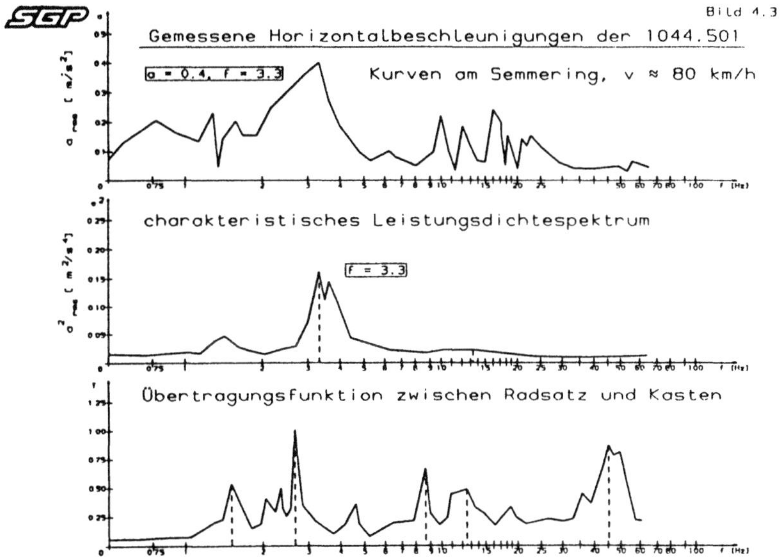


## 5 Laufmessungen am U- Bahntriebwagen 2201 der Wiener Verkehrsbetriebe (WVB)

Bei gleichem Meßaufbau wurden auf der Linie U4 laufdynamische Messungen am Triebwagen 2201 vorgenommen. Zur Zeit liegen allerdings nur Ergebnisse für Vertikalschwingungen vor, welche Bild 5.2 zeigt.

Durch Einsatz von weich abgestimmten Luftfedern konnte

Bild 5.1

in vertikaler Richtung ein sehr befriedigendes Fahrverhalten erreicht werden. Die Beschleunigungsamplituden übersteigen Ø.2 m/s2 nicht, und haben ihr Maximum jeweils bei 1.5 Hz.

Bild 5.2

Gemessene Vertikalbeschleunigungen Wiener U- Bahn

Triebwagen 2201

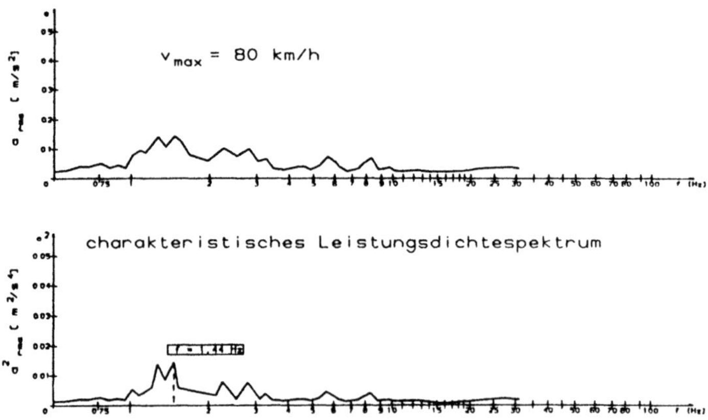

# 6 Die Bewertung der Meßergebnisse hinsichtlich des Komforts

## 6.1 Die ÖBB Lok 1044.501

Als Komfortbewertungskriterium wird bei den ÖBB das Wz- Verfahren benutzt. Dabei ergaben sich im Durchschnitt Wz- Werte für horizontal- quer von 3.25, und für vertikal von 2.6 (Bild 6.1). Für diese Werte wird zwischen Wz- Ziffer, Laufgüte und Schwingempfinden folgender Zusammenhang angegeben :

| Laufgüte | Wz- Ziffer | Schwingempfinden |
|---|---|---|
| gut | 2.6 | stärker spürbar, jedoch nicht unangenehm |
| befriedigend | 3.25 | stark unruhig |

SGP

Bild 6.1

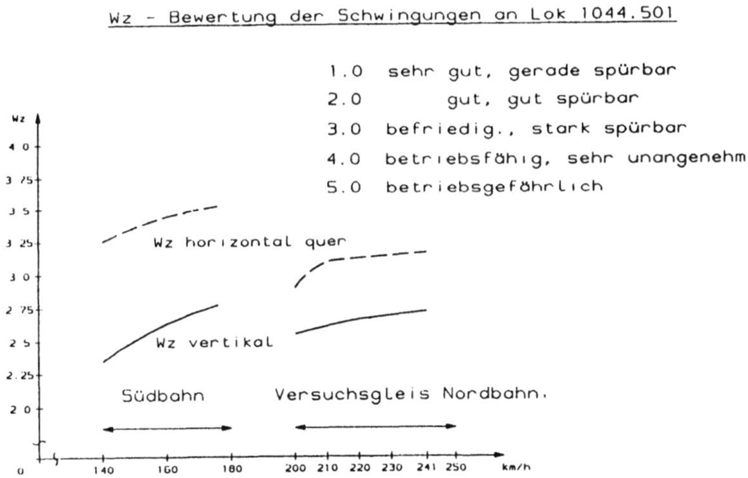


Die Lokomotive gilt vor allem im hohen Geschwindigkeitsbereich als äußerst laufruhig, und auch die Wz- Werte liegen gut im Vergleich zu anderen Triebfahrzeugen.

Ein interessanter Vergleich ist die Gegenüberstellung der Komfortbewertung nach ISO 2631, bzw. dem erweiterten Verfahren nach Nader. Für Vertikalschwingungen zeigt Bild 6.2, daß im Bereich zwischen 3 und 4 Hz die Ermüdungsgrenze für 8 Stunden Einwirkzeit nach ISO annähernd erreicht, und jene die Nader angibt, vollständig überschritten wird.

Bild 6.2

Komfortbewertung der Vertikalschwingungen nach ISO 2631 und dem erweiterten Verfahren von Nader

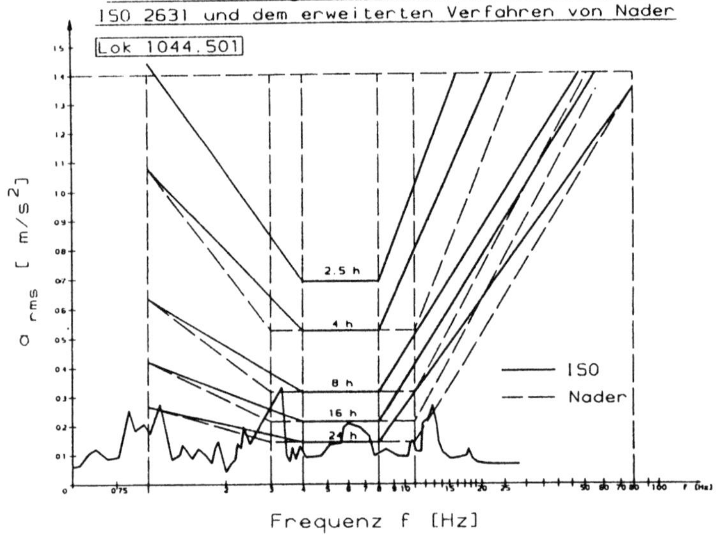


Eine ähnliche Analyse läßt sich für die Horizontalbewertung erstellen. Besonderes Augenmerk sollte dem Bereich zwischen 2 und 4 Hz geschenkt werden, da hier einerseits signifikante Maxima in der Beschleunigungsamplitude auftreten, andererseits dieser Bereich keine strenge Bewertung erfährt (Bild 6.3). Dabei ist das Dämpfungsverhalten des Menschen im unteren Frequenzbereich bis 4 Hz besonders schlecht.
Leider liegen zu den gemachten Untersuchungen noch keine Ergebnisse, hinsichtlich der Modifikation der Komfortbewertungsverfahren für Horizontalschwingungen, vor.
Abschließend kann gesagt werden, daß eine Einsatzzeit des Fahrpersonals von mehr als acht Stunden, wegen der Beeinträchtigung der Konzentration, zu vermeiden ist. Für die Fahrzeugindustrie ist aus oben genannten Versuchsergebnissen abzuleiten, daß besonders im Bereich von 1 bis 10 Hz für Vertikalschwingungen, und im Bereich bis 4 Hz für Horizontalschwingungen das Dämpfungsverhalten der Fahrzeuge zu optimieren ist.

Bild 6.3

Komfortbewertung der Horizontalschwing. nach ISO 2631

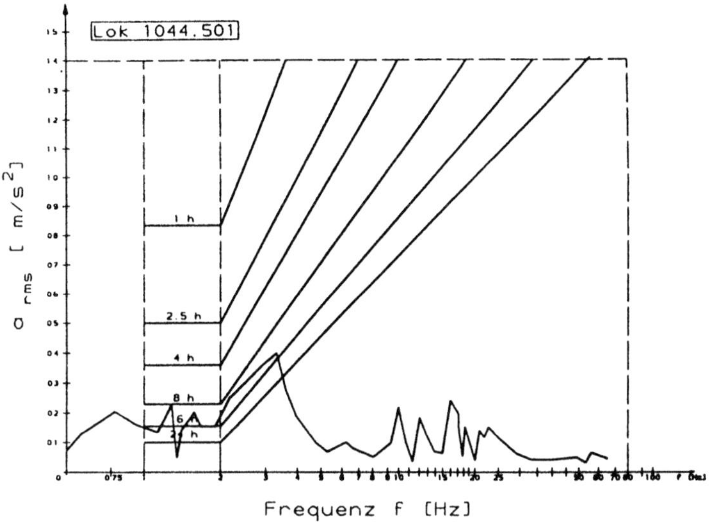

## 6.2 Der U- Bahntriebwagen 22Ø1

Sowohl die Bewertung nach dem Wertezifferverfahren (Wz vert = 1.68), als auch nach ISO 2631 liefert unbedenkliche Werte. Das Fahrzeug erfüllt die gestellten Komfortforderungen gänzlich (Bild 6.4).
Ein noch zu untersuchendes Problem bei U- Bahnen wäre der Einfluß von Längsschwingungen. Da das Fahrprogramm von der Zugleitzentrale festgelegt wird, kommt es immer wieder zu nicht ruckfreien Anfahr- und Bremsvorgängen. Allerdings stehen hier zur Zeit weder der Industrie noch den Verkehrsbetrieben anwendbare Verfahren zur Komfortbestimmung zur Verfügung.

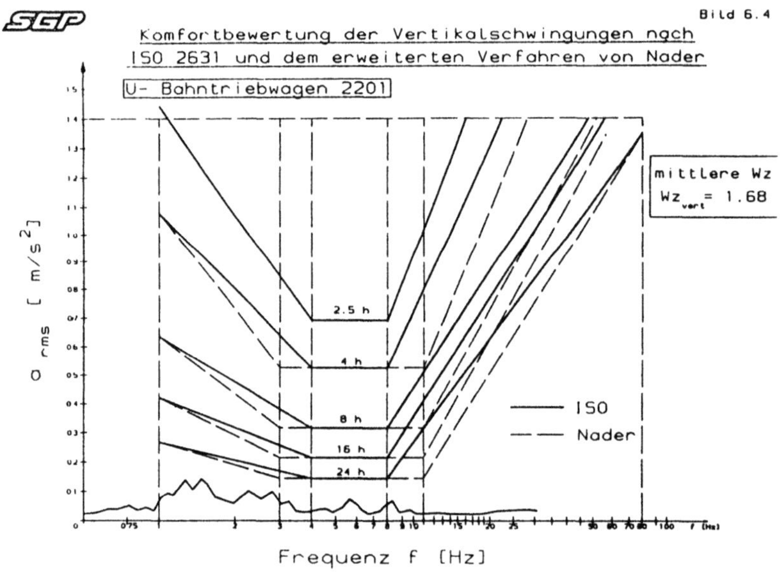


## 7 Zusammenfassung und Ausblick

Aufgrund moderner computergestützter Auswerte- und Meßverfahren können zur Komfortbewertung, zwar in der Handhabung aufwendigere, aber auch aussagekräftigere Verfahren eingesetzt werden. So hat sich die Frequenzanalyse als wirksames Mittel zur Beurteilung von Schwingungsvorgängen erwiesen. Das einfache Weiterverarbeiten von Daten zu Leistungsspektren oder Obertragungsfuktionen erlaubt zusätzliche Analysen, deren Ergebnisse auch für genauere Komfortbewertungen genutzt werden sollten.

Dies erscheint umso wichtiger, als der Trend im Eisenbahnwesen zu immer höheren Geschwindigkeiten, die Belastung von Fahrzeug und Mensch gleichermaßen erhöht. Das hat zur Folge, daß dem Sicherheitsdenken sowie dem Komfortbewußtsein ein breiterer Raum zu widmen ist. Dabei sind biomechanische, von Messungen gestützte Untersuchungen, ein wertvolles Element bei der Konstruktion sicherer Schienenfahrzeuge, mit hoher Akzeptanz bei Fahrpersonal und Publikum.

Literatur:

1. Frederich F.: Kriterium für Fahrkomfort, Erfahrungen bei Schienenfahrzeugen. Düsseldorf, VDI- Berichte 284, S. 41, 1977

2. Sperling E., Helberg W.: Verfahren zur Beurteilung der Laufeigenschaften von Eisenbahnwagen. Organ für Fortschritte des Eisenbahnwesens 96, S. 12, 1941

3. ORE, Frage C116, Bericht 8: Wechselwirkung zwischen Fahrzeug und Gleis, Utrecht, April 1977

4. Ishizawa, M., Matsui N., Otsuka, S.: Das Drehgestell der Triebzugbauart für die neue Tokaido Strecke und die Ergebnisse seines Betriebseinsatzes. Int. Eisenb. Kongr. Verb. Bd. XLV (1968) 3, S.247-289

5. ISO 2631 second edition: Guide for the evaluation of human exposure to whole body vibration. 1978

6. VDI 2057, Bl.1-4, Entwurf: Beurteilung der Einwirkung mechanischer Schwingungen auf den Menschen. Grundlagen, Gliederung, Begriffe. 1983

7. Nader M.: Die Analyse der Schwingungswirkungen im System Mensch-Fahrzeug mit Hilfe des biomechanischen Modells des Menschen. Vortragssammelband zum Seminar "Mensch- techn. Objekt-Umgebung", Polnische wissenschaftl. Akademie Janoviec, 1986

8. Nader M.: Vibration model for man- vehicle system. Proceedings of intern. congress "Biomechanics of human movement", Formia, Italy, 1986

9. Nader M.: Die Bestimmung von Obertragungsfunktionen des menschlichen Körpers bei sitzender Haltung. Wissenschaftl. Schrift CPBR 11.1 am Instytut Transportu der Politechnika Warszawa, 1987

GPSR Compliance

*The European Union's (EU) General Product Safety Regulation (GPSR) is a set of rules that requires consumer products to be safe and our obligations to ensure this.*

*If you have any concerns about our products, you can contact us on ProductSafety@springernature.com*

In case Publisher is established outside the EU, the EU authorized representative is:

Springer Nature Customer Service Center GmbH
Europaplatz 3
69115 Heidelberg, Germany

**Batch number: 10577878**

Printed by Printforce, the Netherlands